职业教育人工智能领域系列教材

神经网络与 TensorFlow 实战

北京博海迪信息科技有限公司（泰克教育） 组　编

主　编　张庆彬　刘　佳
副主编　温洪念　齐会娟
参　编　梁圩钰　赵丽君

机械工业出版社

本书在系统介绍了机器学习的基础上详细讲解了神经网络和深度神经网络的结构原理、模型训练与优化方法，重点针对典型工作任务，详细讲解了卷积神经网络（CNN）和循环神经网络（RNN）的基本结构和主要操作。

全书共分为七个模块。模块一主要介绍了人工智能与机器学习；模块二主要介绍了人工智能的开发工具及开发环境；模块三介绍了机器学习相关的数学基础知识；模块四对典型的机器学习算法进行了介绍；模块五对神经网络的结构和基本原理进行了剖析；模块六对卷积神经网络（CNN）的结构和模型训练优化进行了详细的分析说明，并应用 TensorFlow 实现图像分类；模块七对循环神经网络（RNN）的结构和模型训练优化进行了详细的分析说明，并应用 TensorFlow 实现文本分类。各模块均设置了实训项目和知识技能拓展内容，并融入了课程思政元素和部分职业技能等级证书内容。

本书主要面向高等职业院校人工智能技术应用及相关专业的学生，也可作为从事深度学习的工程技术人员的参考书。

为方便教学，本书配备电子课件等教学资源。凡选用本书作为授课教材的教师均可登录机械工业出版社教育服务网（www.cmpedu.com）注册后免费下载。如有问题请致信 cmpgaozhi@sina.com 或致电 010 - 88379375 咨询。

图书在版编目（CIP）数据

神经网络与 TensorFlow 实战／张庆彬，刘佳主编. —北京：机械工业出版社，2024.1

职业教育人工智能领域系列教材

ISBN 978 - 7 - 111 - 74940 - 0

Ⅰ.①神⋯ Ⅱ.①张⋯ ②刘⋯ Ⅲ.①人工神经网络-高等职业教育-教材 Ⅳ.①TP183

中国国家版本馆 CIP 数据核字（2024）第 033829 号

机械工业出版社（北京市百万庄大街22号 邮政编码100037）
策划编辑：赵志鹏　　　　　责任编辑：赵志鹏　侯　颖
责任校对：曹若菲　薄萌钰　封面设计：马精明
责任印制：张　博
北京雁林吉兆印刷有限公司印刷
2024年4月第1版第1次印刷
184mm×260mm·15.5印张·363千字
标准书号：ISBN 978 - 7 - 111 - 74940 - 0
定价：53.00元

电话服务　　　　　　　　　　网络服务
客服电话：010 - 88361066　　　机　工　官　网：www.cmpbook.com
　　　　　010 - 88379833　　　机　工　官　博：weibo.com/cmp1952
　　　　　010 - 68326294　　　金　书　网：www.golden-book.com
封底无防伪标均为盗版　　　　　机工教育服务网：www.cmpedu.com

前言
Preface

人工智能（Artificial Intelligence，AI）技术不断发展，其应用场景日益增加，正在深刻影响着诸多领域，如交通、零售、能源、化工、制造、金融、医疗、天文地理、智慧城市等，引起经济结构、社会生活和工作方式的深刻变革，并重塑世界经济发展的新格局。

人工智能技术在全球发展中的重要作用已引起国际范围内的广泛关注和高度重视，多个国家已将人工智能提升至关乎国家竞争力、国家安全的重大战略，并出台了相关政策和规划，从国家机构、战略部署、资本投入、政策导向、技术研发、人才培养、构建产业链和生态圈等方面集中发力，力求在全球竞争中抢占技术的制高点。

党中央高度重视人工智能发展，强调要把新一代人工智能作为推动科技跨越发展、产业优化升级、生产力整体跃升的驱动力量，努力实现高质量发展。我国人工智能发展被提升到国家战略高度，开启了人工智能变革与创新的新时代。

人工智能技术及产业的蓬勃发展必然带来对人工智能人才的迫切需求，尤其是对实用型、创新型、复合型人才的需求。但现在，我国人工智能领域的高端人才稀缺，培养德才兼备的高素质人工智能人才成为新时代的重要任务。

北京博海迪信息科技有限公司（泰克教育）深耕ICT（Information Communications Technology，信息通信技术）教育行业至今20年，在人才培养、教材研发、实训云平台开发等诸多方面都取得了非常好的成绩。2019年3月，北京博海迪信息科技有限公司推出了"泰克人工智能创新实践平台"，在广泛的实践过程中取得了良好的应用效果。基于在ICT行业的经验积累和在人工智能方面教学成果的沉淀，北京博海迪信息科技有限公司组织多所院校老师，编写了职业教育人工智能领域系列教材，通过完备的人工智能技术知识阐述与分析，让读者更好地了解人工智能。

本书为该系列教材中的一本，主要面向高等职业教育人工智能技术应用专业及相关专业高素质技术技能人才培养，以全面提高学生的知识、能力和素养为核心，在简要介绍机器学习基本知识的基础上，详细讲解了神经网络和深度神经网络的结构原理、模型训练与优化方法，结合典型案例详细分析了卷积神经网络（CNN）和循环神经网络（RNN）的基本结构和主要操作，并基于TensorFlow深度学习平台分别实现了图像分类和文本分类实战。各模块均设置了相应的实训项目，以提高学生的实践能力。同时，各模块后均设置了知识技能拓展内容，以完善知识体系，开拓学生的视野，提高学习兴趣。在各模块内容中还融入了课程思政元素和部分职业技能等级证书内容，进一步提高学生的专业技能和职业素养。

本书由张庆彬、刘佳任主编，温洪念、齐会娟任副主编，梁玗钰、赵丽君参与了编写。具体编写分工如下：张庆彬编写了模块三和模块六、模块七的部分内容，刘佳编写了模块一和模块四，温洪念编写了模块六和模块七的部分内容，齐会娟编写了模块二和模块五，梁玗钰和赵丽君完成了部分实训内容和代码的编写与调试。

感谢泰克教育的领导和同仁对本书的编写提供的大力支持，他们在内容整理、审阅等方面投入了大量的精力。

由于作者水平有限，书中难免有不足之处，恳请广大读者批评指正。

编　者

目　录
Contents

前言

模块一　人工智能概述
- 单元一　人工智能 …………………………………………………… 001
- 单元二　人工智能与机器学习 ………………………………………… 010
- 实训一　手机里的人工智能 …………………………………………… 017
- 知识技能拓展：AlphaGo ……………………………………………… 019

模块二　人工智能开发环境安装与使用
- 单元一　Anaconda 环境搭建 ………………………………………… 020
- 单元二　Python 机器学习常用模块库的使用 ……………………… 038
- 单元三　TensorFlow2.3 的安装 ……………………………………… 049
- 实训二　Python 基本模块库的使用 ………………………………… 062
- 知识技能拓展：Jupyter Notebook 的使用 ………………………… 064

模块三　机器学习数学基础
- 单元一　机器学习中数据的表示与运算 …………………………… 074
- 单元二　机器学习中的最优化问题 ………………………………… 081
- 单元三　数据降维 …………………………………………………… 087
- 实训三　主成分分析的实现 ………………………………………… 092
- 知识技能拓展：机器学习中的概率与数理统计 …………………… 095

模块四　机器学习算法
- 单元一　机器学习概述 ……………………………………………… 101
- 单元二　监督学习算法 ……………………………………………… 107
- 单元三　无监督学习算法 …………………………………………… 117
- 单元四　机器学习算法的正则化 …………………………………… 123
- 实训四　KNN 的实现与应用——改进约会网站的配对效果 ……… 125
- 知识技能拓展：迁移学习 …………………………………………… 129

模块五　神经网络
- 单元一　从生物神经网络到人工神经网络 ………………………… 132
- 单元二　神经网络的训练 …………………………………………… 138
- 单元三　深层神经网络 ……………………………………………… 148
- 实训五　MNIST 手写数字识别 ……………………………………… 156
- 知识技能拓展：TensorFlow 模型优化算法 ………………………… 162

模块六 **卷积神经网络及** **TensorFlow 实战**	单元一 CNN 结构 ……………………………………… 169 单元二 图像分类 ……………………………………… 179 单元三 CNN 模型训练及测试 ………………………… 187 实训六 基于 CNN 的图像分类 ……………………… 194 知识技能拓展：计算机视觉及其应用 ………………… 203	
模块七 **循环神经网络及** **TensorFlow 实战**	单元一 RNN 概述 ……………………………………… 212 单元二 文本分类 ……………………………………… 221 单元三 RNN 模型训练及测试 ………………………… 225 实训七 电影评论分类实战 …………………………… 231 知识技能拓展：自然语言处理及其应用 ……………… 238	

参考文献 …………………………………………………………………………… 242

模块一
人工智能概述

人工智能（Artificial Intelligence，AI）是研究、开发用于模拟、延伸和扩展人的智能的理论、方法、技术及应用系统的一门技术科学。机器学习是一种实现人工智能的方式；深度学习是一种实现机器学习的技术，是机器学习中的一个分支方法。在人工智能这一概念出现后不久，阿瑟·萨缪尔（Arthur Samuel）在1959年提出了"机器学习"这一概念即"（计算机）无须专门编程就能自主学习"。本项目介绍了人工智能的定义、起源和发展，人工智能产业链，人工智能、机器学习、深度学习三者的关系，以及机器学习的常用开发工具。

单元一 人工智能

学习目标

知识目标：了解人工智能的定义、起源和发展；了解人工智能的应用技术及场景；掌握人工智能产业链的框架体系。

能力目标：具备探究学习、终身学习、分析问题和解决问题的能力；具备人工智能基础知识应用能力。

素养目标：增强学生的爱国情感和中华民族自豪感；培养学生勇于奋斗、乐观向上的精神；提升学生的职业生涯规划意识、自我管理的能力、集体意识和团队合作精神。

一、人工智能简介

1. 人工智能的定义

1956年夏，以麦卡锡、闵斯基、纽厄尔和香农等为首的一批有远见卓识的年轻科学家聚在一起，共同研究和探讨用机器模拟智能的一系列有关问题，并首次提出了"人工智能"这一术语，这标志着"人工智能"这门新兴学科的正式诞生。

人工智能不是人的智能，但能像人那样思考，甚至可能超过人的智能。总之，人工智能是一门综合性的边缘学科。对于人工智能的理解，不同的专家给出了不同的定义，斯坦福大学人工智能研究中心的尼尔逊（N. J. Nilsson）教授从处理的对象出发，认为"人工智能是关于知识的科学，即怎么表示知识、怎样获取知识和怎样使用知识的科学。"麻省理工学院的温斯顿（P. H. Winston）教授则认为"人工智能就是研究如何使计算机去做过去只有人才能做的富有智能的工作。"斯坦福大学的费根鲍姆（E. A. Feigenbaum）教授从知识工程的角度出发，认为"人工智能是一个知识信息处理系统。"

人工智能的本质是对人的思维的信息过程的模拟：一是结构模拟，仿照人脑的结构机制，制造出"类人脑"的机器；二是功能模拟，暂时撇开人脑的内部结构，而对其功能过程进行模拟。电子计算机的产生便是对人脑思维功能及思维信息过程的模拟。

2. 人工智能的研究范畴

人工智能是研究使用计算机来模拟人的某些思维过程和智能行为（如学习、推理、思考、规划等）的学科，主要包括计算机实现智能的原理、制造类似于人脑智能的计算机，从而使计算机能实现更高层次的应用。人工智能的研究涵盖多个学科，它是基于信息技术、仿生学、控制论、神经生理学、心理学、哲学、语言学、计算机科学、数学等众多学科而建立起来的新的综合集群性学科。可以说人工智能几乎涉及自然科学和社会科学的所有学科，其范围已远远超出了计算机科学的范畴。人工智能与思维科学的关系是实践和理论的关系。从思维观点看，人工智能不仅限于逻辑思维，还要考虑形象思维、灵感思维，才能促进人工智能的突破性发展。数学常被认为是多种学科的基础科学，数学也进入语言、思维领域，人工智能学科也必须借用数学工具，它们俩将互相促进，更快地发展。

二、人工智能的起源与发展

1. 图灵测试

在 1950 年，被称为"计算机之父"的阿兰·图灵提出了一个举世瞩目的想法——图灵测试。按照图灵的设想：如果一台机器能够与人类开展对话而不能被辨别出机器身份，那么这台机器就具有智能。而就在这一年，图灵还大胆预言了真正具备智能机器的可行性。

图灵测试的主要过程是测试者与被测试者（一个人和一台机器）隔开的情况下，通过一些装置（如键盘）向被测试者随意提问。对于多次测试（一般为 5min 之内），如果有超过 30% 的测试者不能确定被测试者是人还是机器，那么这台机器就通过了测试，并被认为具有人类智能。图灵测试示意图如图 1-1 所示。

2. 达特茅斯会议

1950 年，一位名叫马文·闵斯基（后被人称为"人工智能之父"）的大四学生与他的同学邓恩·埃德蒙一起，建造了世界上第一台神经网络计算机。

1956 年 8 月，在美国汉诺斯小镇宁静的达特茅

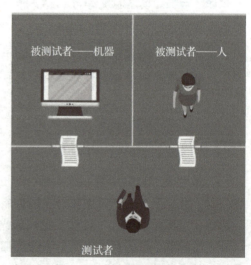

图 1-1　图灵测试示意图

斯学院，约翰·麦卡锡（John McCarthy）马文·闵斯基（Marvin Minsky，人工智能与认知学专家）、克劳德·香农（Claude Shannon，信息论的创始人）、艾伦·纽厄尔（Allen Newell，计算机科学家）、赫伯特·西蒙（Herbert Simon，诺贝尔经济学奖得主）等科学家聚在一起，讨论这样一个主题——用机器来模仿人类学习及其他方面的智能。

会议足足开了两个月的时间，虽然大家没有达成普遍的共识，但是却为会议讨论的内容起了一个名字——"人工智能"。因此，1956年也称为人工智能元年。

就在这次会议后不久，麦卡锡从达特茅斯搬到了麻省理工学院。同年，闵斯基也搬到了这里。之后，两人共同创建了世界上第一个人工智能实验室——MIT AI LAB实验室。

值得注意的是，达特茅斯会议正式确立了AI这一术语，并且开始从学术角度对AI展开了严肃而精专的研究。在那之后不久，最早的一批人工智能学者和技术开始涌现。达特茅斯会议被广泛认为是人工智能诞生的标志，从此人工智能走上了快速发展的道路。

3. 人工智能的发展历程

人工智能的探索道路曲折起伏。一般将人工智能的发展历程划分为6个阶段，如图1-2所示。

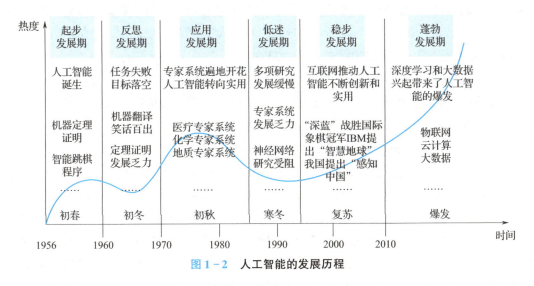

图1-2 人工智能的发展历程

（1）起步发展期：1956年—20世纪60年代初

在1956年的达特茅斯会议之后，相继取得了一批令人瞩目的研究成果，如机器定理证明、跳棋程序等，掀起了人工智能发展的第一个高潮。在这段长达十余年的时间里，计算机被广泛应用于数学和自然语言领域，用来解决代数、几何和英语问题。这让很多研究学者看到了机器向人工智能发展的信心。甚至在当时，有很多学者认为"二十年内，机器将能完成人能做到的一切。"

（2）反思发展期：20世纪60年代—70年代初

人工智能发展初期的突破性进展大大提升了人们对人工智能的期望，人们开始尝试更具挑战性的任务，并提出了一些不切实际的研发目标。然而，接二连三的失败和预期目标的落空（例如，无法用机器证明两个连续函数之和还是连续函数、机器翻译闹出笑话等），使人工智能的发展走入低谷，使人工智能的发展前景蒙上了一层阴影。

在当时，人工智能面临的技术瓶颈主要是三个方面：第一，计算机性能不足，从而导致早期很多程序无法在人工智能领域得到应用；第二，问题的复杂性，早期人工智能程序主要是解决特定的问题，特定的问题对象少、复杂性低，可一旦问题上升维度，程序立马就不堪重负了；第三，数据量严重缺失，在当时不可能找到足够大的数据库来支撑程序进行深度学习，这很容易导致机器无法读取足够量的数据进行智能化。

（3）应用发展期：20 世纪 70 年代初—80 年代中

20 世纪 70 年代出现的一类名为"专家系统"的 AI 程序开始为全世界的公司所采纳，而"知识处理"成了主流 AI 研究的焦点。专家系统模拟人类专家的知识和经验解决特定领域的问题，实现了人工智能从理论研究走向实际应用、从一般推理策略探讨转向运用专门知识的重大突破。各个国家纷纷拨款投资这种类型的项目，希望制造出能够与人对话、翻译语言、解释图像，并且像人一样推理的机器。1980 年，卡内基梅隆大学为数字设备公司设计了一套名为 XCON 的"专家系统"。它可以简单地理解为"知识库 + 推理机"的组合，XCON 是一套具有完整专业知识和经验的计算机智能系统。这套系统能为公司每年节省下超过四千美元的经费。有了这种商业模式后，衍生出了像 Symbolics、Lisp Machines 等，以及 IntelliCorp、Aion 等这样的硬件、软件公司。在这个时期，仅专家系统产业的价值就高达 5 亿美元。专家系统在医疗、化学、地质等领域不断取得成功，推动人工智能走入应用发展的新高潮。

（4）低迷发展期：20 世纪 80 年代中—90 年代中

随着人工智能的应用规模不断扩大，专家系统存在的应用领域狭窄、缺乏常识性知识、知识获取困难、推理方法单一、缺乏分布式功能、难以与现有数据库兼容等问题逐渐暴露出来，从此，专家系统风光不再，人工智能进入低迷发展期。

（5）稳步发展期：20 世纪 90 年代中—2010 年

20 世纪 90 年代中期开始，人工智能技术尤其是神经网络技术逐步发展，人工智能开始进入平稳发展时期。1997 年 5 月 11 日，IBM 的计算机系统——"深蓝"战胜了国际象棋世界冠军卡斯帕罗夫，又一次在公众领域引发了现象级的人工智能话题讨论。2008 年，IBM 提出"智慧地球"的概念。2009 年 8 月 7 日，我国时任国务院总理温家宝视察中科院无锡高新微纳传感网工程技术研发中心，提出了构建"感知中国"中心的设想。以上这些都是这一时期的标志性事件。这是人工智能发展的一个重要里程。由于网络技术特别是互联网技术的大力发展，加速了人工智能的创新研究，促使人工智能技术进一步走向实用化。

（6）蓬勃发展期：2010 年至今

随着大数据、云计算、互联网、物联网等信息技术的发展，泛在感知数据和图形处理器等计算平台推动以深度神经网络为代表的人工智能技术飞速发展，大幅跨越了科学与应用之间的"技术鸿沟"，诸如图像分类、语音识别、知识问答、人机对弈、无人驾驶等人工智能技术实现了从"不能用、不好用"到"可以用"的技术突破，迎来爆发式增长的新高潮。

我国人工智能技术起步较晚，但是发展迅速，目前在专利数量及企业数量等指标上已经处于世界领先地位。我国高度重视人工智能产业的发展，在政府工作报告中，多次强调要加快新兴产业发展，推动人工智能的研发应用，培育新一代信息技术等新兴产业集群，壮大数字经济。

三、人工智能的主要应用

1. 智慧建筑领域

在建筑领域，人工智能技术目前已经应用于建筑物的设计、施工、运维过程及智能家居。比如，能对建筑物的能耗进行监控，借助"传感器+动态监控系统"实时监控建筑物外部和内部的温度、湿度、风速、光照等能量变化，自动实现建筑物空调和照明系统的控制；再如，对建筑物的施工进行智能管理，如智慧工地，借助云计算技术及其他相关软件技术和硬件设施，对建筑现场的人力、物力和财力进行实时监控和管理，通过 GIS（地理信息系统）和物联网技术收集并准确分析施工现场机械设备和建筑材料的使用及其他方面的信息。此外，还能对建筑物的运维进行智能管理，借助 BIM（建筑信息模型）技术和 GIS，对建筑进行实时监控，一旦遇到各种突发状况，如火灾事故，就可以借助 BIM 技术的可视化和三维图形对现场进行有效管理，并开展现场应急指挥处理。智能家居产品主要有智能炉灶，由计算机自动精确调节炉灶的火力，把烹饪者从烦琐的火力调节工作中解放出来，还有智能家电、智能网络设备、智能冰箱，智能变频烟机、变频空调、智能洗碗机等。人工智能技术在建筑领域的应用越来越成熟。

2. 智能制造领域

随着智能制造热潮的到来，人工智能应用已经贯穿设计、生产、管理和服务等制造业的各个环节。比如，采用工业机器人进行智能分拣；用机器学习算法模型和智能传感器等技术监测数控机床加工过程中的切削刀、主轴和电机的功率、电流、电压等信息，预判何时需要换刀，以提高加工精度；对于 PVC 管材在生产包装过程中的表面缺陷检测，将深度学习与 3D 显微镜结合，可将缺陷检测精度提高到纳米级。目前，制造业中应用的人工智能技术，主要围绕在智能语音交互产品、人脸识别、图像识别、图像搜索、声纹识别、文字识别、机器翻译、机器学习、大数据计算、数据可视化等方面。

3. 智慧交通领域

人工智能技术在智慧交通领域中的应用主要有以下几方面：无人驾驶汽车，通过智能路线设计、计算机视觉和网络定位等相关技术实现汽车的自动驾驶；智能交通机器人，在道路口处设置指挥交通的智能机器人，通过人工智能技术实时监控交通道路，获取路况交通信息，并根据指定的计算模式、辅助指示传输有关信息，完成道路交通的指挥工作；智能交通监控，利用图像监控、辨别技术等形式，剖析全部的道路交通状况，保证交警部门能够及时掌握道路的车流量、拥堵等状况，通过智能化调整交通信号灯的时长，或利用相应模式合理、有效地疏通交通，实现交通管理并降低交通堵塞现象；智能出行决策，智能化导航为人们的出行提供实时、精准的指引导航方案，提供更优质、更便利的人性化体验，从而降低出行的交通压力。

4. 金融投资、金融服务与风控领域

人工智能目前在金融投资与服务领域的应用较多。在金融投资领域，人工智能有智能投顾、反欺诈、异常分析、股市预测等方向的应用。在金融服务领域，人工智能有人脸识别、

指纹识别和智能客服等方向的应用；人工智能在风控领域的应用主要是数据搜集和处理、风险控制和预测、信用评级和风险定价，以及实现金融监管的实时监控。在风控与管理上，人工智能依托高维度的大数据和人工智能技术对风险进行及时有效的识别、预警、防识。在对金融监管上，人工智能的应用实现了金融监管实时监控，随时暂停。例如，在实际应用中当某些金融机构的金融活动超过监管部门规定的红线时，人工智能自动连接监管部门的接口便会识别出不符合规定的业务并在第一时间叫停此项业务，且生成相关报告以备使用。

5. 医疗领域

人工智能技术在医疗领域的应用主要有：智能诊疗，利用计算机进行病理、体检报告等的统计，通过大数据和深度挖掘等技术，对病人的医疗数据进行分析和挖掘，自动识别病人的临床变量和指标；医学影像智能识别，通过神经网络算法大量学习医学影像，可以帮助医生进行病灶区域定位，减少漏诊、误诊；医疗机器人，外科手术机器人、护理机器人和服务机器人等可协助医生进行手术或者其他工作；药物智能研发，通过计算机模拟，人工智能可以对药物活性、安全性和副作用进行预测，找出与疾病匹配的最佳药物，这将会大大缩短药物研发周期、降低新药成本并且提高新药的研发成功率；智能健康管理，利用智能设备对人体进行实时监测，从而对身体素质进行评估，并提供个性化的健康管理方案。

6. 教育领域

人工智能技术在教育领域的应用主要有：智能早教机器人，已经取代传统的电子教育产品成为未来家庭幼儿教育产品的主流，它不仅能够陪伴孩子，还能引导孩子学习，早教机器人利用计算机视觉、智能语音控制、环境感知及增强现实等先进技术，构建了虚拟的教学环境，给孩子们增加学习上的趣味性，实现真正意义上的寓教于乐；个性化学习，通过收集和分析学生的学习数据，用人工智能勾勒出每名学生的学习方式和特点，提供个性化学习方案，自动调整教学内容、方式和节奏，使每个孩子都能得到最适合自己的教育；拍照搜题，运用深度学习、图像识别、光学字符识别等技术来分析照片和文本，用户使用手机上传题目照片到云端后，系统在短时间内就可以给出该题目的答案及解题思路，并显示学习要点、难点及先修知识；智能作业批改，利用人工智能图像识别技术，还可以进行机器批改试卷、识题答题等；语音识别可以纠正、改进学习者的发音；人机交互可以进行在线答疑解惑；等等。

7. 物流管理领域

物流行业利用智能搜索、推理规划、计算机视觉及智能机器人等技术在运输、仓储、配送装卸等流程上已经进行了自动化改造，能够基本实现无人操作。比如利用大数据对商品进行智能配送规划，优化配置物流供给、需求匹配、物流资源等。目前，物流行业大部分人力分布在"最后一公里"的配送环节，京东、苏宁、菜鸟争先研发无人车、无人机，力求抢占市场机会。

四、人工智能产业链

人工智能产业链包括三层：基础层、技术层和应用层。其中，基础层是人工智能产业的基础，主要是研发硬件及软件，如 AI 芯片、数据资源、云计算平台等，为人工智能提供数据及算力支撑;技术层是人工智能产业的核心,以模拟人的智能的相关特征为出发点,构建技术路径;应用层是人工智能产业的延伸,集成一类或多类人工智能基础应用技术,面向特定应用场景需求而形成软/硬件产品或解决方案。

1. 基础层

基础层主要包括计算硬件(AI芯片)、计算系统技术(大数据、云计算和5G通信)和数据(数据采集、标注和分析)。人工智能产业链基础层框架如图1-3所示。

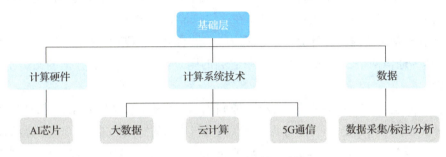

图1-3 人工智能产业链基础层框架

(1) 计算硬件——AI芯片

AI芯片是人工智能产业的核心硬件。AI芯片的定义从广义上讲只要能够运行人工智能算法的芯片都叫作AI芯片,但是通常意义上的AI芯片指的是针对人工智能算法做了特殊加速设计的芯片。现阶段,人工智能算法一般以深度学习算法为主,也包括其他机器学习算法。AI芯片的分类一般有按技术架构分类、按功能分类、按应用场景分类三种分类方式,如图1-4所示。

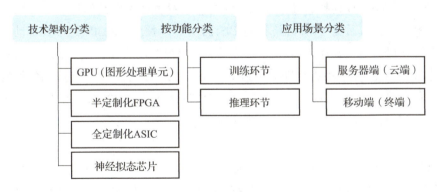

图1-4 AI芯片的分类

AI芯片是人工智能的"大脑",市场规模呈快速增长的态势。早期人工智能运算主要借助云计算平台和传统CPU相互结合的方式。但随着深度学习等对大规模并行计算需求的提升,开始了针对AI专用芯片的研发。按技术架构分类,AI芯片可分为GPU(Graphics Processing Unit,图形处理单元)、半定制化FPGA、全定制化ASIC和神经拟态芯片等。从功能来看,AI芯片可以分为训练(Training)和推理(Inference)两个环节。训练环节通常需要有大量的数据输入,运算量巨大,需要庞大的计算规模,对于处理器的计算能力、精度、可扩展性等性能要求很高。推理环节指利用训练好的模型，使用新的数据去"推理"出各种结论，虽然推理环节的计算量相比训练环节的少很多，但仍然涉及大量的矩阵运算。从应用场景来看，AI 芯片可以分成云端和终端两种。

（2）计算系统技术——大数据、云计算和 5G 通信

人工智能与大数据、云计算和 5G 关系紧密。由于海量数据的产生，人们关注用数据做一些过去只有人能够做的事情。配合云计算带来的计算资源和计算能力，人工智能依托大数据基础，对周边环境做出一定的程序反应，实现人工智能的落地。5G 网络的主要作用是让终端用户始终处于联网状态，让信息通过 5G 在线快速传播和交互。

人工智能需要大数据、云计算（提供算力），结合算法不断的进化，学习并优化算法模型，而 5G 作为通信网络，在这些关系链中起到的则是纽带作用，是数据的搬运工，是科技时代的血液。

当前，我国正在加速从数据大国向着数据强国迈进。国际数据公司 IDC 和数据存储公司希捷的一份报告显示，到 2025 年，随着我国物联网等新技术的持续推进，其产生的数据将从 2018 年的约 7.6ZB 增至 2025 年的约 48.6ZB，数据交易迎来战略机遇期。1ZB 大约是 1 万亿 GB，这是当今常用的测量方法。据贵阳大数据交易所统计，我国大数据产业市场仍将保持着高速增长。

近年来，我国云计算新兴产业快速推进，多个城市开展了试点和示范项目，涉及电网、交通、物流、智能家居、节能环保、工业自动控制、医疗卫生、精细农牧业、金融服务业、公共安全等多个方面。试点已经取得初步的成果，将产生巨大的应用市场。

5G 通信市场规模巨大，GSMA 智库发布的《中国移动经济发展报告 2021》指出，我国继续维持全球 5G 技术领先市场之一的地位。我国 5G 的规模：2020 年新增 5G 连接超过 2 亿；预计到 2025 年，我国 5G 连接将超过 8 亿，为个人消费者和更广泛的经济体提供一系列的产品和服务。根据中国信通院《5G 经济社会影响白皮书》预测，2030 年，5G 带动的直接产出和间接产出将分别达到 6.3 万亿和 10.6 万亿元。在直接产出方面，按照 2020 年 5G 正式商用算起，预计 2025 年、2030 年将分别增长到 3.3 万亿、6.3 万亿元，十年间的年均复合增长率为 29%。在间接产出方面，2025 年、2030 年，5G 将分别带动 6.3 万亿和 10.6 万亿元，年均复合增长率为 24%。

（3）数据——数据采集、标注和分析

越来越多的智能产品、APP、硬件在进行产品迭代和升级测试过程中，需要采集大量的数据，同时随着数据量的不断增加，数据价值也逐渐被企业所关注。尤其是偏重于业务型的企业，大量的数据，在未被挖掘整合的过程中通常被看作是无效且占用资源的，但一旦被发掘，数据的价值将无可估量。因此，数据采集、标注和分析行业应运而生。数据采集、标注和分析是指文本、图像、视频、语音等数据的采集、标注和分析。

2. 技术层

技术层主要包括算法理论（机器学习）、开发平台（基础开源框架、技术开放平台）和应用技术（计算机视觉、机器视觉、智能语音、自然语言理解），如图 1-5 所示。

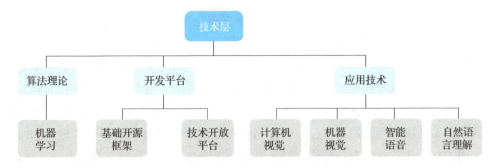

图1-5 人工智能产业链技术层框架

国内的人工智能技术层主要聚焦于计算机视觉、自然语言处理及机器学习领域。

在计算机视觉领域,动/静态图像识别和人脸识别是主要研究方向。目前,静态图像识别与人脸识别的研究暂时处于领先位置,代表企业有百度、旷视科技、格灵深瞳等。

自然语言处理包括语音识别与语义识别两方面。语音识别的关键是基于大量样本数据的识别处理,国内大多数语音识别技术商都在平台化的方向上发力,以通过不同平台及软硬件方面数据和技术的积累,不断提高识别的准确率。

机器学习目前的重点是在算法领域实现突破,当前主流算法如深度神经网络、卷积神经网络及循环神经网络等都需要构建庞大的神经元体系,投入非常大。算法作为人工智能技术的引擎,主要用于计算、数据分析和自动推理。机器学习最基本的做法是使用算法来解析数据并从中学习,然后对真实世界中的事件做出决策和预测。机器学习作为AI的核心技术之一,已被广泛应用于数据挖掘、计算机视觉、自然语言处理、生物特征识别、搜索引擎、医学诊断、语音和手写识别、战略游戏和机器人等领域。

3. 应用层

应用层主要包括行业解决方案("AI+")和热门产品(如智能汽车、机器人、智能家居、可穿戴设备等)。

(1)行业应用——AI+传统行业

随着深度学习、计算机视觉、语音识别等人工智能技术的快速发展,人工智能与终端和垂直行业的融合将持续加速,对传统的医疗、金融、教育、文娱、零售、物流、政务、安防等诸多行业将形成全面和全新的塑造。AI+传统行业应用见表1-1。

表1-1 AI+传统行业应用

行业	应用领域
医疗	药物研发、医学影像、辅助诊断、辅助治疗、健康管理、疾病预测
金融	智慧银行、智能投顾、智能投研、智能信贷、智能保险、智能监管
教育	教育信息化、素质教育、语言培训
文娱	网络游戏、网络影视、网络直播与短视频、网络动漫和网络文学
零售	会员管理、客流分析、商品结算、货品陈列稽查、智能零售终端
物流	客服、转运、分拣、配送
政务	AI客服、AI填报、AI预审、智能终端(扫描、拍照、通话、复印、上传)、AI审批
安防	视频监控、智能报警、智慧警务、门禁管理与智慧交通

(2) 热门产品——智能汽车、机器人、智能家居、可穿戴设备等

人工智能领域的热门产品主要有智能汽车、机器人、智能家居、可穿戴设备等。对 5G 和人工智能来说，汽车是绝佳载体，而对于汽车行业来说，5G 和人工智能又是重要的附加值，智能汽车已成为汽车产业发展的重要方向；机器人分为工业机器人和特种机器人（如服务机器人、水下机器人、娱乐机器人、军用机器人、农业机器人等），随着人工智能的快速发展，各种类型的机器人纷纷面世，一些公司也在以实际行动推动机器人落地，如今，一个机器人应用的新时代正在出现；智能家居主要包括智能灯光控制系统、智能窗帘、智能门锁、智能音箱、智能冰箱、智能水壶等，人工智能让家居产品拥有"会思考、能决策"的能力，设备智能化以后让生活变得更简单；可穿戴设备主要包括智能手环、智能手表、智能眼镜、智能头盔等，可穿戴设备作为 AI 的入口，可应用在体育、医疗、娱乐、科教、商业等方面。AI＋现代智能产品见表 1－2。

表 1－2　AI＋现代智能产品

产品	具体产品
智能汽车	自动驾驶系统解决方案、人机交互平台
机器人	工业机器人、特种机器人（如服务机器人、水下机器人、娱乐机器人、军用机器人、农业机器人等）
智能家居	智能灯光控制系统、智能窗帘、智能门锁、智能音箱、智能冰箱、智能水壶等
可穿戴设备	智能手环、智能手表、智能眼镜、智能头盔等

单元二　人工智能与机器学习

学习目标

知识目标：掌握人工智能、机器学习、深度学习的关系；熟悉机器学习常用开发工具。

能力目标：具备探究学习、终身学习、分析问题和解决问题的能力；具备机器学习常用开发工具的使用能力。

素养目标：培养学生的信息素养、工匠精神、吃苦精神、创新思维；培养学生勇于奋斗、乐观向上、勇于创新的精神；增强学生科技强国、技术报国的使命感；增强学生的法律意识和安全意识。

一、机器学习简介

机器学习的历史几乎与人工智能相当。例如，20 世纪 50 年代的感知器学习，60 年代—70 年代基于逻辑的符号主义学习，80 年代的决策树学习，90 年代的连接学习和统计学习。进入 21 世纪初，人工智能所依赖的计算环境、计算资源和学习模型发生了巨大变化，云计算为人工智能提供了强大的计算环境，大数据为人工智能提供了丰富的计算资源，深度学习为人工智能提供了有效的学习模型。机器学习和深度学习在一个新的背景下异军突起，以机器学习和深度学习为引领是这一时期人工智能发展的一个主要特征。

人工智能是指使机器像人一样去决策；机器学习是实现人工智能的一种技术；深度学习是一种实现机器学习的技术，是机器学习中的一个分支方法。三者的关系如图1-6所示。

随着各行业产生的大数据不断积累，人们很难直接从原始数据本身获得所需信息，在根据人的经验进行预判或者决策时，就开始考虑计算机能否代替人进行决策。机器学习就是在这样一个背景下产生的。机器学习的目的就是使计算机与人类一样能够具备学习的能力。

简单地说，机器学习就是设计一个算法模型来处理数据，输出我们想要的结果，我们可以针对算法模型进行不断的调优，形成更准确的数据处理能力。但这种学习不会让机器产生意识。

图1-6 人工智能、机器学习和深度学习的关系

二、机器学习常用开发工具

在机器学习的初始阶段，每名研究者都需要写大量的重复代码。为了提高工作效率，研究者将这些代码写成了一个框架放在互联网上，让所有研究者一起使用。接着，互联网上就出现了不同的框架。随着时间的推移，几个好用的框架被大量的人使用从而流行了起来。全世界最为流行的机器学习框架有 Scikit-Learn、PyTorch、TensorFlow、Caffe、PaddlePaddle、ModelArts 等。

1. Scikit-Learn

Scikit-Learn 是在 SciPy 的基础上发展起来的。SciPy 是一个开源的基于 Python 的科学计算工具包。基于 SciPy，开发者们针对不同的应用领域开发出了为数众多的分支版本，它们被统一称为 Scikits，即 SciPy 工具包的意思。而在这些分支版本中，最有名，也是专门面向机器学习的一个就是 Scikit-Learn。

Scikit-Learn 工具包最早由数据科学家大卫·库尔纳波（David Cournapeau）在 2007 年发起，需要 NumPy 和 SciPy 等其他包的支持，是 Python 语言中专门针对机器学习应用而发展起来的一款开源框架，它的维护也主要依靠开源社区。

作为专门面向机器学习的 Python 开源框架，Scikit-Learn 可以在一定范围内为开发者提供友好的帮助，它内部实现了各种各样成熟的算法，容易安装和使用，样例丰富，而且教程和文档也非常详细。

Scikit-Learn 的优点如下。

①包含大量机器学习算法的实现，提供了完善的机器学习工具箱。

②支持预处理、回归、分类、聚类、降维、预测和模型分析等强大的机器学习库，近乎一半的机器学习和数据科学项目都使用了该包。

③如果不考虑多层神经网络的相关应用，Scikit-Learn 的性能表现是非常不错的。

Scikit-Learn 的缺点如下。

①它不支持深度学习和强化学习。

②它不支持图模型和序列预测。

③它不支持 Python 之外的语言。

④它不支持由 Python 实现的解释器 PyPy。

⑤它不支持 GPU 加速。

Scikit-Learn 内部算法的实现十分高效，部分可以归功于 Cython 编译器。通过 Cython 在 Scikit-Learn 框架内部生成 C 语言代码的运行方式，Scikit-Learn 消除了大部分的性能瓶颈。

2. PyTorch

PyTorch 是一个开源的 Python 机器学习库，基于 Torch，用于自然语言处理等应用程序。

2017 年 1 月，Facebook 人工智能研究院（FAIR）基于 Torch 推出了 PyTorch，它是一个基于 Python 的可续计算包，提供两个高级功能：强大的 GPU 加速的张量计算、自动求导系统的深度神经网络。

PyTorch 虽然是基于 Torch 框架开发的，但是使用 Python 重新写了很多内容，不仅更加灵活、支持动态图，而且提供了 Python 接口。它是由 Torch7 团队开发，是一个以 Python 优先的深度学习框架，不仅能够实现强大的 GPU 加速，同时还支持动态神经网络。

PyTorch 既可以看作加入了 GPU 支持的 Numpy，同时也可以看成一个拥有自动求导功能的强大的深度神经网络。

PyTorch 的主要特点如下。

①具有简洁且高效、快速的框架，设计追求最少的封装。

②它的设计符合人类思维，它让用户尽可能地专注于实现自己的想法。

③PyTorch 能持续开发和更新，PyTorch 作者亲自维护论坛，供用户交流和求教问题，入门比较简单。

3. TensorFlow

TensorFlow 是众多研究和开发人员常用的深度学习框架之一，它可通过机器学习优化其应用程序。

TensorFlow 是 Google 的第二代人工智能学习系统，是一个基于数据流编程（Dataflow Programming）的符号数学系统，被广泛应用于各类机器学习算法的编程实现，其前身是谷歌的神经网络算法库 DistBelief。TensorFlow 拥有多层级结构，可部署于各类服务器、PC 终端和网页，并支持 GPU 和 TPU 高性能数值计算，被广泛应用于谷歌内部的产品开发和各领域的科学研究。

TensorFlow 由谷歌人工智能团队——谷歌大脑（Google Brain）开发和维护，拥有包括 TensorFlow Hub、TensorFlow Lite、TensorFlow Research Cloud 在内的多个项目及各类应用程序接口。自 2015 年 11 月 9 日起，TensorFlow 依据阿帕奇授权协议（Apache 2.0 Open Source License）开放源代码。

TensorFlow 支持多种客户端语言下的安装和运行，支持版本兼容运行的语言有 C、Python、JavaScript、C ++、Java、Go 和 Swift，试验阶段的包括 C#、Haskell、Julia、Ruby、

Rust 等编程语言。

TensorFlow 具有以下优点。

①TensorFlow 社区活跃，易于找到相关的模型及问题，整体框架的各类配套工具较为成熟。

②TensorFlow 生产部署的方案成熟，从手机终端到服务器都比其他框架更加易于部署。

③TensorFlow 本身之上也有 Keras 等高层框架，可以高效开发。

④TensorFlow 在处理 RNN 及大规模并行深度学习时的能力非常强大。

⑤拥有 Tensorflow Serving，可以直接加载模型来提供 RPC 接口服务。

TensorFlow 的缺点如下。

①入门难度较大，它实际上是一门新的语言，很多开发者反映写起来很麻烦。

②有很多地方属于黑箱操作，难以理解数据处理的原理，调试较难。

③不适合做快速的想法验证。

4. Caffe

Caffe（Convolutional Architecture for Fast Feature Embedding）是一个兼具表达性、速度和思维模块化的深度学习框架，由伯克利人工智能研究小组与伯克利视觉和学习中心开发。虽然其内核是用 C++ 编写的，但 Caffe 提供 Python 和 MATLAB 相关接口。Caffe 支持多种类型的深度学习架构，面向图像分类和图像分割，还支持 CNN、RCNN、LSTM 和全连接神经网络设计。Caffe 支持基于 GPU 和 CPU 的加速计算内核库，如 NVIDIA cuDNN 和 Intel MKL。

Caffe 应用于学术研究项目、初创原型，甚至视觉、语音和多媒体领域的大规模工业应用。雅虎还将 Caffe 与 Apache Spark 集成在一起，创建了一个分布式深度学习框架 CaffeOnSpark。2017 年 4 月，Facebook 发布 Caffe2，加入了递归神经网络等新功能。2018 年 3 月底，Caffe2 并入 PyTorch。

Caffe 完全开源，并且有多个活跃社区沟通解答问题，同时提供了一个用于训练、测试等完整的工具包，可以帮助使用者快速上手。此外，Caffe 还具有以下特点。

①模块性：Caffe 以模块化原则设计，实现了对新的数据格式、网络层和损失函数的轻松扩展。

②表示和实现分离：Caffe 已经用谷歌的 Protocol Buffer 定义模型文件，使用特殊的文本文件 prototxt 表示网络结构，以有向非循环图形式实现网络构建。

③Python 和 MATLAB 结合：Caffe 提供了 Python 和 MATLAB 接口，供使用者选择熟悉的语言调用部署算法应用。

④GPU 加速：利用了 MKL、OpenBLAS、cuBLAS 等计算库，利用 GPU 实现计算加速。

5. PaddlePaddle

PaddlePaddle（飞桨）以百度多年的深度学习技术研究和业务应用为基础，集深度学习核心训练和推理框架、基础模型库、端到端开发套件、丰富的工具组件于一体，是我国首个自主研发、功能完备、开源开放的产业级深度学习平台。它简单易用，可以通过简单的十数行配置搭建经典的神经网络模型；它高效强大，可以支撑复杂集群环境下超大模型的训练。在百度内部，已经有大量产品线使用了基于 PaddlePaddle 的深度学习技术。

PaddlePaddle 依托百度业务场景的长期锤炼，拥有最全面的官方支持的工业级应用模型，涵盖自然语言处理、计算机视觉及推荐引擎等多个领域，并开放多个领先的预训练中文模型，以及多个在国际范围内取得竞赛冠军的算法模型。

PaddlePaddle 具有以下特点。

①PaddlePaddle 支持千亿规模参数、数百个节点的高效并行训练。

②PaddlePaddle 拥有强大的多端部署能力，支持服务器端、移动端等多种异构硬件设备的高速推理，预测性能有显著优势，能够满足不同层次的深度学习开发者的开发需求，具备强大的支持工业级应用的能力，已经被我国企业广泛使用，也拥有了活跃的开发者社区生态。

6. ModelArts

ModelArts 是华为公司面向开发者提供的一站式 AI 开发平台，能够为用户提供全流程的 AI 开发服务，为机器学习与深度学习提供海量数据预处理及半自动化标注、大规模分布式 Training、自动化模型生成，具有端－边－云模型按需部署能力，能帮助用户快速创建和部署模型，管理全周期 AI 工作流，满足不同开发层次的需要，降低 AI 开发和使用的门槛，实现系统的平滑、稳定和可靠运行。

ModelArts 的主要特点如下。

①ModelArts 的 AIGallery 中预置了大量的模型、算法、数据和 NoteBook 等资源，供初学者快速上手使用。

②ModelArts 的自动学习功能可以帮助用户零代码构建 AI 模型。

③ModelArts 还提供了开发环境，用户可以在云上的 JupyterLab 或者本地 IDE 中编写训练代码，进行 AI 模型开发。

三、机器学习的主要应用

机器学习应用广泛，无论是军事领域还是民用领域，都涉及大量机器学习算法的应用。

1. 实时聊天机器人代理

聊天机器人是商业领域使用广泛的机器学习应用之一。有些智能助手能知道何时需要提出明确的问题，以及何时对人类提出的要求进行分类；音乐流媒体平台的机器人可以让用户收听、搜索、分享音乐并获得推荐。

早期的聊天机器人，允许人类与机器进行对话，而机器可以根据人类提出的请求或要求采取行动。早期的聊天机器人遵循脚本规则，这些规则告诉机器人根据关键词采取什么行动。

机器学习和自然语言处理（NLP）使聊天机器人更具交互性和生产力。这些较新的聊天机器人能更好地响应用户的需求，并越来越像真人一样交谈。现在的聊天机器人越来越智能。

2. 决策支持

机器学习可以帮助企业将其拥有的大量数据转化为可操作的意见，为用户提供决策支持，从而实现价值。它可以基于历史数据和任何其他相关数据集的算法进行信息分析，并以人类无法达到的规模和速度运行多个场景，从而提出最佳行动方案的建议。业内专家称，它不能代替人类，但能帮助人们把事情做得更好。

在医疗保健行业，包含机器学习的临床决策支持工具能指导临床医生进行诊断并选择合适的治疗方法，还能提高护理人员的效率和提升治疗结果；在农业领域，基于机器学习的决策支持工具整合了气候、能源、水、资源和其他因素的数据，能够帮助农民做出作物管理决策；在商业中，决策支持系统能够帮助管理层预测趋势、识别问题并加快决策。

3．客户推荐引擎

机器学习为客户推荐引擎提供了动力，增强了客户体验，并能提供个性化体验。在这种场景里，算法处理单个客户的数据点，比如客户过去的购买记录或公司当前的库存、其他客户的购买历史等，以向每个客户推荐适当的产品和服务。大型电子商务公司使用推荐引擎来增强个性化并提升购物体验。

该领域机器学习应用程序的另一个常见应用是流媒体娱乐服务，它使用客户的观看历史、具有类似兴趣客户的观看历史、有关个人节目的信息和其他数据点，向客户提供个性化的推荐。在线视频平台使用推荐引擎技术帮助用户快速找到适合自己的视频。

4．客户流失模型

企业使用机器学习可以预测客户关系何时开始恶化，并找到解决办法。通过这种方式，新型机器学习能帮助公司处理最古老的业务问题——客户流失。

算法从大量的历史、人数统计和销售数据中找出规律，确定和理解为什么一家公司会失去客户。然后，公司就可以利用机器学习能力来分析现有客户的行为，以提醒业务人员哪些客户面临着将业务转移到别处的风险，从而找出这些客户离开的原因，然后决定公司应该采取什么措施留住他们。流失率对于任何企业来说都是一个关键的绩效指标，对于订阅型和服务型企业来说尤为重要，例如媒体公司、音乐和电影流媒体公司、软件服务公司及电信公司都适用该技术。

5．动态定价策略

公司可以挖掘历史定价数据和一系列其他变量的数据集，以了解特定的动态因素（如每天的时间、天气，甚至季节）如何影响商品和服务的需求。机器学习算法可以从这些信息中学习，并与其他市场和消费者数据结合起来，帮助企业根据这些庞大且众多的变量动态定价商品。这一策略最终将帮助企业实现收入最大化。动态定价（有时称为需求定价）最常发生在运输行业，例如网络约车会随着叫车人数增加而提高定价或要求增加同乘人数，还有在假期期间提升的机票价格等。

6．市场调查和客户细分

机器学习不仅可以帮助公司定价，还能通过预测库存和客户细分帮助企业在正确的时间将正确的产品和服务交付到正确的区域。例如，零售商利用机器学习，根据影响某个商店的季节性因素、该地区的人口统计数据和其他数据点（如社交媒体上的趋势），预测哪个商店的商品最畅销。专家认为，可以把机器学习看作是为零售量身打造的推荐引擎。

类似地，公司可以使用机器学习来更好地了解整个客户群中的特定细分市场。例如，零售商可以使用这项技术来洞察特定购物群体的购买模式，如基于相似年龄、收入或教育水平的群体等。这样，他们就可以更好地瞄准自己的需求，比如为商店储备那些被确定的细分市场最有可能需要的商品。

7．欺诈检测

机器学习理解模式的能力，以及立即发现模式之外异常情况的能力使它成为检测欺诈活动的宝贵工具。事实上，金融机构多年来一直在使用机器学习。

它的工作原理是：数据科学家利用机器学习来了解单个客户的典型行为，比如客户在何时何地使用信用卡。机器学习可以利用这些信息及其他数据集，在短短几毫秒内准确判断哪些交易属于正常范围，属于合法交易，而哪些交易超出了预期的规范标准，因此可能是欺诈的。机器学习检测欺诈的应用包括金融服务、旅行、游戏和零售等。

8．图像分类和图像识别

从社交网站想要给其网站上的照片贴上标签，到安全团队想要实时识别犯罪行为，再到无人驾驶汽车需要通畅的道路等都离不开机器学习、深度学习及神经网络的帮助。商品零售商在图像分类和图像识别方面也有很多应用，例如配备具有计算机视觉和机器学习的机器人，它们可以扫描货架以确定哪些物品是缺货或放错地方；使用图像识别可以确保从购物车中取出的所有物品被成功扫描，从而限制无意中的销售损失；通过分析图像还可以识别可疑活动，如入店行窃及检测违反工作场所安全的行为（如未经授权使用危险设备）等。

9．提升工作效率

尽管很多机器学习应用是高度专业化的，但许多公司也在使用这种技术来帮助处理日常业务流程，如金融交易和软件开发。到目前为止，常见的应用是在企业财务组织、制造系统和流程，以及软件开发和测试。很多业务部门都使用机器学习来提高工作效率。例如，机器学习可以在财务部门和公司中加快工作速度和减少人为错误。再如，使用基于机器学习的解决方案来监控设备并提前确定何时需要维护，能够有效减少意外问题和计划外的工作中断等。另外，信息技术部门可以使用机器学习作为软件测试自动化的一部分，显著加快和改进这一过程，从而使软件开发更快、成本更低。

10．信息提取

使用 NLP 的机器学习可以自动从文档中识别关键的结构化数据，即使所需的信息是以非结构化或半结构化的格式保存的。使用机器学习来理解文件对于各行各业都是一个巨大的机会。可以使用它来处理从税务报表到发票到法律合同的所有事情，提高效率和准确性，并将人力从平凡的重复性工作中解放出来。

11．垃圾邮件过滤

电子邮件客户端使用了许多垃圾邮件过滤的方法。为了确保这些垃圾邮件过滤器不断更新，使用了大量的机器学习算法，因为基于规则的垃圾邮件过滤完成后，它无法跟踪垃圾邮件发送者采用的最新技巧。多层感知器、C4.5 决策树等一些垃圾邮件过滤技术，均是由机器学习提供的支持。

实训一　手机里的人工智能

随着人工智能成为热点，智能手机厂家纷纷推出"AI 手机"，手机也越来越智能。手机 AI 芯片根据用户的习惯与需求，能够通过芯片的硬件处理能力（收集与整理信息、运算与分析、应对处理）与系统传输配合，推算出用户的兴趣、爱好与需求，并即时反馈给用户，比如识别用户语音从而做出反应。从目前的智能手机发展趋势来看，AI 恰是技术突破的重要一环。AI 与智能手机的结合，正顺应了这一技术潮流。

人工智能目前已深入各行各业，正激发着前所未有的消费需求。手机无疑会在人工智能这场大戏中扮演极为重要的角色，因此 AI 芯片的普及只是时间的早晚问题。实际上，人工智能正在引领下一个时代，AI 手机将是人工智能在普通应用中的最佳载体，它可以让 AI 在语音、语义、图像识别等基础应用层面切实帮助到用户。目前，手机的智能主要体现在以下几个方面。

1. 以 3D 摄像头为代表的新型光学传感器的应用

随着用户对于智能手机图像识别精度和准确度等的需求不断增加，3D 图像传感器开始逐步应用于智能手机。3D 图像传感器通过 3D 成像技术，能够识别视野内空间每个点位的三维坐标信息，从而得到空间的 3D 数据，复原完整的三维世界，并实现智能三维定位。

2. 以指纹和人脸为代表的新型生物特征识别技术逐渐成熟

从 2018 年开始，部分品牌手机开始使用人脸识别代替指纹识别，手机指纹识别技术的渗透率出现下降。随着智能手机全面屏的发展，传统指纹识别将逐渐被淘汰，未来在生物特征识别领域是屏下指纹技术与人脸识别技术的较量。

3. 基于语音识别技术的提升

声纹识别依靠手机话筒捕捉可用电声学仪器显示的携带言语信息的声波频谱模型，根据语言波形实现文字识别和身份判定。比如，小米手机中的"小爱同学"智能语音助手，可以通过语音识别，执行用户的指令。

4. 5G 网络技术走向商用，极大拓展了 AI 应用场景

作为第五代移动通信技术，5G 具有大宽带、低延时、广连接的特点和优势，大幅促进了手机使用场景的落地和应用。5G 带来的超低延时为通过手机直播、赛事观看、在线互动等手机端多媒体应用场景提供了良好的通道。借助 5G 手机人工智能将极大化拓展多媒体类应用场景。例如，高清视频直播加持 AI 图片识别，不但能提供高质量、高清晰度的画面，还可以让用户根据自己的需求观赏不同角度和姿势的画面。再如，AR（增强现实）、VR（虚拟现实）等全息类虚拟技术，可以依托 5G、手机与人工智能结合，拓展更多满足用户需求的垂直类应用场景。

将 AI 移植到手机芯片上，能提高人工智能或语音助手进行任务处理的效率和性能，而这些改进主要涉及当下人们所需要的语音和图像识别功能。较为成熟的手机 AI 应用场景聚焦于智能拍照、人像美颜、图片管理、语音助手、智能翻译、语音搜索和增强现实类应用等。对于一般消费者而言，更为切实地感受是听觉和视觉识别能力的加强。比如，拍摄功能的改善——能够通过拍照时识别拍摄物的场景，实时调整到最佳拍摄模式，进行背景虚化、美颜自拍等。

智能拍照是在拍照过程中，通过检测图片中的目标，识别当前场景并自行调整参数，避免曝光、偏色等问题，还可以根据用户需要进行背景虚化等功能的调整；人像美颜技术是对人像进行美化的一种技术，包括面部分析、全局处理、局部精细化处理和美型等，从人种、性别、年龄、肤色、肤质等维度为用户提供个性化美颜；图片管理可对相册中的图片进行自动分类，也可以对图片进行后期优化，如在不产生噪点的情况下，将在暗光环境下拍摄的曝光不足的照片修复成正常曝光状态的照片；语音助手更是一种具备系统设置、智能提醒、调用第三方应用、控制周边其他智能设备、息屏唤醒、语音搜索、技能培训等功能的先进技术，比如用户可以通过与手机中的 AI 老师交谈来学习一门新的语言。

除了以上的应用，手机还有其他方面的智能应用，在这里就不再赘述。下面带着大家体验如何利用智能手机的拍照功能识别食物的卡路里（以华为手机为例）。

步骤一：打开手机照相机，单击左上角的识图按钮，如图 1-7 所示。

步骤二：单击"卡路里"按钮，然后将镜头对准食物，如图 1-8 所示。

步骤三：拍完后等待识别完成，即可显示食物名称和卡路里信息，如图 1-9 所示。

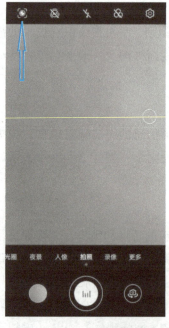

图 1-7　手机照相机界面

图 1-8　"卡路里"按钮

图 1-9　显示识别的食物名称和卡路里信息

知识技能拓展：AlphaGo

AlphaGo 是第一个击败人类职业围棋选手、第一个战胜围棋世界冠军的人工智能机器人，由谷歌（Google）旗下 DeepMind 公司戴密斯·哈萨比斯（Demis Hassabis）领衔的团队开发。其主要工作原理是"深度学习"。

2016 年 3 月，AlphaGo 与世界冠军、职业九段棋手李世石进行围棋人机大战，以 4 比 1 的总比分获胜；2016 年末 2017 年初，该程序在中国棋类网站上以"大师"（Master）为注册账号与中日韩数十位围棋高手进行快棋对决，连续 60 局无一败绩；2017 年 5 月，在中国乌镇围棋峰会上，它与世界排名第一的世界围棋冠军柯洁对战，以 3 比 0 的总比分获胜。围棋界公认 AlphaGo 的棋力已经超过人类职业围棋顶尖水平，在 GoRatings 网站公布的世界职业围棋排名中，其等级分曾超过排名第一的棋手柯洁。

2017 年 10 月 18 日，DeepMind 团队公布了 AlphaGo Zero。

AlphaGo Zero 的能力有了质的提升，它不再需要人类数据。也就是说，它一开始就没有接触过人类棋谱。研发团队只是让它自由随意地在棋盘上下棋，然后进行自我博弈。

美国脸书公司"黑暗森林"围棋软件的开发者田渊栋在网上发表文章说，AlphaGo 系统主要由几个部分组成：策略网络（Policy Network），给定当前局面，预测并采样下一步的走棋；快速走子（Fast Rollout），目标和策略网络一样，但在适当牺牲走棋质量的条件下，速度要比策略网络快 1000 倍；价值网络（Value Network），给定当前局面，估计是白胜概率大还是黑胜概率大；蒙特卡洛树搜索（Monte Carlo Tree Search），分析每一步棋应该怎么走才能够创造最好的机会。

AlphaGo 系统能否代表智能计算发展方向还有争议，但比较一致的观点是，它象征着计算机技术已进入人工智能的新信息技术时代（新 IT 时代），其特征就是大数据、大计算和大决策三位一体，它的智慧正在接近人类。

模块二
人工智能开发环境安装与使用

人工智能的开发环境主要使用 Python、TensorFlow 和 Anaconda 几款软件。

Python 是一个高层次的兼具解释性、编译性、互动性的面向对象的脚本语言。它是在 20 世纪 80 年代末 90 年代初由基多·范·罗苏姆（Guido van Rossum）在荷兰国家数学和计算机科学研究所设计出来的。Python 语言应用越来越广泛，得益于它自身的优良特性。Python 在数据处理方面具有先天优势，其内置的库外加第三方库（例如 NumPy 库实现各种数据结构、Scipy 库实现强大的科学计算方法、Pandas 库实现数据分析、MatplotLib 库实现数据化套件等）简化了数据处理，可以高效实现各类数据科学处理。

TensorFlow 是一个用于人工智能的开源神器，其最初是由 Google（谷歌）大脑小组（隶属于 Google 机器智能研究机构）的研究员和工程师们开发出来的，用于机器学习和深度神经网络方面的研究。这个系统的通用性使其也可广泛用于其他计算领域。

Anaconda 是一个用于科学计算的 Python 发行版，预安装了 NumPy、MatplotLib 等成熟的开源包和科学计算工具，具有强大的包管理和环境管理功能。

单元一　Anaconda 环境搭建

学习目标

知识目标：掌握 Anaconda 的下载及安装方法；掌握 Anaconda 的常用命令；熟悉 PyCharm 的下载及安装方法。

能力目标：能够下载并安装 Anaconda 和 PyCharm；能够使用 Anaconda 的常用命令。

素养目标：增强学生科技强国、技术报国的使命感；激发学生艰苦奋斗、自主创新的学习热情；增强学生的法律意识和安全意识。

一、Anaconda 的下载和安装

1. Anaconda 简介

Anaconda 是一个开源的包、环境管理器，用于科学计算的 Python 发行版，支持 Linux、

Mac、Windows 系统，包含了 Conda、Python 等 100 多个科学包及其依赖项，可以方便地解决多版本 Python 并存、切换及各种第三方模块安装问题。Anaconda 的官方网址首页如图 2-1 所示。

图 2-1　Anaconda 的官方网址首页

2. Anaconda 的下载

通常下载 Anaconda 的安装包有两种方式：一是直接从官网下载。但是因为服务器架设在国外，所以国内下载速度特别慢；二是通过国内的一些镜像服务器下载。这种方式的下载速度较快。

（1）Anaconda 官网

在 Anaconda 的官方网址首页最上面的菜单栏中，单击 Products 命令，进入下载页面，其目前提供了三种版本，即 Windows、MacOS、Linux，如图 2-2 所示。

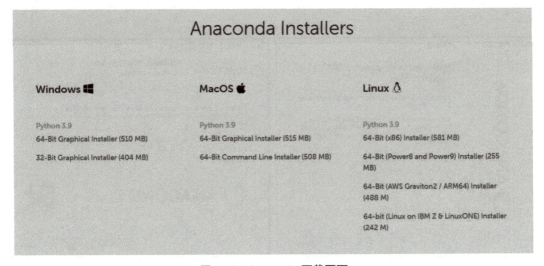

图 2-2　Anaconda 下载页面

（2）清华大学软件镜像站

通过清华大学软件镜像站下载 Anaconda，界面如图 2-3 所示。

Anaconda3-2021.04-MacOSX-x86_64.pkg	436.9 MiB	2021-05-11 04:17
Anaconda3-2021.04-MacOSX-x86_64.sh	429.3 MiB	2021-05-11 04:17
Anaconda3-2021.04-Windows-x86.exe	405.0 MiB	2021-05-11 04:17
Anaconda3-2021.04-Windows-x86_64.exe	473.7 MiB	2021-05-11 04:17
Anaconda3-2021.05-Linux-aarch64.sh	412.6 MiB	2021-05-14 11:33
Anaconda3-2021.05-Linux-ppc64le.sh	285.3 MiB	2021-05-14 11:33
Anaconda3-2021.05-Linux-s390x.sh	291.7 MiB	2021-05-14 11:33
Anaconda3-2021.05-Linux-x86_64.sh	544.4 MiB	2021-05-14 11:33
Anaconda3-2021.05-MacOSX-x86_64.pkg	440.3 MiB	2021-05-14 11:33
Anaconda3-2021.05-MacOSX-x86_64.sh	432.7 MiB	2021-05-14 11:34
Anaconda3-2021.05-Windows-x86.exe	408.5 MiB	2021-05-14 11:34
Anaconda3-2021.05-Windows-x86_64.exe	477.2 MiB	2021-05-14 11:34
Anaconda3-2021.11-Linux-aarch64.sh	487.7 MiB	2021-11-18 02:14
Anaconda3-2021.11-Linux-ppc64le.sh	254.9 MiB	2021-11-18 02:14
Anaconda3-2021.11-Linux-s390x.sh	241.7 MiB	2021-11-18 02:14
Anaconda3-2021.11-Linux-x86_64.sh	580.5 MiB	2021-11-18 02:14
Anaconda3-2021.11-MacOSX-x86_64.pkg	515.1 MiB	2021-11-18 02:14
Anaconda3-2021.11-MacOSX-x86_64.sh	508.4 MiB	2021-11-18 02:14
Anaconda3-2021.11-Windows-x86.exe	404.1 MiB	2021-11-18 02:14
Anaconda3-2021.11-Windows-x86_64.exe	510.3 MiB	2021-11-18 02:14
Anaconda3-4.0.0-Linux-x86.sh	336.9 MiB	2017-01-31 01:34
Anaconda3-4.0.0-Linux-x86_64.sh	398.4 MiB	2017-01-31 01:35
Anaconda3-4.0.0-MacOSX-x86_64.pkg	341.5 MiB	2017-01-31 01:35

图 2-3 清华大学软件镜像站下载 Anaconda 界面

3. Anaconda 的安装

（1）Windows 平台的安装

Windows 平台的 Anaconda 安装软件中支持不同的 Python 版本，本书选择的版本为支持 Python 3.8 的 64-bit 版本。双击安装文件 Anaconda3-2021.11-Windows-x86_64，开始安装，如图 2-4 所示。

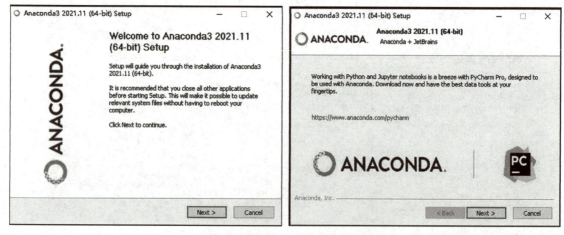

图 2-4 运行 Anaconda 安装文件

Anaconda 安装完成后，在"开始"菜单的菜单项中出现 Anaconda 启动项，如图 2-5 所示。

图 2-5 Anaconda 启动项

本书中的所有项目都是在这个环境下进行开发和运行的。

（2）Linux 平台的安装

这里以 Anaconda3-2019.10-Linux-x86_64 版本为例。进入下载文件夹，使用 bash 安装（bash Anaconda3-2019.10-Linux-x86_64.sh），进入安装许可，按＜Enter＞键继续，如图 2-6 所示。

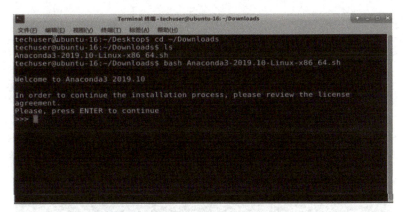

图 2-6 在 Linux 平台安装 Anaconda

阅读注册信息，最后在询问是否接受软件协议许可条款时输入 yes，如图 2-7 所示。

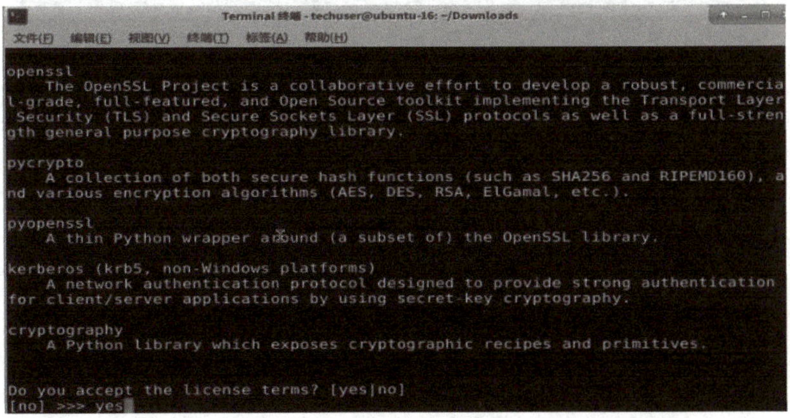

图 2-7 接受软件协议许可条款

安装完成之后提示是否添加环境变量，输入 yes 即可完成安装，如图 2-8 所示。

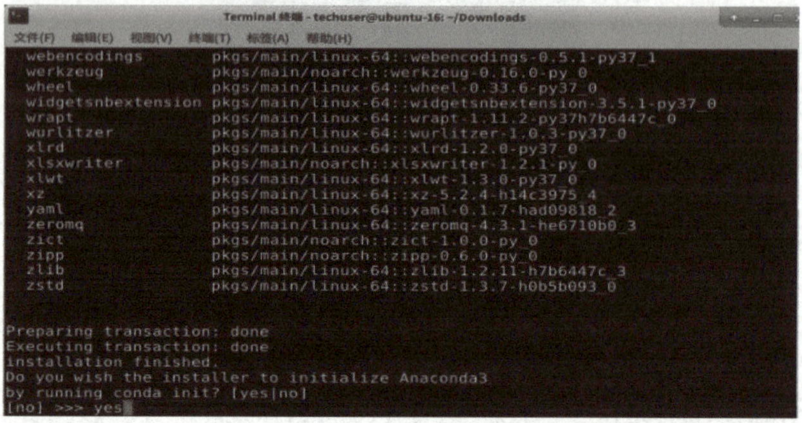

图 2-8 添加环境变量

若添加了环境变量，需要使用 source ~/.bashrc 命令重启，或者关闭该终端并重新启动。

重启后可输入 conda 命令测试是否生效，如图 2-9 所示。

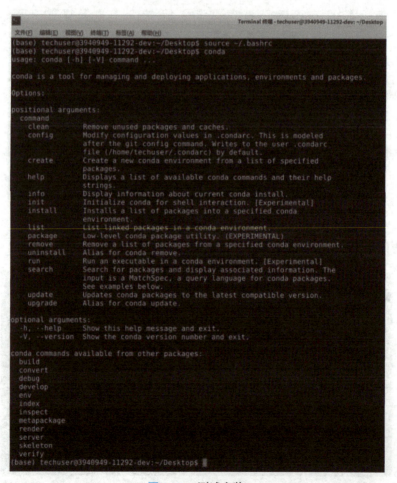

图 2-9 测试安装

二、Anaconda 常用命令

1. Anaconda 的使用方法

下面来介绍 Anaconda 的功能菜单。

Anaconda Navigator 是 Anaconda 的图形界面管理工具，可以启动应用程序，管理 Conda 环境和 Python 模块包。它主要实现两个方面的功能。

1）包（Packages）管理：可以安装、更新及卸载包。Anaconda 更侧重于数据科学相关的工具包，在安装时就已经集成了 NumPy、Scipy、Pandas、Scikit-learn 等数据分析中常用的包。另外，Navigator 不仅能管理 Python 的工具包，也能管理非 Python 的包，比如可以安装 R 语言的集成开发环境 Rstudio。

2）环境管理：可以建立多个虚拟环境，用于隔离不同项目所需的不同版本的工具包，以防止版本上的冲突。可以建立 Python2 和 Python3 两个环境，来分别运行不同版本的 Python 代码。

Anaconda Navigator 启动后的主界面如图 2-10 所示。

图 2-10　Anaconda Navigator 的主界面

在主界面的左侧有四个列表项，它们的功能主要如下。

Home：显示所有的应用程序，每一个应用程序可以安装、启动和更新。

Environments：允许管理已经安装的环境、包和包的网络位置。

Learning：Anaconda 的学习指南。

Community：各种社区群。

下面以安装 pymysql 包为例，介绍使用 Anaconda Navigator 安装包的方法。

1）选择 Environments 项，在右侧包的列表框中选择 All 选项，如图 2-11 所示。

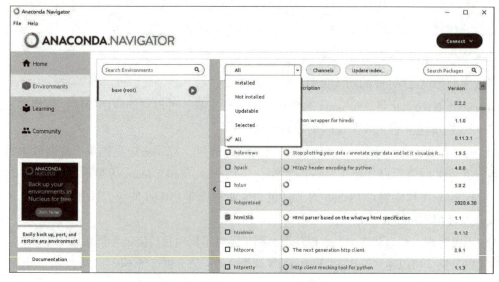

图 2-11　选择 All 列表项

2）然后，在最右侧的 Search Packages 框中输入 pymy，在下面的搜索结果中选择 pymysql，如图 2-12 所示。

图 2-12　选择 pymysql 包

3）单击右下角的 Apply 按钮，开始安装，弹出安装 pymysql 的相关包，如图 2-13 所示。

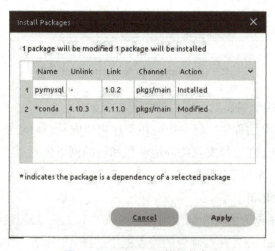

图 2-13　pymysql 的相关包

4）单击右下角的 Apply 按钮，开始安装，安装结束后可以看到 pymysql 包变成已安装状态，如图 2-14 所示。

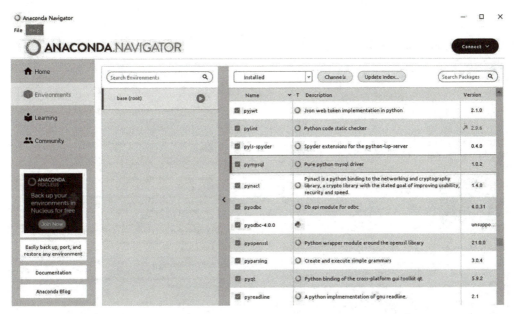

图 2-14　pymysql 包已安装

Anaconda 另一个强大的功能就是可以同时配置多个环境，以满足不同的需求，例如同时配置 Python 2.x 和 Python 3.x 环境。配置方法：在 Anaconda Navigator 的主界面左侧选择 Environments 项，单击下方的 Create 按钮，弹出图 2-15 所示的对话框，输入名字并选择包，单击 Create 按钮，即可新建一个环境。

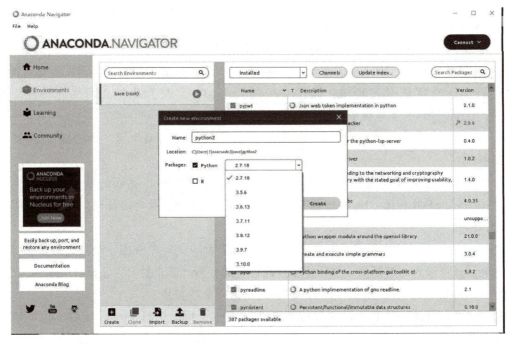

图 2-15　新建环境

安装成功以后会自动下载环境要求的基本包，Python3.8 环境如图 2-16 所示。现在已成功安装了两个版本的 Python 开发环境。

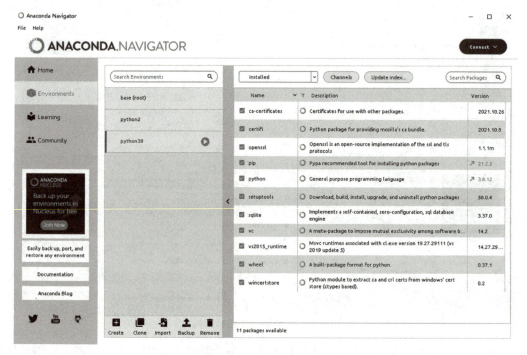

图 2-16　Python3.8 环境

Anaconda 在操作系统里安装了多个应用程序，如 Anaconda Prompt、IPython、Jupyter Notebook、Conda 和 Spyder 等。限于篇幅，下面简单介绍其中的三个——Anaconda Prompt、Jupyter Notebook 和 Spyder。

1）Anaconda Prompt：Anaconda 的命令行终端。

2）Jupyter Notebook：基于网页的交互式程序编辑工具。

3）Spyder：Spyder（Scientific Python Development Environment）是一个强大的交互式、跨平台的科学运算集成开发环境，提供高级的代码编辑、交互测试、调试等特性，支持 Windows、Linux 和 OS X 系统平台。

Spyder 启动后的主界面如图 2-17 所示，主要包括代码编辑区、内置帮助区和内置 IPython 控制区。

IPython 是一个功能强大的交互式 Shell（为使用者提供操作界面的软件，即命令解析器）。与 Python Shell 相比，IPython 更方便、更好用，它支持变量自动补全，内置了许多强大的功能和函数。

IPython 为交互式计算提供了丰富的架构，它是强大的交互式 Shell、交互式的数据可视化工具、灵活且可嵌入的解释器、易于使用且高性能的并行计算工具。它还具有 Jupyter 内核。

Anaconda 安装后已经包含了 IPython，因此不需要单独安装。

Spyder 可以新建一个 Python 项目或者 Python 文件，可以运行 Python 文件，也可以调试 Python 文件。

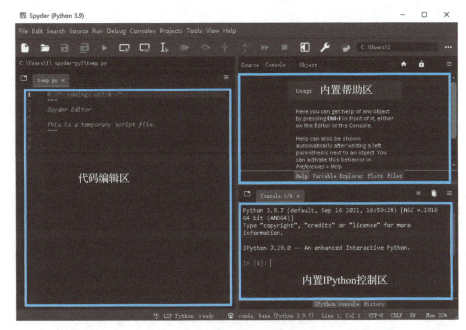

图 2-17　Spyder 主界面

Spyder 使用的库是通过 Anaconda Navigator 或者 Anaconda Prompt 的 pip 命令安装的，如果使用时遇到了之前使用 pip 安装的库和包导入或者提示不存在该模块的情况，则在 Spyder 的主界面选择菜单命令 Tools > Preferences，弹出 Preferences 配置窗口，在窗口的左侧选择 Python interpreter 项，将 Use the following Python interpreter 设置为包所在的 Python 环境，这样就可以正常使用已经安装好的包了，如图 2-18 所示。

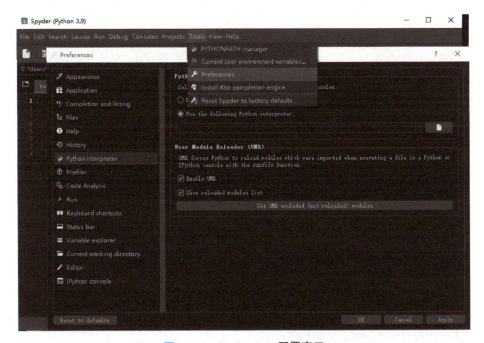

图 2-18　Preferences 配置窗口

2. 常用的 conda 命令

（1）获取版本号

```
conda -version
conda -V
```

（2）获得帮助

```
conda -help
conda -h
```

（3）获得某些命令的帮助

```
conda update -help
conda remove -help
```

（4）查看自带安装包

```
conda list
```

（5）查看环境列表

```
conda env list
conda info -e
```

（6）更新 conda 命令

```
conda update conda
```

（7）创建环境

```
conda create -name tensorflow2
```

（8）激活环境

```
conda activate tensorflow2(Windows 系统)
source activate tensorflow2(其他系统)
```

（9）关闭环境

```
conda deactivate(Windows 系统)
source deactivate(其他系统)
```

（10）创建与某一环境相同的新环境

```
conda create --name 新环境名 --clone 已存在的目标环境名
```

示例：conda create – – name tensorflow3 – – clone tensorflow2。

（11）删除环境

conda remove – – name tensorflow2 – all

（12）新建指定 Python 版本的环境

conda create – – name tensorflow3 python = 3.8（指定版本 3.8）
conda create – – name tensorflow2 python = 2.7（指定版本 2.7）

三、PyCharm 的安装和使用

1. PyCharm 的下载和安装

PyCharm 是专业的面向 Python 的全功能集成开发环境。PyCharm 官方网站主页如图 2 – 19 所示。

图 2 – 19　PyCharm 主页

1）在主页单击 Download 按钮，进入下载界面，如图 2 – 20 所示。

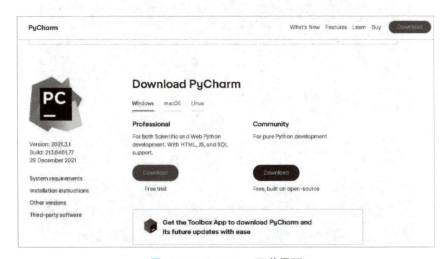

图 2 – 20　PyCharm 下载界面

2）PyCharm 目前有两个版本：付费的专业版和免费的社区版。这里选择下载免费的社区版。双击安装文件 pycharm-community-2021.3.1.exe 开始安装，如图 2-21 所示。

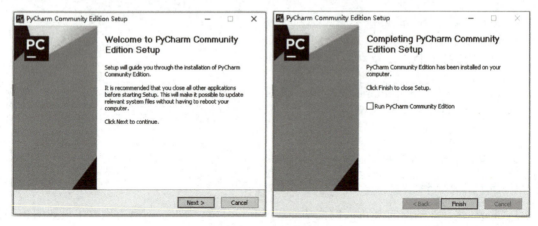

图 2-21　安装 PyCharm

3）PyCharm 安装完成以后，在"开始"菜单中显示 PyCharm 启动项 JetBrains > PyCharm Community……，单击该启动项即可立即启动 PyCharm，如图 2-22 所示。

图 2-22　启动 PyCharm

4）PyCharm 主界面如图 2-23 所示。

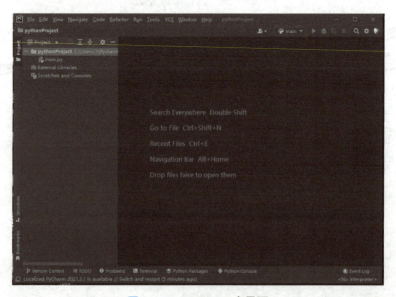

图 2-23　PyCharm 主界面

2. PyCharm 的使用

在 PyCharm 中新建 Python 程序的步骤如下。

1）在 PyCharm 的主界面中选择 File > New Project 菜单命令，弹出图 2-24 所示的 Create Project（新建项目）窗口。

图 2-24　新建项目

2）选中新建的项目，右击，在弹出的快捷菜单中选择 New > Python File 命令（见图 2-25），新建 Python 文件，并命名为 test。

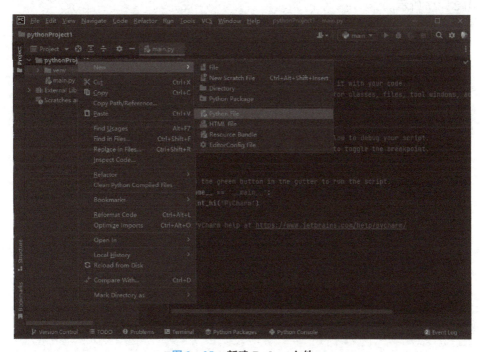

图 2-25　新建 Python 文件

3）在新建的 Python 文件中输入代码，右击，在弹出的快捷菜单中选择 Run ' test '命令，运行 Python 代码，如图 2－26 所示。

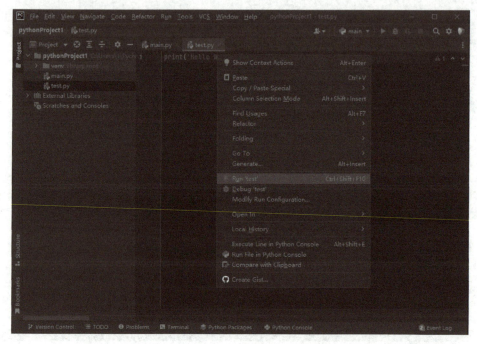

图 2－26　运行 Python 代码

在 PyCharm 中调试 Python 程序有两种方式：运行文件方式（即上面介绍的方法）和交互方式。在 PyCharm 的主界面中选中窗口 Python Console，在此窗口中可以交互执行 Python 源代码，如图 2－27 所示。

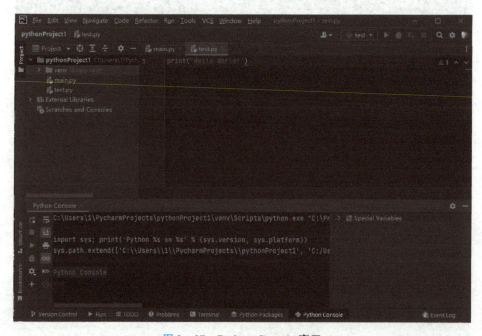

图 2－27　Python Console 窗口

PyCharm 还可以进行个性化的设置，选择 File > Settings 命令，打开 Settings（设置）窗口。在左侧栏中选择 Project pythonProject 1 > Python Interpreter 选项，在窗口右侧即可设置 Python 的项目解释器 Python Interpreter，如图 2-28 所示。

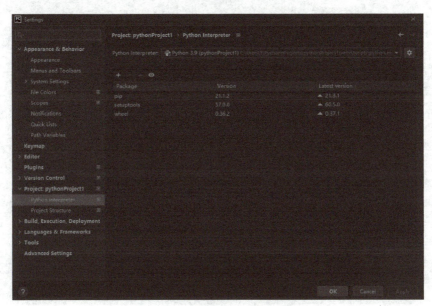

图 2-28　PyCharm 设置窗口

在 Python 开发的过程中，经常用到第三方模块，可以在 Settings 窗口中进行操作，方法是：在 Settings 窗口右侧列表栏中单击按钮 ➕，弹出图 2-29 所示的对话框，在左侧列表中选择安装的模块，如 NumPy 模块，然后单击下方的 Install Package 按钮开始安装。

图 2-29　安装 Python 第三方模块

安装完成后，在 Settings 窗口中即可看到已经安装的模块 NumPy，如图 2－30 所示。

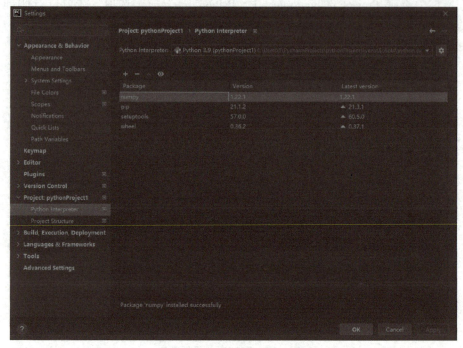

图 2－30　安装的第三方模块 NumPy

3. Anaconda 与 PyCharm 连接

一般情况下，会使用集成开发环境编码，而 PyCharm 也能很方便地和 Anaconda 结合使用。打开 PyCharm，选择 File＞Settings 命令，进入 Settings 窗口，在左侧列表框中选择 Python Interpreter 选项，如图 2－31 所示。

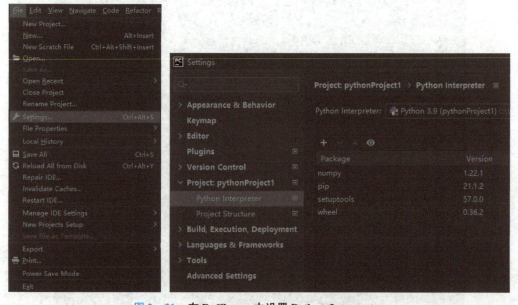

图 2－31　在 PyCharm 中设置 Python Interpreter

再单击窗口最右侧■按钮，在下拉菜单中选择 Add…命令，如图 2-32 所示。

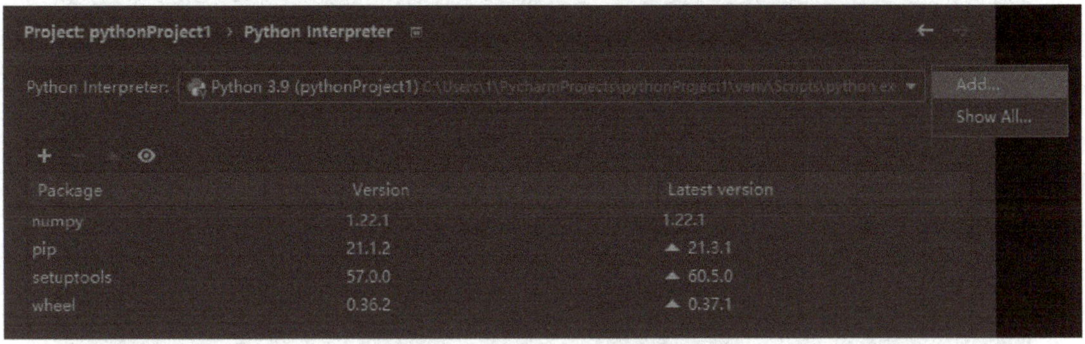

图 2-32　在 PyCharm 中添加环境

然后，在弹出的对话框左侧列表中选择 Conda Environment 选项，在对话框右侧选中 Existing environment 单选按钮，单击■按钮查找 Conda 下的 Python，如图 2-33 所示。

图 2-33　添加 Conda Environment

找到 Python 的位置后单击 OK 按钮，返回上一级对话框，再单击 OK 按钮，再返回最上一层 Settings 窗口，再单击 OK 按钮，等待环境加载完毕即可，如图 2-34 所示。

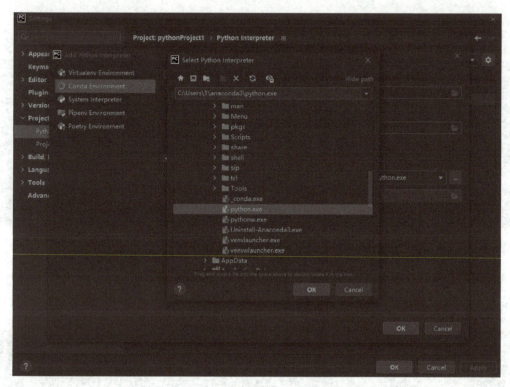

图 2-34 设置 Python Interpreter

这样，就实现了 Anaconda 和 PyCharm 的连接，可以在 PyCharm 中创建项目了。

单元二　Python 机器学习常用模块库的使用

学习目标

知识目标：掌握机器学习常用的第三方模块库：NumPy 模块库、Pandas 模块库和 MatplotLib 模块库。

能力目标：能够安装并会使用常用的第三方模块库，包括 NumPy 模块库、Pandas 模块库和 MatplotLib 模块库。

素养目标：增强责任担当意识、合作意识、精益求精的职业素养；增强科技强国、技术报国的使命感。

Python 具有丰富的机器学习库，这些方便易用的库帮助开发人员实现高效开发，主要包括以下几个方面。

1）科学计算、数据分析、统计功能库，例如 NumPy、Scipy、Pandas、StatsModels 等。

2）可视化输出库，例如 MatplotLib、Seaborn、Plotly 等。

3）深度学习库，例如 Sklearn、TensorFlow、PyTorch、Keras 等。

4）自然语言处理，例如 NLTK、SpaCy、Gensim 等。

一、NumPy 模块库的使用

NumPy（Numerical Python）是 Python 中的一种开源的数值计算扩展库，主要用于数组和矩阵的运算。NumPy 支持的数据类型比 Python 内置的类型要多很多，基本可以和 C 语言的数据类型对应上，由许多协作者共同维护开发。NumPy 比 Python 自身的嵌套列表结构（Nested List Structure）要高效得多，目前它已经成为其他大数据和机器学习模块的基础。NumPy 的主页如图 2-35 所示。

图 2-35　NumPy 主页

1. NumPy 的主要功能

NumPy 的主要功能如下。

1）一个强大的数组对象。

2）包含线性代数、傅里叶变换和随机数生成函数，例如最优化、线性代数、积分、插值、特殊函数、快速傅里叶变换、信号处理和图像处理、常微分方程求解及其他科学与工程中常用计算。

3）具有广播函数功能。

4）集成 C/C++/Fortran 代码的工具。

2. NumPy 的安装

（1）NumPy 的安装命令

1）使用 pip 工具安装。

```
pip install [--user] numpy
```

其中，[--user] 为安装到当前目录，防止写入系统文件。

2)使用 Anaconda 安装。

```
conda install [-n envs_name] numpy[=1.19.2]
```

其中，[-n envs_name] 为指定环境；[=1.19.2] 为指定的 NumPy 版本。

（2）NumPy 的安装验证命令

```
import numpy as np
print(np.__version__)
```

输出对应版本即可验证。

（3）NumPy 的删除命令

1）使用 pip 工具卸载。

```
pip uninstall numpy
```

2）使用 Anaconda 卸载。

```
conda uninstall numpy
```

3. NumPy 的典型应用

NumPy 模块的数组类被称作 ndarray，有 ndim（秩）、shape（维度）、size（大小）、dtype（元素类型）等属性。Numpy 的典型应用说明如下。

（1）Numpy 导包

```
import numpy as np
```

作用：import 导包 as 别名。

（2）NumPy 创建数组

创建一维数组：a = np.array([1,2,3])。结果为 array([1,2,3])。

创建二维数组：b = np.array([[4,5,6],[7,8,9]])。结果为 array([[4,5,6],[7,8,9]])。

创建全 0 的数组：c = np.zeros((3,4))。输出结果为

　　　　array([[0.,0., 0., 0.],
　　　　　　　[0., 0., 0., 0.],
　　　　　　　[0., 0., 0., 0.]])。

创建等差数组：d = np.arange(1,10,2)。结果为 array([1,3,5,7,9])。

创建全 1 的数组：e = np.ones((2,3,4))，结果为

　　　　array([[[1., 1., 1., 1.],
　　　　　　　[1., 1., 1., 1.],
　　　　　　　[1., 1., 1., 1.]],
　　　　　　[[1., 1., 1., 1.],
　　　　　　　[1., 1., 1., 1.],
　　　　　　　[1., 1., 1., 1.]]])

创建对角矩阵:f = np. eye(3)。结果为 array([[1., 0., 0.],[0., 1., 0.],[0., 0., 1.]])。

创建 0 - 1 的随机数组:g = np. random. random((2,2))。结果为

array([[0.00652338,0.95758419], [0.01554483,0.32063321]])。

NumPy 基本算术运算、数组的算术运算是按元素进行操作的。

(3) 数组的加/减法

定义数组:a = np. array([1,2,3,4])、b = np. array([5,6,7,8])。

数组相加:c = a + b。

结果:array([6,8,10,12])。

(4) 数组乘/除法

定义数组:a = np. array([1,2,3])、b = np. array([1,4,6])。

数组相除:c = b/a。

结果:array([1.,2.,2.])。

(5) 数组的幂运算

定义数组:a = np. array([1,2,3,4])。

数组幂运算:a * * 2。

结果:array([1,4,9,16])。

(6) 数组索引

NumPy 模块中的数组索引是用来选择数据子集或者单个元素的。在多维数组中,单个索引对应元素为一个数组而不是具体的数值。

1) 二维数组:data = np. arange(12). reshape(3,4)。

数组:array([[0,1,2,3],[4,5,6,7],[8,9,10,11]])。

定义判别式:mask = data > 5。

输出数组:data。

输出判别式相关数据:data[mask]。

结果:array([6,7,8,9,10,11])。

2) 随机生成数组:data = np. random. randn(3,2)。

数组:array([[-0.7056939,0.38796314],[-0.62827578,-0.37887832],[0.48590555,0.40464926]])。

输出数组:data。

查找大于 0.4 的值,返回值为 bool 类型。

结果:array([[False, False],[False, False],[True, True]])。

输出大于 0.4 的值:data[(data > 0.4)]。

结果:array([0.48590555,0.40464926])。

(7) 数组切片

NumPy 模块中的数组切片操作总是按照先切 0 维,再切一维,以此类推顺序切片。

1) 二维数组:data = np. arange(12). reshape(3,4)。

数组：array([[0,1,2,3],[4,5,6,7],[8,9,10,11]])。

设置0、1行且1、2列数值为0：data[0:2,1:3]=0。

输出数组：data

结果：array([[0,0,0,3],[4,0,0,7],[8,9,10,11]])。

2）超过数组维度时值不变化：data[5:8]=6。

数组：array([[0,0,0,3],[4,0,0,7],[8,9,10,11]])。

设置0、1行值为99：data[0:2]=99。

输出数组：data。

结果：array([[99,99,99,99],[99,99,99,99],[8,9,10,11]])。

3）设置1、2、3、4行值为11，超过不做修改：data[1:4]=11。

数组：array([[99,99,99,99],[11,11,11,11],[11,11,11,11]])。

输出行为2的所有数据：data[2:]。

输出数组：data。

结果：array([[11,11,11,11]])。

二、Pandas模块库的使用

Pandas是基于NumPy的一个数据分析工具，适用于处理XLS、CSV等表格数据，是被作为金融数据分析工具而开发出来的，名称来源于面板数据（Pannel Data）和数据分析（Data Analysis），为时间序列分析提供支持。Pandas提供了高性能的数据分析工具，包含大量快速便捷地处理数据的函数和方法，它使Python成为强大而高效的数据分析环境。Pandas主页如图2-36所示。

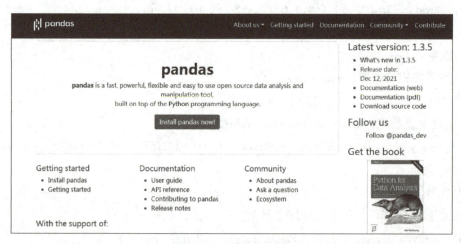

图2-36　Pandas主页

1. Pandas的数据类型

Pandas有两种数据类型：Series和DataFrame。Series可以简单地理解为Excel中的行或者列。DataFrame可以理解为整个Excel表格。当然，这只是形象的理解，实际上它们的功能要比Excel灵活。

1) Series 是一种类似一维数组的对象，包含数组和索引，其中每一个元素都有一个标签。

2) DataFrame 是一种类似电子表格的数据结构，每一列可以有不同的数据类型，具有行和列索引。

实际上 Series 本质上是一列，而 DataFrame 是由多个 Series 集合组成的多维表，即 Series + ⋯ + Series = DataFrame。

2. Pandas 的安装

（1）Pandas 的安装命令

1）使用 pip 工具安装。

```
pip install [--user] pandas
```

其中，[--user] 为安装到的目录，防止写入系统文件。

2）使用 Anaconda 安装。

```
conda install [-n envs_name] pandas[=1.1.3]
```

其中，[-n envs_name] 为指定的环境；[=1.1.3] 为指定的 Pandas 版本。

（2）Pandas 的安装验证命令

```
import pandas as pd
print(pd.__version__)
```

输出对应版本即可。

（3）Pandas 的删除命令

1）使用 pip 工具卸载。

```
pip uninstall pandas
```

2）使用 Anaconda 卸载。

```
conda uninstall pandas
```

3. Pandas 的典型应用

（1）Pandas 导包

```
import pandas as pd
```

作用：import 导包 as 别名。

（2）Pandas 读取数据

Pandas 可以读取 CSV 文件和 Excel 文件的数据。例如：

```
data = pd.read_csv("文件路径/文件名.csv")
data = pd.read_excel("文件路径/文件名.xls")
data = pd.read_sql("文件路径/文件名.sql")
data = pd.read_json("文件路径/文件名.json")    #读取相应的文件
data.head(10)      #读取前 10 行
data.columns/index    #显示数据列名/行名
data.tail(3)    #显示最后 3 行数据
data.shape/ndim    #查看数据行数和列数/维度
```

(3) Pandas 保存数据

```
data.to_csv("文件名.csv", index = False)
```

其中，index = False 表示不加索引，否则会多一行索引。

(4) Pandas 查看数据

```
for i in data: print(i + ": " + str(data[i].unique()))
```

作用：循环输出查看某一列的唯一值（去重复）。

(5) Pandas 数据清洗

```
data.isnull()      #查看整个数据集的空值,返回 True/False
data['money'].isnull()      #查看某一列的空值
data.isnull().sum().sort_values(ascending = False)      #将空值判断进行汇总,
ascending 默认为 True,升序
data.fillna(value = None,method = None,inplace = False)
```

其中，value 为填充的具体值，不能是列表；method 为填充方法，ffill 表示填充上一个单元格的值，bfill 表示填充下一个单元格的值；inplace 默认为 False，如果为 True，表示在原对象值上修改。

(6) 数据合并

```
pd.merge(self,right,how ='inner',on = None)
```

其中，right 是要合并的对象；how 是执行的合并类（left 左连接/right 右连接/inner 交集/outer 并集）；on 是要加入的列或索引名。

```
data1.append(data2)    #在原数据集的下方合并成新的数据集
data1.join(data2,isuffix ='_data1',rsuffix ='_data2')    #主要用于索引合并,isuffix、rsuffix 区分列名相同的列
pd.concat([data1,data2], axis = 0, ignore_index = False, keys = None)    #Data 1 和 Data 2 是要连接的对象,可以是 Series 或 DataFrame 对象的序列;axis 是连接轴的方向,默认值为 0,即按行连接,值为 1 则按列连接;ignore_index 为是否保留原来的索引,默认 false;keys 是索引值系列,默认为 None
```

(7) 数据提取

```
data.loc[]    #按标签值提取,即行 name 或列 name
data.iloc[]   #按位置进行提取
```

(8) 数据汇总

```
data.groupby('column')['name'].count()/.sum() #单属性分组汇总/求和
data.groupby(['column1','column2'])['name'].count()/.sum()  #多属性分组汇总/求和
data.groupby('column')['name'].agg([len,np.sum,np.mean])   #计算合计与均值
```

(9) 数据统计

```
data.sample(n=None,weights=None)  #数据采样(n 表示获取的行,weights 用于设置权重)
data['name'].std()    #计算标准差
data.cov()    #计算协方差
data.corr()   #相关性分析
```

三、MatplotLib 模块库的使用

MatplotLib 是 Python 的 2D 绘图库,它的作用主要是可视化一些数据,这样可以更加直观地展示数据的发展趋势,在各种平台上可以各种硬拷贝格式和交互式环境生成高品质图形,如直方图、功率谱、条形图、错误图、散点图等。MatplotLib 可用于 Python 脚本、Python 和 IPython Shell、JupyterNotebook、Web 应用程序服务器四个图形用户界面工具包。MatplotLib 主页如图 2-37 所示。

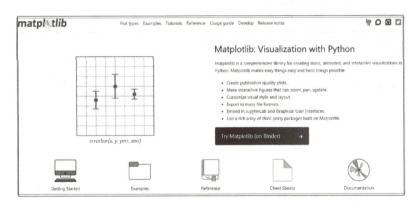

图 2-37 **MatplotLib** 主页

1. MatplotLib 的安装

(1) MatplotLib 的安装命令

1) 使用 pip 工具安装。

```
pip install [--user] matplotlib
```

其中,[--user] 为安装到的目录,防止写入系统文件。

2）使用 Anaconda 安装。

```
conda install [ -n envs_name] matplotlib
```

其中，[-n envs_name] 为指定的环境。

（2）MatplotLib 的安装验证命令

```
import matplotlib as plt
print(plt.__version__)
```

输出对应版本。

（3）MatplotLib 的删除命令

1）使用 pip 工具卸载。

```
pip uninstall matplotlib
```

2）使用 Anaconda 卸载。

```
conda uninstall matplotlib
```

2. MatplotLib 绘图

MatplotLib 的绘图步骤如下。

1）导入绘图库。
2）创建 Figure 画布对象。
3）根据 Figure 对象进行布局设置。
4）获取对应位置的 Axes 坐标系对象。
5）调用 Axes 对象，进行对应位置的图形绘制。

Figure 对象和 Axes 对象的关系如图 2-38 所示。绘制简单图可以不设置 Figure 对象，使用默认创建的对象即可。如果一个 Figure 上有多个图需要绘制，则必须创建 Figure 对象。

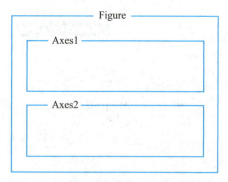

图 2-38　Figure 对象和 Axes 对象的关系

绘制直线的代码如下。

```
import numpy as np
from matplotlib import pyplot as plt    #导入绘图包
x = np.arange(1,11)
y = 2 * x + 3
plt.title("Matplotlib_test")       #定义绘图标题
Text(0.5,1.0,'Matplotlib_test')
plt.xlabel("x axis caption")       #定义 x 轴标题
Text(0.5,0,'x  axis caption')
plt.ylabel("y axis caption")       #定义 y 轴标题
Text(0,0.5,'y  axis caption')
plt.plot(x,y)     #使用 x、y 绘图
[ <matplotlib.lines.Line2D object at 0x000 >]
plt.show()     #显示绘制的图
```

输出结果如图 2-39 所示。

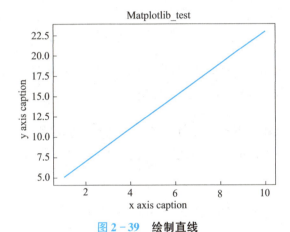

图 2-39　绘制直线

3. MatplotLib 中文乱码问题的解决

MatplotLib 中使用中文会出现乱码，解决方法如下。

使用系统自带的字体 STFangsong-宋体，代码设置如下。

```
plt.rcParams['font.family'] = ['STFangsong']   #全局字体设置
Matplotlib.rcParams ['font.family'] = ['SimHei']
plt.plot(x,y,'ob')   #绘图打点,o 表示点,b 表示颜色为蓝色,
```

例如绘制点图的代码如下。

```
import numpy as np
from matplotlib import pyplot as plt     #导入绘图包
plt.rcParams['font.family'] = ['STFangsong']      #设置全局字体为宋体
x = np.arange(1,11)
y = 2 * x + 3
plt.title("Matplotlib_测试")      #定义绘图标题
plt.xlabel("X 轴",fontsize = 26)      #定义 x 轴标题
plt.ylabel("Y 轴",fontsize = 26)      #定义 y 轴标题
plt.plot(x,y,"ob")    #使用 x、y 绘图
plt.show()     #显示绘制的图
```

输出结果如图 2-40 所示。

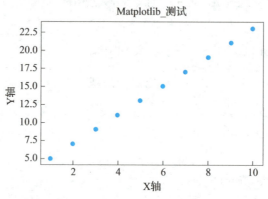

图 2-40　绘制含有中文的点图

4. MatplotLib 其他绘图模块

MatplotLib 可以生成子图、条形图、直方图、散点图、饼图等。

（1）子图

```
plt.subplot(numRows, numCols, plotNum)
```

其中，numRows 为行数，表示有几行子图，与列数对应使用；numCols 为列数，表示有几列子图，与行数对应使用；plotNum 为索引位置，表示绘图位置在第几个子图。

（2）条形图

```
plt.bar(x,height,width,tick_label,…)
```

其中，x 为 x 坐标；height 为条形高度；width 为宽度；tick_label 为下标的标签值。

（3）直方图

```
plt.hist(x,bins = None,range = None, density = None,…)
```

其中，x 为数据集，是直方图的统计数据来源；bins 为统计的区间分布；range 为显示的区间，取值为元组（tuple）或 None，range 在没有给出 bins 时生效。

（4）散点图

```
plt.scatter(x, y, s = None, c = None, marker = None,…)
```

其中，x、y 为输入的数据；s 为点的大小；c 为点的颜色；marker 为点的形状。

（5）饼图

```
plt.pie(x, explode = None, labels = None,…)
```

其中，x 为每一块的比例，如果 sum(x)＞1 会使用 sum(x)归一化；explode 为每一块离开中心的距离；labels 为每一块饼图外侧显示的说明文字。

可以通过子图实现散点图、条形图、直方图、饼图的共同显示，代码如下所示。

```
plt.subplot(2,2,1)
plt.scatter(np.arange(0,10),np.random.rand(10))
plt.subplot(2,2,2)
plt.bar([20,10,30,25,15],[25,15,35,30,20],color='b')
plt.subplot(223)
data=np.random.randn(10000)
plt.hist(data,bins=40,normed=0,facecolor="blue",edgecolor="black",alpha=0.7)
plt.subplot(224)
plt.pie(x=[15,30,45,10],labels=list('abcd'),autopct='%.0f',explode=[0,0.05,0,0])
```

输出结果如图 2-41 所示。

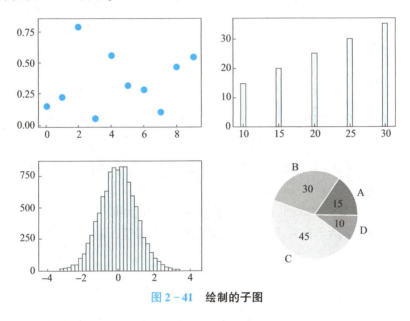

图 2-41　绘制的子图

单元三　TensorFlow2.3 的安装

学习目标

知识目标：掌握 TensorFlow2.3 的安装方法。

能力目标：能够在不同版本、不同操作系统下安装 TensorFlow2.3。

素养目标：增强学生的科技创新精神，激发学生自主创新的学习热情；增强学生精益、专注的大国工匠精神；引导学生树立严谨、求真的科学态度。

TensorFlow 支持 Python 和 C++ 语言，以及 CNN、RNN 和 LSTM 等算法，可以被用于语音识别和图像处理等多项深度学习领域，是目前深受欢迎的深度学习平台之一。

一般来说，TensorFlow 使用图（Graph）来表示计算任务，使用会话（Session）来（Context）执行图，使用张量（Tensor）表示数据，使用变量（Variable）记录计算状态，使用供给（Feed）和取回（Fetch）可以做任意的赋值操作或者从其中获取数据。

TensorFlow 的工作原理描述如下。

1）构建图（Graph）来表示计算任务。

2）使用张量（Tensor）来表示数据。TensorFlow 的张量可以看作一个 n 维数组或列表。在 TensorFlow 中用这种数据结构表示所有的数据。

3）使用会话（Session）来执行图。Session 是运行 TensorFlow 操作的类，通过 Session 执行图，一般使用的格式如下。

```
import tensorflow as tf
sess = tf.Session()
sess.run(…)
sess.close()
```

或者采用如下的简化的方式。

```
with tf.Session() as sess:
    sess.run(…)
```

4）使用变量（Variable）来维护状态。变量是计算过程中需要动态调整的数据，维护整个图执行过程中的状态信息。

5）使用供给（Feed）和取回（Fetch）来传入和传出数据。TensorFlow 的 feed_dict 可以实现 Feed 数据功能。会话运行完成之后，如果想查看会话运行的结果，就需要使用 Fetch 来实现。

TensorFlow 的版本主要有：
- 2015.11，TensorFlow0.1；
- 2017.02，TensorFlow1.0.0（这个版本标志着稳定版本的诞生）；
- 2019.10，TensorFlow2.0 正式版；
- 2020.07，TensorFlow2.3 正式版；
- 2020.12，TensorFlow2.4 正式版；
- 2021.05，TensorFlow2.5 正式版；
- 2021.11，TensorFlow2.7 正式版。

一、TensorFlow2.3 CPU 版本的安装

1. 支持 TensorFlow2.3 的系统

以下 64 位系统支持 TensorFlow2.3。

1）Ubuntu 16.04 或更高版本。

2）Windows 7 或更高版本。

3）macOS 10.12.6（Sierra）或更高版本（不支持 GPU）。

4）Raspbian 9.0 或更高版本。

2. 下载并安装 Tensorflow2.3

（1）Windows 平台

1）使用命令行安装。

①创建并激活新的运行环境。

a. 打开命令行窗口，输入命令"conda create – n tensorflow2.3 python==3.8"创建环境。

b. 输入"conda activate tensorflow2.3"命令激活环境。

②安装相关软件包。

在激活的 TensorFlow2.3 环境中输入

```
pip install numpy matplotlib Pillow scikit-learn pandas -i https://pypi.tuna.tsinghua.edu.cn/simple
```

③安装 TensorFlow2.3。

继续输入"pip install tensorflow==2.3.0 – i https://pypi.tuna.tsinghua.edu.cn/simple"命令。

④测试 TensorFlow2.3 安装是否成功。

重新打开命令行窗口，输入"python"，打开 Python 交互模式，输入命令"import tensorflow"。如果不报错，则表示安装成功。

2）通过 Anaconda Navigator 安装。

①创建并激活独立环境。

进入 Anaconda Navigator 的环境管理界面，单击下方的 Create 按钮创建独立运行环境，设置环境名为 Tensorflow2-3（名字可以换成想要的名字），Python 版本为 3.8.12，如图 2-42 所示。

图 2-42　创建独立运行环境

②安装相关的软件包。

单击 TensorFlow2-3 环境名称右侧的绿三角按钮打开命令行窗口,输入命令

```
pip install numpy matplotlib Pillow scikit-learn pandas -i https://pypi.tuna.tsinghua.edu.cn/simple
```

③安装 Tensorflow2.3。

单击 TensorFlow2-3 环境名称右侧的绿三角按钮打开命令行窗口,输入命令

```
pip install tensorflow==2.3.0 -i https://pypi.tuna.tsinghua.edu.cn/simple
```

④安装测试。

单击 TensorFlow2-3 环境名称右侧的绿三角按钮打开命令行窗口,输入命令"import tensorflow"。如果没有任何提示,则表明安装成功。

(2) Linux 平台

1) 在命令窗口中创建并激活独立环境。

```
conda create -n tf python=3.8
pip install -U pip
conda activate tf
```

2) 安装 TensorFlow。

```
pip install tensorflow=2.3.0
```

3) 安装测试。

打开命令行窗口,输入命令"import tensorflow"。如果不报错,则表示安装成功。

二、TensorFlow2.3 GPU 版本的安装

1. 支持 TensorFlow2.3 的系统

以下 64 位系统支持 TensorFlow 2.3。

1) Ubuntu 16.04 或更高版本;
2) Windows 7 或更高版本;
3) macOS 10.12.6 (Sierra) 或更高版本 (不支持 GPU);
4) Raspbian 9.0 或更高版本。

2. 安装 GPU 驱动和运行库

(1) Windows 平台

1) 检查 GPU 驱动。

确保计算机已经安装了 Nvidia GPU 显卡驱动。其官方驱动下载页面如图 2-43 所示。

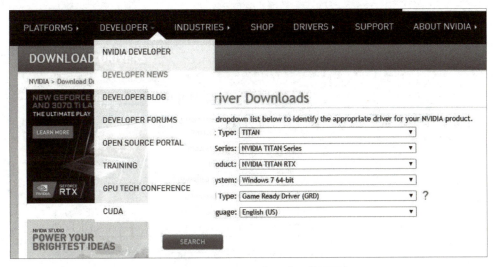

图 2-43　Nvidia 显卡驱动下载页面

同时需要确保计算机显卡的计算能力在 3.5 之上，可以在 Nvidia 网站上查看显卡的计算能力。如图 2-44 所示，例如某计算机显卡为 GeForce RTX 3070，计算能力为 8.6，符合要求。

图 2-44　查询显卡的计算能力

2）安装 GPU 运行库。

对于 GPU 版本的 TensorFlow2.3 来说，因为调用了 Nvidia 显卡运行代码，所以需要安装 Nvidia 提供的运行库（GPU 加速工具）。GPU 加速工具有两个：CUDA 和 cuDNN。

 注意：TensorFlow 的版本一般和运行库的版本是绑定的，一定要配合使用，下载对应的版本，不要改动。TensorFlow2.3 对应的 Nvidia 运行库版本如图 2-45 所示。

版本	Python 版本	编译器	构建工具	cuDNN	CUDA
tensorflow-2.6.0	3.6-3.9	GCC 7.3.1	Bazel 3.7.2	8.1	11.2
tensorflow-2.5.0	3.6-3.9	GCC 7.3.1	Bazel 3.7.2	8.1	11.2
tensorflow-2.4.0	3.6-3.8	GCC 7.3.1	Bazel 3.1.0	8.0	11.0
tensorflow-2.3.0	3.5-3.8	GCC 7.3.1	Bazel 3.1.0	7.6	10.1
tensorflow-2.2.0	3.5-3.8	GCC 7.3.1	Bazel 2.0.0	7.6	10.1
tensorflow-2.1.0	2.7、3.5-3.7	GCC 7.3.1	Bazel 0.27.1	7.6	10.1
tensorflow-2.0.0	2.7、3.3-3.7	GCC 7.3.1	Bazel 0.26.1	7.4	10.0
tensorflow_gpu-1.15.0	2.7、3.3-3.7	GCC 7.3.1	Bazel 0.26.1	7.4	10.0
tensorflow_gpu-1.14.0	2.7、3.3-3.7	GCC 4.8	Bazel 0.24.1	7.4	10.0
tensorflow_gpu-1.13.1	2.7、3.3-3.7	GCC 4.8	Bazel 0.19.2	7.4	10.0
tensorflow_gpu-1.12.0	2.7、3.3-3.6	GCC 4.8	Bazel 0.15.0	7	9

图 2-45 TensorFlow2.3 对应的 Nvidia 运行库版本

①安装 CUDA。

CUDA 下载页面如图 2-46 所示。

Archived Releases

CUDA Toolkit 11.5.1 (November 2021), Versioned Online Documentation
CUDA Toolkit 11.5.0 (October 2021), Versioned Online Documentation
CUDA Toolkit 11.4.3 (November 2021), Versioned Online Documentation
CUDA Toolkit 11.4.2 (September 2021), Versioned Online Documentation
CUDA Toolkit 11.4.1 (August 2021), Versioned Online Documentation
CUDA Toolkit 11.4.0 (June 2021), Versioned Online Documentation
CUDA Toolkit 11.3.1 (May 2021), Versioned Online Documentation
CUDA Toolkit 11.3.0 (April 2021), Versioned Online Documentation
CUDA Toolkit 11.2.2 (March 2021), Versioned Online Documentation
CUDA Toolkit 11.2.1 (February 2021), Versioned Online Documentation
CUDA Toolkit 11.2.0 (December 2020), Versioned Online Documentation
CUDA Toolkit 11.1.1 (November 2020), Versioned Online Documentation
CUDA Toolkit 11.1.0 (December 2020), Versioned Online Documentation
CUDA Toolkit 11.0.3 (November 2020), Versioned Online Documentation
CUDA Toolkit 11.0.2 (November 2020), Versioned Online Documentation
CUDA Toolkit 11.0.2 (December 2020), Versioned Online Documentation
CUDA Toolkit 11.0.1 (November 2020), Versioned Online Documentation
CUDA Toolkit 11.0.0 (November 2020), Versioned Online Documentation
CUDA Toolkit 10.2 (Nov 2019), Versioned Online Documentation
CUDA Toolkit 10.1 update2 (Aug 2019), Versioned Online Documentation
CUDA Toolkit 10.1 update1 (May 2019), Versioned Online Documentation
CUDA Toolkit 10.1 (Feb 2019), Online Documentation
CUDA Toolkit 10.0 (Sept 2018), Online Documentation
CUDA Toolkit 9.2 (May 2018), Online Documentation

图 2-46 CUDA 下载页面

下载对应版本的 CUDA，如图 2-47 所示。

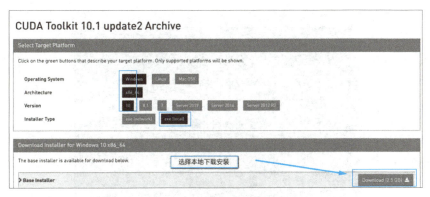

图 2-47　下载对应版本的 CUDA

安装步骤如下。

第一步：运行安装包，选择安装位置，如图 2-48 所示。

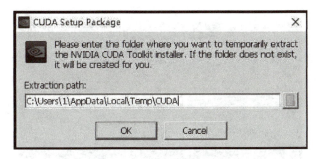

图 2-48　运行 CUDA 安装包

第二步：运行下载好的 .exe 安装程序，检查系统兼容性后同意许可协议，如图 2-49 所示。

图 2-49　查看并同意许可协议

第三步：选择自定义安装，如图 2-50 所示。选择安装图 2-51 所示的几个组件即可，单击"下一步"按钮。

图 2-50　选择自定义安装

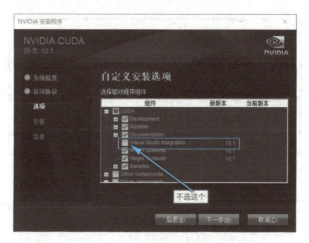

图 2-51　选择安装组件

第四步：选择安装位置，如图 2-52 所示，一般不更改默认路径。
第五步：完成安装。

图 2-52　选择安装位置

②安装 cuDNN。

安装好了 CUDA 之后,还需要安装 cuDNN,其下载页面如图 2-53 所示。下载 cuDNN 需要先注册一个 Nvidia 账号,之后进入下载页面,如图 2-54 所示,下载 for CUDA 10.x 版本的 cuDNN。

在这里需要注意的是,cuDNN 的版本和 CUDA 的版本应该对应上,例如安装的 CUDA 是 v10.1 版本,则应选择下载"Download cuDNN v7.6.5(November 5th, 2019),for CUDA 10.1"版本的 cuDNN。

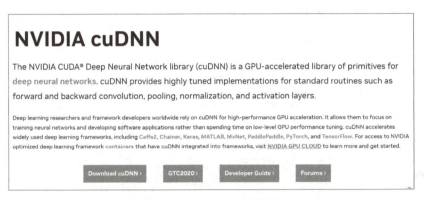

图 2-53 cuDNN 下载页面

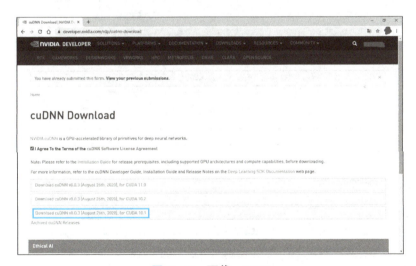

图 2-54 下载 cuDNN

下载完毕之后进行解压,得到图 2-55 所示的文件。

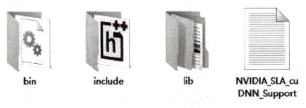

图 2-55 解压文件

将 bin 目录下的文件复制到 C:\Program Files\NVIDIA GPU Computing Toolkit\CUDA\v11.4\bin；将 include 目录下的文件复制到 C:\Program Files\NVIDIA GPU Computing Toolkit\CUDA\v11.4\include；将 lib 目录下的文件复制到 C:\Program Files\NVIDIA GPU Computing Toolkit\CUDA\v11.4\lib\x64。

接着配置环境变量。打开计算机的环境变量，方法为：右击"此电脑"桌面快捷启动图标，在弹出的快捷菜单中选择"属性"命令，打开"设置"窗口，选择"高级系统设置"选项，打开图 2-56 所示的"系统属性"对话框，单击"环境变量"按钮，弹出"环境变量"对话框，"环境变量"列表框如图 2-57 所示。

图 2-56　设置环境变量

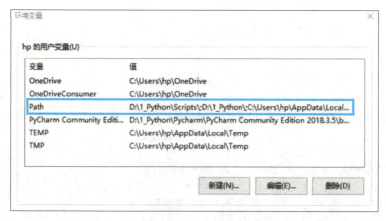

图 2-57　编辑 Path 值

编辑 Path 环境变量，添加以下路径：
C:\Program Files\NVIDIA GPU Computing Toolkit\CUDA\v11.4\extras\lib64
编辑后的 Path 环境变量如图 2-58 所示。

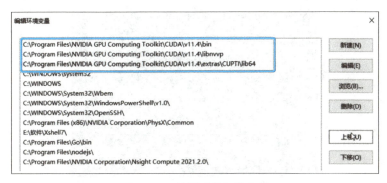

图 2-58　编辑后的环境变量

（2）Linux 平台

1）安装 NVIDIA 驱动。TensorFlow2.3 需要 CUDA10.1 的支持，所以应该安装 418.39 以上版本的驱动，如图 2-59 所示。

CUDA Toolkit	Linux x86_64 Driver Version	Windows x86_64 Driver Version
CUDA 10.1.105	>= 418.39	>= 418.96
CUDA 10.0.130	>= 410.48	>= 411.31
CUDA 9.2 (9.2.148 Update 1)	>= 396.37	>= 398.26
CUDA 9.2 (9.2.88)	>= 396.26	>= 397.44
CUDA 9.1 (9.1.85)	>= 390.46	>= 391.29
CUDA 9.0 (9.0.76)	>= 384.81	>= 385.54
CUDA 8.0 (8.0.61 GA2)	>= 375.26	>= 376.51
CUDA 8.0 (8.0.44)	>= 367.48	>= 369.30
CUDA 7.5 (7.5.16)	>= 352.31	>= 353.66
CUDA 7.0 (7.0.28)	>= 346.46	>= 347.62

图 2-59　NVIDIA 驱动

可访问 NVIDIA 官网获得驱动程序，如图 2-60 所示。这里下载 470.86 版本，如图 2-61 所示。

图 2-60　搜索驱动程序

图 2-61　下载驱动程序

2）禁止 Ubuntu 自带驱动。输入命令"sudo vim /etc/modprobe.d/blacklist.conf"，在文件中加入下面两行，然后保存文件。

```
blacklist nouveau
options nouveau modeset = 0
```

继续输入以下命令：

```
sudo update-initramfs -u    #更新配置
reboot    #重启
lsmod | grep nouveau    #检测驱动是否禁止，无输出，则禁止成功
```

3）安装 NVIDIA 驱动。进入命令行界面，输入以下命令：

```
sudo service lightdm stop
cd install_package
sudo chmod 777 NVIDIA-Linux-x86_64-470.86.run
sudo ./NVIDIA-Linux-x86_64-470.86.run
```

检查 GPU 的安装情况，输入以下命令：

```
sudo service lightdm start    #重启图形界面
nvidia-smi    #查看显卡驱动
```

4）安装 CUDA 10.1。按照前面所讲内容，下载安装包后，执行如下命令：

```
sudo sh cuda_10.1.168_418.67_linux.run
```

因为已经提前安装了显卡驱动，所以取消显卡驱动的安装选项，如图 2-62 所示。

图 2-62　安装 CUDA

选择 Install 项后按<Enter>键，安装完成（不必担心警告，那是因为没有选择安装显卡驱动而出现的，忽略即可）。

输入以下命令，测试是否安装成功。

```
cat /usr/local/cuda-10.1/version.txt
```

显示版本信息，则表示安装成功。

5）配置 CUDA 环境。打开用户配置文件 sudo vim ~/.bashrc，在文件中添加如下语句：

```
export PATH="/usr/local/cuda-10.1/bin:$PATH"
export LD_LIBRARY_pATH="/usr/local/cuda-10.1/lib64:$LD_LIBRARY_pATH"
```

保存关闭后，source 文件使配置生效。

```
source ~/.bashrc
```

6）安装 cuDNN。执行如下命令，安装 cuDNN 7.6 版本。

```
tar-zxvfcudnn-10.1-linux-x64-v7.6.5.32.tgz
cd cuda
sudo cp lib64/lib* /usr/local/cuda-10.1/lib64
sudo cp include/cudnn.h /usr/local/cuda-10.1/include/
cd /usr/local/cuda-10.1/lib64/
sudo chmod +r inbcudnn.so.7.6.5  #查看自己.so 的版本
sudo ln-sf libcudnn.so.7.6.5 libcudnn.so.7
sudo ln-sf libcudnn.so.7 libcudnn.so
```

3. 安装 TensorFlow2.3 GPU 版本

（1）Windows 平台

1）在命令行窗口中创建并激活独立环境。

```
conda create-n tensorflow-gpu python==3.8
conda activate tensorflow-gpu
```

2）安装相关软件包。

```
pip install numpy matplotlib Pillow scikit-learn pandas -i https://pypi.tuna.tsinghua.edu.cn/simple
```

3）安装 tensorflow-gpu。

```
pip install tensorflow-gpu==2.3.0 -i https://pypi.tuna.tsinghua.edu.cn/simple
```

（2）Linux 平台

1）在命令行窗口中创建并激活独立环境。

```
conda create -n tf python=3.8
pip install -U pip
conda activate tf
```

2）安装 TensorFlow-gpu。

```
pip install tensorflow-gpu=2.3.0
conda install cudatoolkit=10.1.243 cudnn=7.6.5
pip install ipython
```

4. 测试 GPU 是否配置成功

（1）Windows 平台

打开控制台，激活环境，输入以下测试语句：

```
import tensorflow as tf
tf.test.is_gpu_available()
tensorflow_test.is_gpu_available()
```

若返回值为 True，则表明安装正确。

（2）Linux 平台

```
import tensorflow as tf
print(tf.config.list_physical_devices('GPU'))
```

如果能返回一个非空的 GPU 的列表，则说明正常安装。

实训二　Python 基本模块库的使用

一、问题描述

实现 Python 中 NumPy、Pandas、MatplotLib 三个模块库的简单使用。

二、思路描述

通过 NumPy 生成随机数，通过 Pandas 保存和读取文件，使用 MatplotLib 进行可视化展示。

三、解决步骤

1. 导入相关库

```
import numpy as np
import pandas as pd
import matplotlib.pyplot as plt
```

2. 使用 NumPy 生成随机数

a = np.random.randint(0,10,40) #low=0,high=10,size=40,返回一个元素个数为40的随机数组,取值范围为0~9
b = np.random.rand(10) #返回一个元素个数为10的随机数组,随机样本的取值范围是[0,1]
c = np.random.randn(10) #返回一个元素个数为10的数组,随机样本值服从标准正态分布
d = np.random.normal(0,1,10) #loc=0,scale=1,size=10。loc=0 说明这是一个以y轴为对称轴的正态分布,scale=1 说明正态分布的标准差为1,size=10 说明生成一个元素个数为10的数组
e = np.random.random(10) #生成一个元素个数为10的数组,浮点数范围为(0,1)

3. 使用 Pandas 保存、读取文件

data.to_csv('data_a.csv',index=False) #文件的相对位置为data_a.csv,index=False 表示默认不添加索引
data.to_csv('data_b.csv',index=False) #文件的相对位置为data_b.csv,index=False 表示默认不添加索引
aa = np.array(pd.read_csv('data_a.csv')) #得到 DataFrame 并转为 ndarray
bb = np.array(pd.read_csv('data_b.csv'))

4. 使用 MatplotLib 可视化

plt.subplot(2,2,1) #分成2×2的图片区域,占用第一个,即第一行第一列的子图
plt.bar(aa[0],bb[0]) #绘制条形图
plt.subplot(2,2,2) #占用第二个,即第一行第二列的子图
plt.scatter(c,d,color='b') #绘制散点图,默认颜色为蓝色
plt.subplot(2,2,3) #占用第三个,即第二行第一列的子图
plt.hist(e, bins=15, facecolor="blue", edgecolor="black", alpha=0.7) #bins=15 表示有15条的直方图,facecolor="blue"设置直方图的颜色,edgecolor="black"设置直方图边框的颜色,alpha=0.7 表示透明度。
plt.subplot(2,2,4) #占用第四个,即第二行第二列的子图
plt.pie(slices, labels=activities, colors=cols, startangle=90, shadow=False, explode=(0,0.1,0,0), autopct='%1.1f') #绘制饼图,labels=activities 表明饼图外侧有说明文字;colors=cols 自定义颜色列表;startangle=90 表示起始绘制角度,从y轴正方向画起;shadow=False 表示无阴影;explode=(0,0.1,0,0)表示饼图离开中心的距离,将第二块分离出来;autopct='%1.1f'表示控制饼图百分比设置,小数点后保留一位有效数字

四、运行结果

运行结果如图2-63所示。

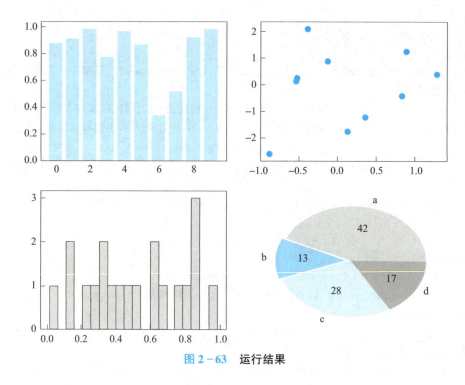

图 2-63　运行结果

五、实训总结

通过使用 Python 的基本模块库，了解到三个基本模块的使用，为后面的学习做铺垫。

知识技能拓展：Jupyter Notebook 的使用

一、Jupyter Notebook 概述

1. 简介

Jupyter Notebook 是基于网页的用于交互计算的应用程序。其可被应用于全过程计算：开发、文档编写、运行代码和展示结果。

简言之，Jupyter Notebook 是通过网页访问的交互式程序编辑工具，以网页的形式打开，可以在网页页面中直接编写代码和运行代码，代码的运行结果也会直接在代码块下显示。如果在编程过程中需要编写说明文档，可在同一个页面中直接编写，便于做及时的说明和解释；便于程序的远程访问，屏蔽了不同系统间的显示差异，便于代码共享；可以将代码、图像、注释、公式、图形、运行结果整合在同一个文档中，编写出漂亮的交互式文档。

2. 组成部分

（1）网页应用

网页应用是基于网页形式的，结合了编写说明文档、数学公式、交互计算和其他富媒体形式的工具。简言之，网页应用是可以实现各种功能的工具。

(2) 文档

Jupyter Notebook 中所有交互计算、编写说明文档、数学公式、图片以及其他富媒体形式的输入和输出，都是以文档的形式体现的。

这些文档保存为扩展名为 .ipynb 的 JSON 格式文件，不仅便于版本控制，也方便与他人共享。此外，文档还可以导出为 HTML、LaTeX、PDF 等格式。

3. Jupyter Notebook 的主要特点

1) 编程时具有语法高亮、缩进、Tab 补全的功能。
2) 可直接通过浏览器运行代码，同时在代码块下方展示运行结果。
3) 以富媒体格式展示计算结果，富媒体格式包括 HTML、LaTeX、PNG、SVG 等。
4) 对代码编写说明文档或语句时，支持 Markdown 语法。
5) 支持使用 LaTeX 编写数学性说明。

二、安装 Jupyter Notebook

1. 安装前提

安装 Jupyter Notebook 的前提是需要安装 Python（3.3 版本及以上，或 2.7 版本）。

2. 安装

(1) 使用 Anaconda 安装

一般情况下，安装 Anaconda 发行版时已经自动安装了 Jupyter Notebook，但如果没有自动安装，那么就在终端（指 Linux 或 macOS 的"终端"，Windows 的"Anaconda Prompt"，以下均简称"终端"）中输入以下命令安装：

```
conda install jupyter notebook
```

(2) 使用 pip 命令安装

1) 把 pip 升级到最新版本。

```
Python 3.x：pip3 install – upgrade pip
Python 2.x：pip install – upgrade pip
```

老版本的 pip 在安装 Jupyter Notebook 过程中或面临依赖项无法同步安装的问题，因此建议先把 pip 升级到最新版本。

2) 安装 Jupyter Notebook。

```
Python 3.x：pip3 install jupyter
Python 2.x：pip install jupyter
```

三、运行 Jupyter Notebook

1. 启动

(1) 默认端口启动

在终端中输入命令 jupyter notebook。执行命令之后，将会显示一系列 Notebook 的服务器信息，同时浏览器将会自动启动 Jupyter Notebook。启动过程中终端的显示内容如图 2 – 64 所示。

```
$ jupyter notebook
[I 08:58:24.417 NotebookApp] Serving notebooks from local directory: /Users/catherine
[I 08:58:24.417 NotebookApp] 0 active kernels
[I 08:58:24.417 NotebookApp] The Jupyter Notebook is running at: http://localhost:8888/
[I 08:58:24.417 NotebookApp] Use Control-C to stop this server and shut down all kernels (twic
```

图 2 – 64　Jupyter Notebook 的启动

注意：之后在 Jupyter Notebook 中的所有操作，都要保持终端不要关闭。因为一旦关闭终端，就会断开与本地服务器的连接，将无法在 Jupyter Notebook 中进行其他操作。

浏览器地址栏中会默认显示 http://localhost: 8888。其中，localhost 指的是本机，8888 则是端口号。如果同时启动了多个 Jupyter Notebook，由于默认端口号 8888 被占用，因此地址栏中的数字将从 8888 起，每多启动一个 Jupyter Notebook，数字就加 1，如 8889、8890……以此类推。

（2）指定端口启动

如果要自定义端口来启动 Jupyter Notebook，可以在终端中输入如下命令：

`jupyter notebook - -port <port_number>`

其中，<port_number> 是自定义端口号，直接以数字的形式写在命令当中，数字两边不加尖括号"< >"。例如 jupyter notebook - - port 8890，即表示在端口号为 8890 的服务器启动 Jupyter Notebook。

（3）启动服务器但不打开浏览器

如果只是启动 Jupyter Notebook 的服务器但不打算立刻进入主页，那么就无须立刻启动浏览器。在终端中输入如下命令即可。

`jupyter notebook - no - browser`

此时，将会在终端显示启动的服务器信息，并在服务器启动之后，显示出打开浏览器页面的链接。当需要启动浏览器页面时，只需要复制链接，并将其粘贴在浏览器的地址栏中，按 <Enter> 键便转到 Jupyter Notebook 页面。

2. 修改 Jupyter Notebook 默认目录

（1）Windows 平台

在命令行窗口中，输入命令 jupyter notebook - - generate - config，得到配置文件的位置，如图 2 – 65 所示。打开配置文件 jupyter_notebook_config.py，搜索 "_dir"，定位到配置文件的键值 c. NotebookApp. notebook_dir，取消前面的注释符号#，并将其值更改为希望的工作目录，如 D: \jupyter（首先需要在 D 盘根目录下创建 jupyter 文件夹），如图 2 – 66 所示。

图 2-65　Jupyter Notebook 配置文件的位置

```
## The directory to use for notebooks and kernels.
c.NotebookApp.notebook_dir = 'D:\jupyter'
```

图 2-66　修改配置文件

（2）Linux 平台

1）查找配置文件。

在命令行窗口中，输入命令 jupyter notebook --generate-config，得到配置文件的位置。

2）打开配置文件。

调用 vim 来对配置文件进行修改。输入命令 vim ~/.jupyter/jupyter_notebook_config.py，执行命令后进入配置文件中。

3）查找关键词。

查找关键词 c.NotebookApp.notebook_dir。查找方法是：进入配置文件后在英文半角状态下直接输入/c.NotebookApp.notebook_dir，这时搜索的关键词在文档中高亮显示，按 <Enter> 键，光标从底部切换到文档正文中被查找关键词的首字母。

4）编辑配置文件。

输入英文小写字母 i 进入编辑模式，底部出现 "--INSERT--" 说明成功进入编辑模式。使用方向键把光标定位在第二个单引号上（光标定位在哪个字符，就在这个字符前开始输入），把希望的工作目录写在此处，例如 D:\jupyter（首先需要在 D 盘根目录下创建 jupyter 文件夹）。

5）取消注释。

把该行行首的注释符 "#" 删除。因为配置文件是 Python 的可执行文件，在 Python 中，#表示注释，即在编译过程中不会执行该行命令，所以为了使修改生效，需要删除#。

6）保存配置文件。

先按 <Esc> 键，从编辑模式退出，回到命令行模式。再在英文半角状态下直接输入 ":wq"，按 <Enter> 键成功保存并退出配置文件。

注意：冒号 ":" 一定要有，且是英文半角状态的；w 表示保存；q 表示退出。

在常规情况下，Windows 和 Linux/macOS 的配置文件所在路径和配置文件名如下所述。

1）Windows 系统的配置文件路径：C:\Users\<user_name>\.jupyter\。

2）Linux/macOS 系统的配置文件路径：/users/<user_name>/.jupyter/ 或 ~/.jupyter/。

配置文件名为 jupyter_notebook_config.py。

3. Jupyter Notebook 的基本使用

（1）主界面

当执行完启动命令之后，浏览器将会进入 Jupyter Notebook 的主界面，如图 2-67 所示。

图 2-67 Jupyter Notebook 的主界面

在 Jupyter Notebook 中，有 Files（文件）、Running（运行）和 Clusters（集群）三个标签界面。

（2）文件（Files）界面

在 Jupyter Notebook 中，文件界面用于管理和创建文件相关的类目，其基本结构和功能如图 2-68 所示。它是以 Cell 为基本单位的，图中的内容编辑区使用起来比较简单。

对于现有的文件，可以通过勾选文件的方式，对选中的文件进行复制、重命名、移动、下载、查看、编辑和删除操作。同时，也可以根据需要，在"新建"下拉列表中选择想要创建文件的环境，如创建 .ipynb 格式的笔记本、.txt 格式的文档、终端或文件夹。

图 2-68 Jupyter Notebook 的文件界面

编辑代码过程如图 2-69 所示，在名称区域（①）修改文件名称，保存后会在工作目录下生成一个 HelloWorld.ipynb 文件，并显示在主界面的文件列表中；在内容编辑区（②）输入代码；单击"运行"按钮（③），可以看到运行结果（④）。

图 2-69 编辑代码

需要特别说明的是"单元格的状态",有 Code、Markdown、Raw NBConvert 和 Heading 几种,如图 2-70 所示。其中,最常用的是前两种,Code 代码状态和 Markdown 编写状态。Code 状态下可以编写程序代码;Markdown 状态下可以使用 markdown[ ] 的语法来编辑注释文本;Heading 状态(即标题单元格)下可以设置不同级别的标题;而 Raw NBConvert 状态目前极少用到。

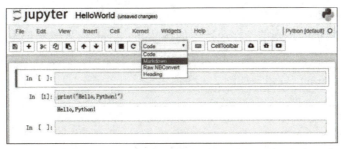

图 2-70　单元格的状态

通过选择菜单栏中的 Help > Keyboard Shortcuts 命令可以查看命令模式和编辑模式的快捷键,如图 2-71 所示。进入 Keyboard Shortcuts 后,可以编辑快捷键,如图 2-72 所示。

图 2-71　查看快捷键

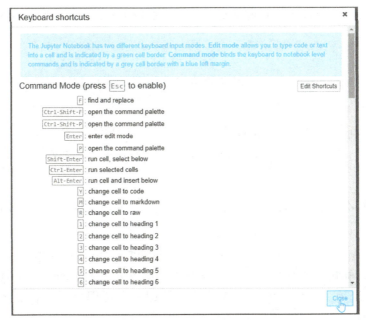

图 2-72　编辑快捷键

菜单栏涵盖了笔记本的所有功能，即便是工具栏的功能也都可以在菜单栏的类目里找到。然而，有些功能并不常用，比如 Widgets、Navigate。Kernel 类目的使用，主要是对内核的操作，比如中断、重启、连接、关闭、切换内核等。由于在创建笔记本时已经选择了内核，因此切换内核的操作可以便于在使用笔记本时切换到想要的内核环境中去。

（3）运行（Running）界面

运行界面主要展示的是当前正在运行中的终端和 .ipynb 格式的笔记本。若想要关闭已经打开的终端和 .ipynb 格式的笔记本，仅关闭其页面是不够的，需要在 Running 界面单击其对应的"关闭"（Shutdown）按钮，如图 2-73 所示。

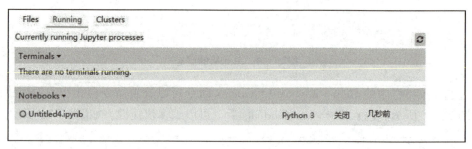

图 2-73 Running 界面

（4）集群（Clusters）界面

集群类目现在已由 IPython Parallel 对接。由于其使用频率较低，这里不做详细说明。

4. 关联 Jupyter Notebook 和 Conda 的环境和包——nb_conda

安装 nb_conda 包后能够将 Conda 创建的环境与 Jupyter Notebook 相关联，便于在使用 Jupyter Notebook 时，在不同的环境下创建笔记本进行工作。

（1）安装

打开终端，执行 conda install nb_conda 命令，将 Conda 创建的环境与 Jupyter Notebook 相关联。

（2）卸载

在终端执行 conda remove nb_conda 命令即可卸载 nb_conda 包。

（3）使用

可以通过 Conda 菜单命令对 Conda 环境和包进行一系列操作，如图 2-74 所示。还可以在笔记本内的 Kernel（内核）类目里的 Change kernel（更换内核）切换内核，如图 2-75 所示。

5. Markdown 生成目录

Jupyter Notebook 无法为 Markdown 文档通过特定语法添加目录，因此需要通过安装扩展来实现此功能。

打开终端，执行 conda install -c conda-forge jupyter_contrib_nbexensionst 命令，然后启动 Jupyter Notebook，导航栏增加了 Nbextensions 标签，单击进入 Nbextensions 界面后，选中 Table of Contents（2）选项。随后，单击图 2-76 中标记的图标即可在 Jupyter Notebook 中使用 Markdown 编写文档。

图 2-74 对 Conda 环境和包的操作

图 2-75 更换内核操作

图 2-76 Markdown 生成目录

在使用 Markdown 编辑文档时，经常会遇到需要在文中设定链接的情况。因为 Markdown 可以完美地兼容 HTML 语法，所以这种功能可以通过 HTML 语法当中"a 标签"的索引用法来实现。

语法格式如下:

[添加链接的正文](#自定义索引词)
<a id=自定义索引词>跳转提升</a>

注意:
①语法格式当中所有的符号均是英文半角。
②自定义索引词最好是英文,较长的词可以用下划线连接。
③a 标签出现在想要被跳转到的文章位置,HTML 标签除了单标签外均要符合"有头(<a>)必有尾(</a>)"的原则。头尾之间的"跳转提示"是可有可无的。
④a 标签中的 id 值即为正文中添加链接时设定的自定义索引值,通过 id 的值实现从正文的链接跳转至指定位置的功能。

6. 常用命令

(1) 加载指定网页的源代码

如果在 Jupyter Notebook 中直接加载指定网站的源代码到笔记本中,可以执行以下命令:

```
% load URL
```

其中,URL 为指定网站的地址。

(2) 获取当前位置

如果在 Jupyter Notebook 中获取当前所在位置的绝对路径,可以执行以下命令:

```
% pwd 或者! pwd
```

注意:
①获取的位置是当前 Jupyter Notebook 中创建的笔记本所在位置,且该位置为绝对路径。
②!pwd 属于!shell 命令语法的使用,即在 Jupyter Notebook 中执行 shell 命令的语法。

(3) 加载本地 Python 文件

如果在 Jupyter Notebook 中加载本地的 Python 文件并执行文件代码,可以执行以下命令:

```
% load Python 文件的绝对路径
```

注意:
①Python 文件的扩展名为.py。
②% load 后跟的是 Python 文件的绝对路径。
③输入命令后,可以按<Ctrl+Enter>键来执行命令。第一次执行,是将本地的 Python 文件内容加载到单元格内,此时,Jupyter Notebook 会自动将% load 命令注释掉(即在前边加注释符#),以便在执行已加载的文件代码时不重复执行该命令;第二次执行,则是执行已加载文件的代码。

(4)直接运行本地 Python 文件

如果不在 Jupyter Notebook 的单元格中加载本地 Python 文件,而要直接运行,可以执行以下命令:

```
% run Python 文件的绝对路径
```

注意:
①Python 文件的扩展名为 .py。
②% run 后跟的是 Python 文件的绝对路径。
③输入命令后,可以按 <Ctrl + Enter> 键来执行命令,执行过程中将不显示本地 Python 文件的内容,而直接显示运行结果。

(5)在 Jupyter Notebook 中使用 shell 命令

1)在笔记本的单元格中。

在 Jupyter Notebook 的笔记本单元格中使用如下命令即可执行 shell 命令。

```
! shell 命令
```

2)在 Jupyter Notebook 中新建终端。

启动方法:在 Jupyter Notebook 主界面,单击 Files 标签进入相应的界面,单击 New(新建)按钮,在其下拉列表中选择 Terminal(终端)选项即可新建终端。此时终端的位置在主目录,可以通过 pwd 命令查询当前所在位置的绝对路径。

关闭方法:在 Jupyter Notebook 的 Running 界面中的 Terminals(终端)类目中可以看到正在运行的终端,单击后边的 Shutdown(关闭)按钮即可关闭终端。

(6)隐藏笔记本输入单元格

在 Jupyter Notebook 的笔记本中无论是编写文档还是编程,都有输入(In [ ])和输出(Out [ ])。当编写的代码或文档中使用的单元格较多时,有时只想关注输出的内容而暂时不看输入的内容时,就需要隐藏输入单元格而只显示输出单元格。

在笔记本第一个单元格中输入并执行以下代码,即可在该文档中使用"隐藏/显示"输入单元格功能。

```
from IPython.display import display
from IPython.display import HTML
import IPython.core.display as di #Example: di.display_html('<h3>% s:</h3>' % str, raw = True)
#这行代码的作用是:当文档作为 HTML 格式输出时,将会默认隐藏输入单元格
di.display_html('<script>jQuery(function() {if (jQuery("body.notebook_app").length == 0) { jQuery(".input_area").toggle(); jQuery(".prompt").toggle()}});</script>', raw = True)
#这行代码将会添加 Toggle code 按钮来切换"隐藏/显示"输入单元格
di.display_html('"<button onclick = "jQuery(\'.input_area\').toggle(); jQuery(\'.prompt\').toggle();" >Toggle code</button>"', raw = True)
```

但是这个方法也有缺陷,那就是不能很好地适用于 Markdown 单元格。

模块三 机器学习数学基础

数学是学习人工智能的基石。以机器学习和深度学习为代表的人工智能核心理论基础就是数学,要理解一个算法的内在逻辑就必须要有扎实的数学知识。本模块涵盖了线性代数、高等数学和概率论等学习人工智能必需的数学知识,为学习人工智能打好数学基础。

单元一 机器学习中数据的表示与运算

学习目标

知识目标:熟悉机器学习领域数据的表示方法,区分不同特征的数据;了解并掌握向量、矩阵的基本运算方法。

能力目标:了解在机器学习中数据的表示方法,能熟练使用向量、矩阵等数据表示方法;能够利用 Numpy 和 Python 等工具实现向量和矩阵的基本运算。

素养目标:培养学生把马克思主义立场、观点、方法与科学精神相结合,提高学生正确认识问题、分析问题和解决问题的能力。

一、机器学习中的数据

机器学习是让机器从大量样本数据中自动学习其规则,并根据学习到的规则预测未知数据的过程。机器学习关注的是如何利用数据建立一个预测模型,因此机器学习的对象是数据。

数据可被分为结构型数据和非结构型数据。结构型数据是用二维表结构来逻辑表达和实现的数据。要处理的每一个数据对应表格中的一行,描述该数据的每一项属性对应表格中的一列。例如一组房屋价格和影响价格因素的数据见表 3-1。

表 3-1 房屋价格和影响价格因素的数据

房屋面积/m^2	房龄(年)	距离地铁站距离/m	1000m 内是否有商场	房屋价格(万元)
89	8	500	是	135
120	2	600	否	196

(续)

房屋面积/m²	房龄（年）	距离地铁站距离/m	1000m 内是否有商场	房屋价格（万元）
96	3	1350	是	162
132	6	900	否	206
115	3	450	是	178

非结构型数据是没有预定义的数据模型，不便用二维表来表现的数据。常用的非结构型数据包括图片、文字、音频等。非结构型数据在机器学习前一般需要转化为结构型数据，并且在机器学习中这些数据一般用向量和矩阵的形式进行表示和运算，如图 3－1 所示。这样，就可以利用线性代数中的空间向量与矩阵来投射和量化数据（图像/音频/文字），从而让计算机"认识"并利用代数知识处理它们。

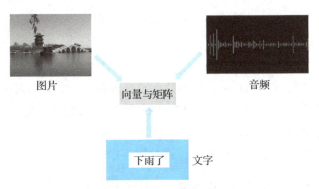

图 3－1　机器学习中的数据表示

假设你是一位刚来班上的新同学 A，班上有其他 5 位同学（B～F），如何根据阅读品味来帮助你找到兴趣相同的朋友呢？你通过观察书上的灰尘和书页口水印的数量来猜测，将主人的喜爱程度按 5 个等级来分，空白代表某人桌上没有这本书，汇总的数据见表 3－2。

表 3－2　用户－行为评分矩阵

用户	《数据分析》	《Python》	《大数据》	《人工智能》	《××传》	《××小说》
A	4	3			5	
B	5		4		4	
C	4		5	3	4	
D		3				5
E		4				4
F			2	4		5

通过余弦相似度来求出用户之间的相似性，从而得到与 A 同学爱好最相似的同学。以 A 同学[4 3 0 0 5 0]与 B 同学[5 0 4 0 4 0]的相似度为例：

$$\cos\theta = \frac{\boldsymbol{a} \cdot \boldsymbol{b}}{\|\boldsymbol{a}\|\|\boldsymbol{b}\|}$$

$$\cos<\boldsymbol{a},\boldsymbol{b}> = \frac{4 \times 5 + 5 \times 4}{\sqrt{4^2 + 3^2 + 5^2} \times \sqrt{5^2 + 4^2 + 4^2}} \approx 0.75$$

通过上面的计算就可以得到最终的用户相似度矩阵，如图3-2所示。可以发现，B同学的爱好与A同学的最相似。

用户	用户向量表示
A	[4 3 0 0 5 0]
B	[5 0 4 0 4 0]
C	[4 0 5 3 4 0]
D	[0 3 0 0 0 5]
E	[0 4 0 0 0 4]
F	[0 0 2 4 0 5]

用户特征向量

余弦相似度计算 →

	A	B	C	D	E	F
A	1.00	0.75	0.63	0.22	0.30	0.00
B	0.75	1.00	0.91	0.00	0.00	0.16
C	0.63	0.91	1.00	0.00	0.00	0.40
D	0.22	0.00	0.00	1.00	0.97	0.64
E	0.30	0.00	0.00	0.97	1.00	0.53
F	0.00	0.16	0.40	0.64	0.53	1.00

用户相似度矩阵

图3-2　计算余弦相似度

二、标量、向量、矩阵

标量和向量是线性代数中重要的研究对象，也是机器学习中必不可少的概念。

标量是一个单独的数，比如 $x=3$。不同于线性代数中研究的其他大部分对象，在介绍标量时，会明确它们是哪种类型的数。

向量是一列数。这些数是有序排序的，通过次序中的索引，可以确定每个单独的数。向量具有方向，而标量没有。因此向量也被赋予了几何的意义，比如 $x = \begin{bmatrix} 1 \\ 1.5 \end{bmatrix}$，其几何表示如图3-3所示。

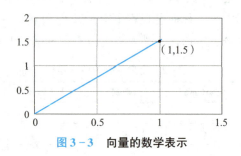

图3-3　向量的数学表示

矩阵是一个由 $m \times n$ 个数 $a_{ij}(i=1,2,\cdots,m, j=1,2,\cdots,n)$ 排成 m 行 n 列的二维数组。例如

$$\begin{bmatrix} a_{11} & \cdots & a_{1n} \\ \vdots & \vdots & \vdots \\ a_{m1} & \cdots & a_{mn} \end{bmatrix}$$

下面是一个 2×2 的矩阵。

$$A = \begin{bmatrix} 1 & 5 \\ 4 & 7 \end{bmatrix}$$

特殊地，行数与列数都相同的矩阵称为方阵。在方阵中，如果其元素满足 $a_{ij} = a_{ji}$，则称该矩阵为对称矩阵。如果一个矩阵除对角线之外的元素都是 0，则称该矩阵为对角矩阵。如果一个矩阵的主对角线元素均为 1，其他元素都为 0，则称该矩阵为单位矩阵。矩阵的分类如图 3-4 所示。

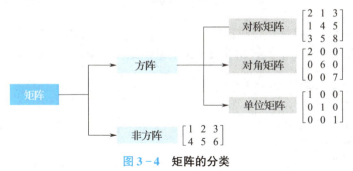

图 3-4　矩阵的分类

三、向量和矩阵的运算

1. 向量的长度

向量的长度也叫作向量的二范数、模长，记作$\|a\|$，其计算公式就是两点间的欧氏距离公式。对于向量 a 有

$$a = \begin{bmatrix} a_1 \\ a_2 \\ \vdots \\ a_n \end{bmatrix}$$

则其长度公式为

$$\|a\| = \sqrt{a_1^2 + a_2^2 + \cdots + a_n^2}$$

Python 实现取向量的长度示例代码。

```
import numpy as np
x = np.array([1,2,3])
print(x)
print(np.linalg.norm(x))
```

输出结果为

```
[1 2 3]
3.7416573867739413
```

2. 判断两个向量是否相等

只有维度相同，对应元素相同的两个向量才相等，如

$$\begin{bmatrix} 1 \\ 2 \\ 3 \\ 4 \end{bmatrix} = \begin{bmatrix} 1 \\ 2 \\ 3 \\ 4 \end{bmatrix} \qquad \begin{bmatrix} 1 \\ 2 \\ 3 \\ 4 \end{bmatrix} \neq \begin{bmatrix} 1 \\ 2 \\ 3 \end{bmatrix}$$

3. 求向量 a 的单位向量

$$i_a = \frac{a}{\|a\|}$$

其中，i_a 模为 1，方向与 a 相同。

Python 实现判断两个向量是否相等以及求向量的单位向量示例代码。

```
import numpy as np
a = np.array([1,2,3])
b = np.array([1,2,3,4])
c = a/np.linalg.norm(a)
print("a 与 b 是否相同")
print(np.all(a==b))
print("c:")
print(c)
print("c 的模为:")
print(np.linalg.norm(c))
```

输出结果为

```
a 与 b 是否相同
False
c:
[0.26726124 0.53452248 0.80178373]
c 的模为:
1.0
```

4. 向量的加法与减法

两个向量的加法定义为对应元素相加，两个向量的减法定义为对应元素相减。

$$\begin{bmatrix} a_1 \\ a_2 \end{bmatrix} + \begin{bmatrix} b_1 \\ b_2 \end{bmatrix} = \begin{bmatrix} a_1 + b_1 \\ a_2 + b_2 \end{bmatrix}$$

$$\begin{bmatrix} a_1 \\ a_2 \end{bmatrix} - \begin{bmatrix} b_1 \\ b_2 \end{bmatrix} = \begin{bmatrix} a_1 - b_1 \\ a_2 - b_2 \end{bmatrix}$$

其几何含义如图 3-5 所示。

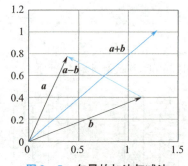

图 3-5　向量的加法与减法

5. 向量的乘法

1) 向量与标量的乘积。向量与标量的乘积定义为标量与向量的各分量相乘，例如：$a = \begin{bmatrix} a_1 \\ a_2 \end{bmatrix}$，则 $4a = \begin{bmatrix} 4a_1 \\ 4a_2 \end{bmatrix}$。

2) 向量的点乘（内积）。对两个向量执行点乘运算，就是对这两个向量对应元素一一相乘之后求和，最后得到的是一个数（标量）。例如 $a = [a_1, a_2, \cdots, a_n]$，$b = [b_1, b_2, \cdots, b_n]$，则 $a \cdot b = a_1 b_1 + a_2 b_2 + \cdots + a_n b_n = |a||b|\cos<a,b>$。

3) 向量的叉乘（外积）。外积的运算结果是一个向量而不是一个标量。设 $a = [x_1, y_1, z_1]$，$b = [x_2, y_2, z_2]$，则

$$两个向量的外积几何公式：a \times b = \begin{vmatrix} i & j & k \\ x_1 & y_1 & z_1 \\ x_2 & y_2 & z_2 \end{vmatrix}$$

$$a \times b = (y_1 z_2 - y_2 z_1)i - (x_1 z_2 - x_2 z_1)j + (x_1 y_2 - x_2 y_1)k$$

并且两个向量的外积与这两个向量组成的坐标平面垂直。

6. 矩阵的加减法与数乘

矩阵的加法为其对应元素相加，执行运算的两个矩阵必须行数和列数相同。与加法类似，矩阵的减法为其对应元素相减，执行运算的两个矩阵也必须行数和列数相同。矩阵的数乘是指用数乘以该矩阵的每一个元素。例如

$$\begin{bmatrix} 1 & 2 \\ 4 & 5 \end{bmatrix} + \begin{bmatrix} 2 & 3 \\ 7 & 8 \end{bmatrix} = \begin{bmatrix} 3 & 5 \\ 11 & 13 \end{bmatrix}$$

$$\begin{bmatrix} 1 & 2 \\ 3 & 4 \end{bmatrix} \times 5 = \begin{bmatrix} 5 & 10 \\ 15 & 20 \end{bmatrix}$$

Python 实现矩阵的加法与数乘示例代码。

```
import numpy as np
A = np.mat('1 2;4 5')
B = np.mat('2 3;7 8')
print(A + B)
print(5 * A)
```

输出结果为

```
[[ 3  5]
 [11 13]]
[[ 5 10]
 [20 25]]
```

7. 矩阵的乘法与点乘

矩阵的乘法定义为用第一个矩阵的每个行向量和第二个矩阵的列向量做内积，形成结果矩

阵的每一个元素，如图3-6所示。矩阵乘法需要满足第一个矩阵的列数要和第二个矩阵的行数相同。n行k列的矩阵和k行m列的矩阵相乘得到的是一个n行m列的矩阵，如图3-6所示。

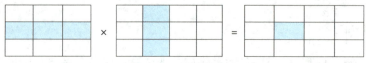

图3-6 矩阵的乘法

矩阵点乘是矩阵各个对应元素相乘，这个时候要求两个矩阵必须行数与列数相同，如图3-7所示。

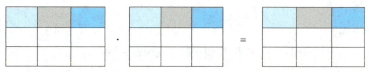

图3-7 矩阵的点乘

Python实现矩阵的乘法与点乘示例代码。

```
import numpy as np
A = np.mat('1 2;3 4')
B = A
print(A * B)
print(np.multiply(A,B))
```

输出结果为

```
[[ 7 10]
 [15 22]]
[[ 1  4]
 [ 9 16]]
```

8. 转置矩阵与逆矩阵

将矩阵A的行与列互换称为A的转置，用A^T表示，如$\begin{bmatrix} 1 & 2 \\ 3 & 4 \end{bmatrix}^T = \begin{bmatrix} 1 & 3 \\ 2 & 4 \end{bmatrix}$。

对于一个n阶方阵A，如果存在n阶方阵B，使得$AB = BA = I$（单位矩阵），就说方阵A可逆，它的逆矩阵是B，记作$A^{-1} = B$。

Python代码实现转置矩阵与逆矩阵：

```
import numpy as np
A = np.mat('1 2;3 4')
B = A.I
print("A:")
print(A)
print("A的转置为:")
print(A.T)
print("A的逆为: ")
print(B)
```

输出结果为

```
A:
[[1 2]
 [3 4]]
A 的转置为：
[[1 3]
 [2 4]]
A 的逆为：
[[-2.   1. ]
 [ 1.5 -0.5]]
```

单元二　机器学习中的最优化问题

学习目标

知识目标： 了解并掌握机器学习过程中的最优化问题；掌握最小二乘法的基本计算过程；掌握梯度下降法的基本计算过程；了解并掌握常用自适应学习率算法的参数更新策略。

能力目标： 能够根据具体问题选择合适的优化策略。

素养目标： 培养学生精益求精的大国工匠精神和探索未知、追求真理的责任感和使命感。

很多机器学习问题，特别是深度学习问题，最终都可以表示为一个最优化问题，解决这些最优化问题也就是解决人工智能问题。而求解最优化问题常用的一种方法是最小二乘法，另外一种方法就是梯度下降法。

最优化问题：指的是在某些约束条件下，决定某些可选择的变量应该取何值，使所选定的目标函数达到最优的问题。在机器学习算法中，最优化问题可以归结为求一个目标函数的极值。例如对于有监督学习，要找到一个最佳的映射函数 $f(x)$，使得对训练样本的损失函数最小化。

一、最小二乘法

1. 最小二乘法的原理与解决的问题

最小二乘法在回归预测模型中很常见，是回归预测模型中的常见损失函数，形式如下：

$$\text{损失函数} = \sum (\text{预测值} - \text{实际值})^2$$

损失函数越小，说明模型预测值与实际值越接近，当损失值为 0 时，说明预测结果与实际结果是一致的。以线性回归模型为例：

比如 $h_\theta(x)$ 是一个预测模型函数，适用于样本数量为 n 个且只有一个特征的数据集 (x_i, y_i)

($i=1,2,\cdots,n$），预测模型函数为 $h_\theta(x)=\theta_0+\theta_1 x$，样本有一个特征 x，对应的拟合函数有两个参数 θ_0 和 θ_1 需要求出。

目标函数为

$$J(\theta_0,\theta_1)=\sum_{i=1}^{n}(y_i-h_\theta(x_i))^2=\sum_{i=1}^{n}(y_i-\theta_0-\theta_1 x_i)^2$$

利用最小二乘法可以求出使 $J(\theta_0,\theta_1)$ 最小时的 θ_0 和 θ_1，这样就可以得到 $h_\theta(x)$。

利用最小二乘法求损失函数最小时的 θ 的解法首先需要对 θ_i 求导，令其导数为0，再解方程组，得到 θ_i，如果 θ 的个数非常多时，逐个求 θ 会非常麻烦，运用矩阵就可以一次性求得所有的 θ_i。假设函数 $h_\theta(x)=\theta_0+\theta_1 x_1+\theta_2 x_2+\cdots+\theta_m x_m$（为了表示简便，这里令 $\theta_0=0$），矩阵表达方式为

$$h_\theta(x)=X\boldsymbol{\theta}$$

其中，X 为 $n\times m$ 的矩阵；$\boldsymbol{\theta}$ 为 m 维向量；n 代表样本的数量；m 代表样本的特征数。损失函数定义为

$$J(\boldsymbol{\theta})=\frac{1}{2}(X\boldsymbol{\theta}-Y)^{\mathrm{T}}(X\boldsymbol{\theta}-Y)$$

其中，Y 是样本的 n 维输出向量；1/2 在这里主要是为了求导后使系数为1，方便计算。根据最小二乘法的原理，要对这个损失函数对 $\boldsymbol{\theta}$ 向量求导取0，即

$$\frac{\partial J(\boldsymbol{\theta})}{\partial \boldsymbol{\theta}}=X^{\mathrm{T}}(X\boldsymbol{\theta}-Y)=0$$

将上述求导等式整理后可得

$$\boldsymbol{\theta}=(X^{\mathrm{T}}X)^{-1}X^{\mathrm{T}}Y$$

所以，利用最小二乘法求 $J(\boldsymbol{\theta})$ 最小时 $\boldsymbol{\theta}$ 值的公式为

$$\boldsymbol{\theta}=(X^{\mathrm{T}}X)^{-1}X^{\mathrm{T}}Y$$

2. 最小二乘法的矩阵法与几何解释

下面从几何的角度解释最小二乘法。首先给出结论：最小二乘法的几何意义是高维空间中的一个向量在低维子空间的投影。

假设要找到一条直线 $y=kx+b$ 穿过三个点 (0,2)、(1,2) 和 (2,3)（理论上是不存在的），如图 3-8 所示。

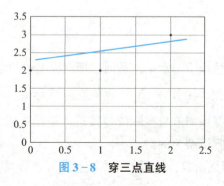

图 3-8　穿三点直线

如果用 x_1 代替 k，x_2 代替 b，则有

$$\begin{cases} 0 \times x_1 + x_2 = 2 \\ 1 \times x_1 + x_2 = 2 \\ 2 \times x_1 + x_2 = 3 \end{cases} \Leftrightarrow \begin{bmatrix} 0 & 1 \\ 1 & 1 \\ 2 & 1 \end{bmatrix} \begin{bmatrix} x_1 \\ x_2 \end{bmatrix} = \begin{bmatrix} 2 \\ 2 \\ 3 \end{bmatrix} \Leftrightarrow AX = b$$

进一步有

$$\begin{bmatrix} 0 \\ 1 \\ 2 \end{bmatrix} x_1 + \begin{bmatrix} 1 \\ 1 \\ 1 \end{bmatrix} x_2 = \begin{bmatrix} 2 \\ 2 \\ 3 \end{bmatrix} \Leftrightarrow a_1 x_1 + a_2 x_2 = b$$

$a_1 x_1 + a_2 x_2 = b$ 可以看作向量 b 是向量 a_1 与 a_2 的线性表示。其中，$a_1 = [0,1,2]$，$a_2 = [1,1,1]$，$b = [2,2,3]$。

a_1 与 a_2 所有线性组合构成了一个平面，b 没有在这线性平面上，因此需要在这个平面上找到一个最接近 b 的向量作为最终解。显然，这里 b 在这个平面的投影向量是最短的，如图 3-9 所示。

由于向量 e 是 a_1 与 a_2 构成平面的法向量，因此 $a_1^\mathrm{T} e = 0$，$a_2^\mathrm{T} e = 0$，矩阵表示为

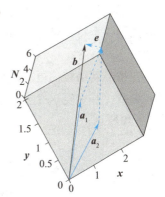

图 3-9　最小二乘法的几何解释

$$A^\mathrm{T} e = 0$$
$$\Leftrightarrow A^\mathrm{T}(b - Ax') = 0$$
$$\Leftrightarrow A^\mathrm{T} A x' = A^\mathrm{T} b$$

可得

$$x' = (A^\mathrm{T} A)^{-1} A^\mathrm{T} b$$

二、梯度下降法

在机器学习中，可以通过梯度下降法来一步步地迭代求解，得到最小化的损失函数和模型参数值。顾名思义，梯度下降法的计算过程就是沿梯度下降的方向求解极小值。我们知道，对多元函数的参数求偏导，把求得的各个参数的偏导数以向量的形式写出来，就是梯度。梯度的方向就是函数变化最快的方向。因此，求函数极小值时就可以每一次迭代沿着梯度的负方向（朝着函数值下降最快的方向）移动一段距离，逐渐逼近最小值。

通俗来讲，梯度下降法就好比我们下山，假如我们从山上的某一点出发，找一个最陡的坡走一步（也就是梯度负方向），到达一个点之后，再找最陡的坡，再走一步，不断地这么走，走到最低点。

梯度下降法常用的形式有三种：批量梯度下降法（Batch Gradient Descent）、随机梯度下降法（Stochastic Gradient Descent）和小批量梯度下降法（Mini-batch Gradient Descent）。批量梯度下降法，是梯度下降法最基本的形式，具体做法是在更新参数时使用所有的样本来进行更新。由于每次迭代都要用到所有的样本，对于数据量特别大的情况，如大规模的机器学习应用，每次迭代求解所有样本需要花费大量的计算成本。而随机梯度下降法在每次迭代中只

随机取一个样本来计算梯度。批量梯度下降法和随机梯度下降法是两个极端，一个采用所有数据来计算下降梯度，一个用一个样本来计算下降梯度，各自的优缺点都非常突出。对于训练速度来说，随机梯度下降法由于每次仅采用一个样本来迭代，训练速度很快；而批量梯度下降法在样本量很大的时候，训练速度不能让人满意。对于准确度来说，随机梯度下降法仅用一个样本决定梯度方向，导致解很有可能不是最优的。对于收敛速度来说，由于随机梯度下降法一次迭代一个样本，导致迭代方向变化很大，不能很快地收敛到局部最优解。小批量梯度下降法是批量梯度下降法和随机梯度下降法的折中，在每轮迭代中随机取多个样本来组成一个小批量，然后使用这个小批量来计算梯度。随机梯度下降算法可以看成是小批量梯度下降法的一个特殊情形，即在随机梯度下降法中每次仅根据一个样本对模型中的参数进行调整。

在神经网络权值更新过程中，为了找到最优参数，将参数的梯度作为线索，沿梯度方向更新参数，并重复这个步骤多次，从而逐步靠近最优参数。这个过程中权重的更新公式如图3-10所示。

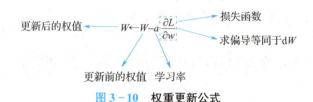

图3-10 权重更新公式

以小批量梯度下降法为例，算法的具体描述见表3-3。

表3-3 小批量梯度下降算法

算法描述：小批量梯度下降法在第 k 个训练迭代的更新
while 停止条件未满足 do
从训练集中随机选取 m 个样本，其中 x 对应目标 y
计算梯度估计：$\frac{\partial L}{\partial w}$
应用更新：$W \leftarrow W - a\frac{\partial L}{\partial w}$
end while

三、自适应学习率算法

1. AdaGrad 算法

在神经网络的学习中，学习率过小会导致学习花费过多的时间；反过来，学习率过大，则会导致学习发散而不能正确进行。在设定学习率的技巧中，有一种被称为学习率衰减（Learning Rate Decay）的方法，即随着学习的进行，使学习率逐渐减小。实际上，一开始"多"学，然后逐渐"少"学的方法，在神经网络的学习中经常被使用。逐渐减小学习率的想法，相当于将"全体"参数的学习率一起降低。而 AdaGrad 进一步发展了这个想法，针对"一个一个"的参数，赋予其"定制"的值。

AdaGrad 算法为参数的每一个元素自适应地调整学习率，其权重更新如图3-11所示。

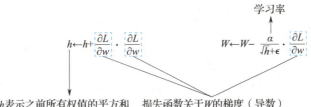

图 3-11 AdaGrad 算法权重更新公式

其中，ϵ 取很小的数值，防止分母为 0。

AdaGrad 算法描述见表 3-4。

表 3-4 AdaGrad 算法

算法描述：AdaGrad 算法
while 停止条件未满足 do
从训练集中采包含 m 个样本的小批量，其中 x 对应目标 y
计算梯度估计：$\frac{\partial L}{\partial w}$
计算所有权值的平方和：$h \leftarrow h + \frac{\partial L}{\partial w} \cdot \frac{\partial L}{\partial w}$
应用更新：$W \leftarrow W \frac{\alpha}{\sqrt{h}+\epsilon} \cdot \frac{\partial L}{\partial w}$
end while

2. RMSProp 算法

由于 AdaGrad 会记录过去所有梯度的平方和。因此，学习越深入，更新的幅度就越小。实际上，如果无止境地学习，更新量就会变为 0，完全不再更新。RMSprop 是一种改进的 AdaGrad，改变梯度平方和为指数加权的移动平均，其标准形式如图 3-12 所示。

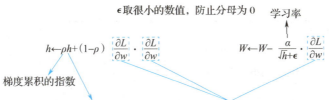

图 3-12 RMSProp 算法公式

RMSProp 算法描述见表 3-5。

表 3-5 RMSProp 算法

算法描述：RMSProp 算法
while 停止条件未满足 do
从训练集中采包含 m 个样本的小批量，其中 x 对应目标 y
计算梯度估计：$\frac{\partial L}{\partial w}$
累计平方梯度：$h \leftarrow \rho h + (1-\rho) \frac{\partial L}{\partial w} \cdot \frac{\partial L}{\partial w}$

(续)

算法描述：RMSProp 算法
while 停止条件未满足 do
计算参数更新：$\Delta W = -\dfrac{\alpha}{\sqrt{h}+\epsilon} \cdot \dfrac{\partial L}{\partial w}$
应用更新：$W \leftarrow W + \Delta W$
end while

3. AdaDelta 算法

AdaDelta 算法和 RMSProp 算法一样，针对 AdaGrad 存在的问题进行了改进。该算法使用小批量随机梯度按元素平方的指数加权移动平均变量，在时间为 0 时，所有元素被初始化为 0，其更新公式为

$$h \leftarrow \rho h + (1-\rho) g_t \cdot g_t \left(\text{同 RMSProp 算法}, g_t = \frac{\partial L}{\partial w} \right)$$

ΔW 记录自变量的变化。

$$g_t \leftarrow \sqrt{\frac{\Delta W + \epsilon}{h + \epsilon}} \cdot g_t$$

$$W \leftarrow W - g_t$$

$$\Delta W \leftarrow \beta \Delta W + (1-\beta) g_t \cdot g_t$$

其中，ϵ 是为了维持数值稳定性而添加的常数；AdaDelta 算法没有学习率，ΔW 代替学习率。

如不考虑 ϵ，AdaDelta 算法跟 RMSProp 算法的不同是 AdaDelta 算法用 ΔW 来替代学习率。AdaDelta 算法描述见表 3-6。

表 3-6 AdaDelta 算法

算法描述：AdaDelta 算法
while 停止条件未满足 do
从训练集中采包含 m 个样本的小批量，其中 x 对应目标 y
计算梯度估计：$\dfrac{\partial L}{\partial w}$
累计平方梯度：$h \leftarrow \rho h + (1-\rho) g_t \cdot g_t$
计算参数更新：$g_t \leftarrow \sqrt{\dfrac{\Delta W + \epsilon}{h + \epsilon}} \cdot g_t$
应用参数更新：$W \leftarrow W - g_t$
累积参数更新：$\Delta W \leftarrow \beta \Delta W + (1-\beta) g_t \cdot g_t$
end while

4. Adam 算法

动量（Momentum）一词来自物理类比，在经典力学中，动量表示的是物体的质量和速度的乘积，是与物体的质量和速度相关的物理量，指的是运动物体的作用效果，其方向与速度的方向相同。由于梯度下降在学习过程中运行过慢，从而提出了动量方法，旨在加速学习。动量方法给人的感觉就像是小球在碗中滚动。

动量方法参照小球在碗中滚动的物理规则进行移动,AdaGrad 算法为参数的每个元素适当地调整更新步伐,那么将两者融合在一起会怎么样呢?

Adam 算法演化图如图 3-13 所示。

图 3-13 Adam 算法演化图

Adam 算法描述见表 3-7。

表 3-7 Adam 算法

算法描述:Adam 算法

while 停止条件未满足 do
  从训练集中采包含 m 个样本的小批量,其中 x 对应目标 y
  计算梯度估计: $\frac{\partial L}{\partial w}$, $t \leftarrow t+1$
  更新有偏一阶矩估计: $v \leftarrow \beta_1 v + (1-\beta_1)\frac{\partial L}{\partial w}$
  更新有偏二阶矩估计: $h \leftarrow \beta_2 h + (1-\beta_2)\frac{\partial L}{\partial w} \cdot \frac{\partial L}{\partial w}$
  修正一阶矩的偏差: $\hat{v} \leftarrow \frac{v}{1-\beta_1^t}$
  修正二阶矩的偏差: $\hat{h} \leftarrow \frac{h}{1-\beta_2^t}$
  计算更新: $\Delta W = -\alpha \frac{\hat{h}}{\sqrt{\hat{v}}+\epsilon}$
  应用更新: $W \leftarrow W + \Delta W$
end while

单元三 数据降维

学习目标

知识目标:了解数据降维的目的和意义;熟悉常用的数据降维方法;掌握主成分分析(PCA)算法的流程。

能力目标:在处理机器学习问题时,能熟练使用主成分分析法实现数据降维。

素养目标:培养学生把马克思主义立场、观点、方法与科学精神相结合,提高学生正确认识问题、分析问题和解决问题的能力。

一、需要数据降维的原因

机器学习领域中所谓的降维就是指采用某种映射方法,将原高维空间中的数据点映射到低维度的空间中。

在实际的机器学习应用里,会在以下场景中进行数据降维处理。

维度灾难:对一个区分猫和狗的分类器而言,随着特征维度的增加,分类器就越容易进行正确分类(给出的限制条件越多,分类准确度越高)。这看上去是一个好现象,但是太大的特征维度,会让分类器学习到过度样本数据的异常特征(噪声),导致出现过拟合现象。

计算成本增加:当数据集本身就比较大的时候,同时数据的特征维度也非常大,并且特征维度的取值范围也存在较大差异,会导致计算时间延长,效率降低。

噪声影响:数据一般都会夹杂噪声特征,这些噪声特征一般是那些相关性比较强的特征,会造成特征冗余,利用数据降维就可以筛选特征,保留最主要的规律和信息并去掉噪声较大的特征。

数据压缩:从存储的角度考虑,数据降维可以减少数据占据的存储空间。

可视化:在分析数据时,可以利用数据降维法降低到2D、3D的维度来进行可视化展示。

1. 数据降维的对象:数据的特征维度

以图3-14所示的散点图为例,散点图形状是(50,2),50表示样本的数量,而2就是数据的特征维度,即一个二维空间。利用数据降维算法,可以将50个样本点转到一维空间中(即一条直线),降维后的形状就是(50,1)。当然在实际工程中,特征维度是2的数据集,维度已经很低了,不需要再降维,这里只是为了介绍数据降维的对象。在实际情况下,数据集的特征维度是非常大的超维空间(比如一张32×32的人脸图片,它的特征维度大约是1024),而数据降维就是降低数据特征的复杂程度,从复杂特征维度中抽取最主要的特征来使用。

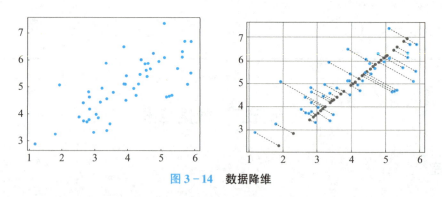

图3-14 数据降维

2. 数据降维常用方法

数据降维有两种基本思想:一种是仅保留原始数据集中最相关的变量(特征选择);另外一种是计算一组新的较小的特征变量,其中每个变量都是输入变量的组合,包含与输入变量基本相同的信息(降维)。常用方法有缺失值比率(Missing Value Ratio)、低方差滤波(Low Variance Filter)、反向特征消除(Backward Feature Elimination)、前向特征选择(Forward Feature Selection)、主成分分析(Principal Components Analysis)等。

(1) 缺失值比率法

当数据集中发现包含缺失值时，如果缺失值比较少，可以使用特定的值来填补缺失值或者直接删除这个变量；如果缺失值非常多的话，就需要设置一个阈值，如果缺失值占比高于阈值，就可以直接删除它的这一类特征。例如表 3-8 列出了关于行人的特征，设置阈值为 15，进行降维，删除缺失率高于 15 的特征项，即删除肤色和发型。

表 3-8 行人特征表

特征	缺失率（%）
身高	0.0000
体重	0.0000
肤色	15.1321
性别	0.0000
发型	29.2700
是否戴眼镜	13.0000
籍贯	0.0000

(2) 低方差滤波法

方差反映了数据的离散程度。一般认为低方差特征变量携带的信息量较少，即特征变量的数值基本一致，特征变量差异性较低，就可以考虑直接去除这个特征变量。如果特征变量的差异性较大，数据的可区分性就更强。

在实际中，因为方差与数据的范围有关（数据的范围越大，它的偏移量就越大），所以在进行方差比较时需要进行归一化处理，即将数据的特征维度缩放到相同的范围上，再进行方差比较。

特征变量 x_i 的方差计算公式为

$$\delta_1 = \frac{1}{n} \sum_{i=1}^{n} (x_i - \bar{x})^2 \text{（总体方差）}$$

$$\delta_2 = \frac{1}{n-1} \sum_{i=1}^{n} (x_i - \bar{x})^2 \text{（样本方差）}$$

方差的算术平方根就是标准差：

$$s_1 = \sqrt{\sum_{i=1}^{n} \frac{(x_i - \bar{x})^2}{n}} \text{（总体标准差）}$$

$$s_2 = \sqrt{\sum_{i=1}^{n} \frac{(x_i - \bar{x})^2}{n-1}} \text{（样本标准差）}$$

(3) 反向特征消除法

反向特征消除法利用枚举的思想，把所有的删除的可能列举一遍，然后删除掉对模型性能影响最小的变量。

具体实现步骤如下：

1）先保留数据集中的全部 n 个特征变量，进行模型训练。

2）评估模型的性能。

3）在删除每个特征变量后评估模型的性能（n 次），即只有 $n-1$ 个特征变量的训练模型。

4）确定对模型性能影响最小的特征变量，将其删除。

5）重复此过程，直到不再能删除任何特征变量为止。

（4）前向特征选择法

前向特征选择法与反向特征消除法类似，它是一个相反的过程，找到能够改善模型性能的最佳特征，而不是减少影响较弱的特征。

具体的实际步骤如下：

1）总共有 n 个特征，选择一个特征，用每个特征训练模型 n 次，得到 n 个模型。

2）选择模型性能最好的变量作为初始变量。

3）每次添加一个变量继续训练，重复上一过程，最后保留性能提升最大的特征变量。

4）边添加，边筛选，直到模型性能不再有显著提升为止。

二、主成分分析法

主成分分析（Principal Component Analysis，PCA）法是一种使用最广泛的数据降维算法。假设数据集特征维度需要从 N 维降到 K 维，首先需要有 K 个 n 维向量，构成一个 K 维空间，然后将数据集特征投影到这个空间，为了使投影误差距离足够小，需要找到距离数据集特征最小的投影面，如图 3-15 所示。

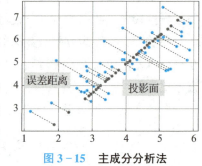

图 3-15 主成分分析法

从高维空间找到投影距离数据集最小（误差最小）的低维子空间，然后将高维空间中的数据集投影到这个低维子空间，让数据集在低维空间进行分布，从而实现数据降维。

具体步骤包括：对数据集进行特征归一化处理、求数据集矩阵的协方差矩阵、使用 SVD（奇异值分解）法对协方差矩阵进行处理、求最小投影面 U、将数据集与最小投影面 U 相乘、进行投影操作，最后得到降维后的结果。

1. 均值标准化

由于 PCA 用到了特征变量的方差，不同特征变量范围是不一样的，首先需要进行归一化处理，将所有特征缩放到相同的范围。

$$x' = (x - u)\sigma$$

假设 x 数据集形状是 1000×200 阶的矩阵，代表有 1000 个样本，每个样本有 200 个特征变量，即维度是 200；u 是每个特征变量的平均值，形状是 1×200 阶的矩阵；σ 是特征变量的标准差，形状是 1×200 阶的矩阵；x' 也是 1000×200 阶的矩阵。处理后的 x' 符合标准正态分布，均值为 0、标准差为 1。

2. 协方差矩阵

协方差矩阵是方差的自然推广，方差描述单个随机变量的离散程度，而协方差则是计算两个随机变量的相似程度，协方差矩阵则是刻画一组随机变量两两之间的相似程度。在机器学习中，协方差矩阵体现了特征变量两两之间的相关性。

两个随机变量 X 与 Y 之间的协方差：

$$\partial(X,Y) = \frac{1}{n-1}\sum_{i=1}^{n}(X_i - \bar{X})(Y_i - \bar{Y})$$

n 个特征变量的协方差矩阵：

$$\partial = \frac{1}{n-1}(x-\bar{x})^{-\Gamma}(x-\bar{x}) = \begin{bmatrix} \partial(x_1,x_1) & \partial(x_1,x_2) & \cdots & \partial(x_1,x_n) \\ \partial(x_2,x_1) & \partial(x_2,x_2) & \cdots & \cdots \\ \vdots & \vdots & \cdots & \vdots \\ \partial(x_n,x_1) & \partial(x_n,x_2) & \cdots & \partial(x_n,x_n) \end{bmatrix}$$

协方差矩阵中对角线元素对应的就是每个特征变量的方差。

3. SVD

SVD 奇异值分解的作用就是将任意形状的 A 矩阵，$m \times n$ 阶矩阵，分解使得

$$A = U\sum V^T$$

公式计算过程如图 3 – 16 所示。

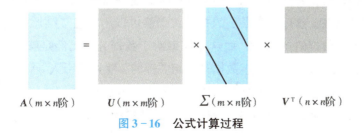

图 3 – 16　公式计算过程

其中，$\sum$ 是对角矩阵，对角线上的值 $\sigma_1 \geq \sigma_2 \geq \cdots \geq \sigma_n \geq 0$ 叫作奇异值。在 PCA 中，只关注 U，因为 U 中包含了我们想要的投影面，例如要降维到 $m-10$ 维度，就取 U 矩阵的 $m-10$ 个列向量，构成 $m-10$ 维投影面，并且该投影面满足误差最小。

4. 特征压缩

特征压缩公式：

$$Z = X \times U[:,:K]$$

上式表示选取 U 的第 1 列至第 K 列，即主要的特征向量，与数据集 X 相乘得到特征压缩后的数据集 Z。

PCA 应用时需要注意的是，一般情况下，PCA 不适用于防止过拟合，因为 PCA 降维会丢弃 X 特征变量，很有可能会丢弃有价值的信息，因此要防止过拟合，建议使用 L1 正则化或 L2 正则化。

实训三　主成分分析的实现

一、问题描述

在数据挖掘或者图像处理等领域经常会用到 PCA，这样做的好处是使要分析的数据的维度降低了，但是数据的主要信息还能保留下来，并且，这些变换后的维度两两不相关。那么，PCA、特征值、奇异值、特征向量这些关键词是怎么联系到一起的？又是如何在一个矩阵上体现出来？它们如何决定着一个矩阵的性质？能不能用一种直观又容易理解的方式描述出来？

二、思路描述

假设三维空间中有一系列点，这些点分布在一个过原点的斜面上，如果用自然坐标系 x,y,z 这三个轴来表示这组数据的话，需要使用三个维度，而事实上，这些点的分布只是在一个二维的平面上，如果能把 x,y,z 坐标系旋转一下，使数据所在平面与 xy 平面重合，把旋转后的坐标系记为 x,y,z，那么这组数据只用 x 和 y 两个维度表示即可。这样就能把数据维度降下来了。如果想恢复原来的表示方式，需要将这两个坐标之间的变换矩阵保存下来。

数据降维后并没有丢弃任何信息，因为这些数据在平面以外的第三个维度的分量都为 0。现在，假设这些数据在 z 轴有一个很小的抖动，仍然可以用上述二维形式表示这些数据，因为这两个轴的信息是数据的主成分，而这些信息对于数据分析已经足够了，z 轴上的抖动很有可能是噪声。也就是说，本来这组数据是有相关性的，噪声的引入导致了数据不完全相关，但是，这些数据在 z 轴上的分布与原点构成的夹角非常小，即在 z 轴上有很大的相关性，综合考虑，就可以认为数据在 x、y 轴上的投影构成了数据的主成分。

三、解决步骤

下面来看一个具体的例子。有两个特征，即语文成绩与数学成绩，样本数为 5，见表 3-9。

表 3-9　成绩表

科目	学生 1	学生 2	学生 3	学生 4	学生 5
语文成绩	100	85	75	69	90
数学成绩	85	82	81	84	83

首先假设语文成绩与数学成绩不相关，也就是说两者的成绩没有关系（语文考多少与数学多少无关）。从表 3-9 可以看出，语文成绩是数据的主要成分（语文成绩相差较大）。为什么我们很容易看出了主成分呢？因为我们选对了坐标轴。

详细观察表3-10。这次选择的样本数依旧是5，但是特征项增加了，这次看不出主成分了，因为在坐标系下数据分布很散乱。对于更高维的数据，很难能想象其分布，很难精确地找到这些主成分的轴。如何衡量提取的主成分到底占了整个数据的多少信息呢？这就要用到PCA。

表3-10 学生成绩表

学生编号	语文	数学	物理	化学	英语	历史
1	84	65	61	72	79	81
2	64	77	77	76	55	70
3	65	67	63	49	57	67
4	74	80	69	75	63	74
5	84	74	70	80	74	82

下面对表3-10进行主成分分析找到主成分。

1）对每个特征求均值，结果见表3-11。

表3-11 特征均值

74.2	72.6	68	70.4	65.6	74.8

2）去均值后的矩阵见表3-12（每一行是一个特征）。

表3-12 去均值后的矩阵

9.8	-10.2	-9.2	-0.2	9.8
-7.6	4.4	-5.6	7.4	1.4
-7	9	-5	1	2
1.6	5.6	-21.4	4.6	9.6
13.4	-10.6	-8.6	-2.6	8.4
6.2	-4.8	-7.8	-0.8	7.2

3）计算协方差矩阵的特征值与特征向量。

协方差矩阵见表3-13。

表3-13 协方差矩阵

380.8	-55.6	-95	248.6	401.4	252.2
-55.6	165.2	131	179.8	-107.8	-20.4
-95	131	160	170	-132	-34
248.6	179.8	170	605.2	214.8	215.4
401.4	-107.8	-132	214.8	443.2	263.6
252.2	-20.4	-34	215.4	263.6	174.8

特征值见表3-14。

表 3-14 特征值

-1.42E-13	0	0	0	0	0
0	9.14E-14	0	0	0	0
0	0	10.4138814	0	0	0
0	0	0	39.57212	0	0
0	0	0	0	654.0412	0
0	0	0	0	0	1225.172762

特征向量见表 3-15。

表 3-15 特征向量

0.500405	-0.3881569	-0.394370416	-0.34434	0.202791	0.532642535
-0.132723	0.32229509	-0.021852318	-0.81597	-0.4606	-0.00876193
0.1815643	0.30803175	-0.708925822	0.378771	-0.47328	-0.04593605
0.0683444	-0.2149153	0.45230979	0.248914	-0.64239	0.519555989
0.0307249	0.74923217	0.130445259	0.096514	0.327755	0.551319363
-0.832706	-0.2074587	-0.346148116	0.029708	0.051452	0.374451028

4）对特征值进行排序。

对特征值进行排序的结果见表 3-16。

表 3-16 特征值排序结果

1225.17276	6
654.041238	5
39.5721181	4
10.4138814	3
9.14E-14	2
-1.42E-13	1

选择前两个特征作为主成分，即英语和历史是主要成分。得到投影矩阵，见表 3-17。

表 3-17 投影矩阵

-0.83271	-0.20746	-0.3461481	0.029707695	0.051452	0.374451
0.030725	0.749232	0.13044526	0.096513893	0.327755	0.551319

5）利用投影矩阵得出降维数据，见表 3-18。

表 3-18 降维数据

-1.10221	2.28905427	6.5544526	-2.01148	-5.72982
1.658339	-1.42282107	-14.31498	4.819364	9.260093

四、实训总结

1）降维是一种数据集预处理技术，往往在数据应用其他算法之前使用，它可以去除数据的一些冗余信息和噪声，使数据变得更加简单、高效，可以提高机器学习的效率。

2）PCA 可以从数据中识别主要特征，通过将数据坐标轴旋转到那些最重要的方向（方差最大），然后通过特征值分析，确定需要保留的主成分，舍弃其他成分，从而实现数据的降维。

知识技能拓展：机器学习中的概率与数理统计

概率论是人工智能算法的基础。如果将机器学习问题所处理的变量看成随机变量，则可以使用概率论的方法来进行建模。下面对机器学习经常使用的概率知识进行简单介绍。

一、随机变量及其分布

1. 随机试验

满足以下三个特点的试验称为随机试验。

1）可以在相同的条件下重复进行。
2）每次试验的可能结果不止一个，并且能事先明确试验的所有可能结果。
3）进行一次试验之前不能确定哪一个结果会出现。

例如抛两枚硬币，可能出现正面或反面的情况。再如抛一枚骰子，观察可能出现的点数情况。

2. 样本点、样本空间、随机事件

一个随机试验所有可能结果的集合是样本空间，而随机试验中的每个可能结果称为样本点。随机试验的某些样本点组成的集合称为随机事件，常用大写字母表示。例如，随机试验 E：扔一次骰子，观察可能出现的点数情况。试验的样本空间为 $S = \{1,2,3,4,5,6\}$，样本点为 $e_i = 1,2,3,4,5,6$。随机事件 A_1：扔一次骰子出现的点数为 5，即 $A_1 = \{x \mid x = 5\}$。

3. 随机变量

随机变量本质上是一个函数，是从样本空间的子集到实数的映射，将事件转换成一个数值。一些随机试验的结果可能不是数，因此对其很难进行描述和研究，比如 $S = \{$正面,反面$\}$。因此将随机试验的每一个结果与实数对应起来，从而引入了随机变量的概念。随机变量用大写字母表示，其取值用小写字母表示。

例如，随机试验 E_4：抛两枚骰子，观察可能出现的点数的和。试验的样本空间是 $S = \{e\} = \{(i,j) \mid i,j = 1,2,3,4,5,6\}$，$i,j$ 分别是两枚骰子的点数，以 X 记为两枚骰子点数之和，则 X 是一个随机变量。

$$X = X(e) = X(i,j) = i+j, i,j = 1,2,\cdots,6$$

按照随机变量可能取值的不同，可分为离散随机变量和连续随机变量。离散随机变量是指随机变量的全部可能取到的值是有限个或可列无限多个。例如，某年某地的出生人数。连续随机变量是指随机变量的全部可能取到的值有无限个，或数值无法一一列举。例如，奶牛每天的挤奶量，可能是一个区间中的任意值。

4. 分布律

对于离散随机变量，通常用分布律来描述其取值规律。

分布律又称概率质量函数（Probability Mass Function，PMF），设离散型随机变量 X 的所有可能取值为 $x_k(k=1,2,\cdots)$，X 取各个可能值的概率，即事件 $\{X=x_k\}$ 的概率为

$$f_x(x_k) = P\{X = x_k\} = p_k, k = 1,2,\cdots$$

由概率的定义可知，p_k 满足如下两个条件：

1) $p_k \geq 0, k = 1,2,\cdots$。

2) $\sum_{k=1}^{\infty} p_k = 1$。

分布律也可以用表格的形式来表示，见表 3-19。

表 3-19　分布律

X	x_1	x_2	$\cdots$	x_n	$\cdots$
p_k	p_1	p_2	$\cdots$	p_n	$\cdots$

5. 特殊离散分布——伯努利分布

伯努利分布（0-1 分布，$a-b$ 分布）：设随机变量 X 只可能取 0 与 1 两个值，它的分布律是

$$P\{X = x_k\} = p^k(1-p)^{1-k}, k = 0,1; 0 < p < 1$$

则称 X 服从以 p 为参数的伯努利分布。

伯努利分布的分布律见表 3-20。

表 3-20　伯努利分布的分布律

X	0	1
p_k	$1-p$	p

其中，$E(X) = p$；$\text{Var}(X) = p(1-p)$。

伯努利分布主要用于二分类问题，如用伯努利朴素贝叶斯进行文本分类或垃圾邮件分类。伯努利模型中每个特征的取值为 1 或 0，例如某个单词在文档中是否出现过，或是否为垃圾邮件。为防止模型过拟合，常会用 Dropout（随机失活正则化）方法随机丢弃神经元，每个神经元都被建模为伯努利随机变量，被抛弃的概率为 p，成功输出的概率为 $1-p$。

6. 特殊离散分布——二项分布

二项分布是重复 n 次伯努利试验满足的分布。

若用 X 表示 n 重伯努利试验中事件 A 发生的次数，则 n 次试验中事件 A 发生 k 次的概率为

$$P\{X=k\} = C_n^k p^k (1-p)^{n-k}, k=0,1,2,\cdots,n$$

此时，称 X 服从参数为 n,p 的二项分布，记为 $X \sim B(n,p)$。其中，$E(X) = np$；$\text{Var}(x) = np(1-p)$。

二项分布在 NLP（自然语言处理）中使用得非常广泛，例如估计文本中含有"的"字的句子所占的百分比，或者确定一个动词在语言中常被用于及物动词还是非及物动词。

再如在 Dropout 方法中，对于某一层的 n 个神经元在每个训练步骤中可以被看作是 n 个伯努利实验的集合，即被丢弃的神经元总数服从参数为 n,p 的二项分布。

7. 特殊离散分布——泊松分布

若随机变量所有可能的取值为 $0,1,2,\cdots$，而取每个值的概率为

$$P\{X=k\} = \frac{\lambda^k e^{-\lambda}}{k!}, \ k=0,1,2,\cdots$$

则称 X 服从参数为 λ 的泊松分布，记为 $X \sim P(\lambda)$。其中，$E(X) = \lambda$，$\text{Var}(X) = \lambda$。参数 λ 是单位时间或单位面积内随机事件的平均发生率。

泊松分布是二项分布当 n 很大、p 很小时的近似计算。

泊松分布用于描述单位时间内随机事件发生的次数。如一段时间内某一客服电话收到的服务请求的次数、汽车站台的候客人数、机器出现的故障次数、自然灾害发生的次数、DNA 序列的变异数等。

在图像处理中，图像会因为仪器测量造成的不确定性而出现服从泊松分布的泊松噪声，我们经常会给图像加泊松噪声用于图像的数据增强。

8. 分布函数

在实际生活中，人们通常不太关心取到某一点的概率，而是关注取某一区间的概率，所以需要研究分布函数。

分布函数又称累计分布函数（Cumulative Distribution Function，CDF）。设 X 是一个随机变量，x 是任意实数，函数 $F(x)$ 称为 X 的分布函数，有

$$F(x) = P\{X \leq x\}, \ -\infty < x < \infty$$

分布函数 $F(x)$ 的意义：如果将 X 看成数轴上随机点的坐标，那么分布函数 $F(x)$ 在 x 处的函数值就表示 X 落在区间 $(-\infty, x]$ 上的概率，即随机变量 X 小于或等于 x 的概率。

分布函数的区间如图 3-17 所示。

图 3-17　分布函数的区间

9. 连续型随机变量与概率密度函数

如果对于连续随机变量 X 的分布函数 $F(x)$，存在非负函数 $f(x)$，使对于任意实数 x 有

$$F(x) = \int_{-\infty}^{x} f(t) \mathrm{d}t,$$

则称函数 $f(x)$ 为 X 的概率密度函数（Probability Density Function，PDF），简称概率密度。概率密度函数如图 3-18 所示。

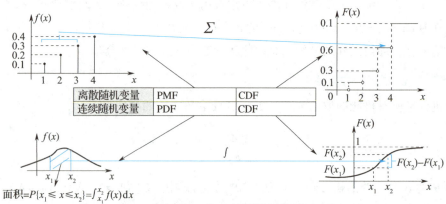

PMF：概率质量函数，即离散随机变量的分布律
PDF：概率密度函数
CDF：累计分布函数

图 3-18 概率密度函数

10. 特殊分布——正态分布

若连续随机变量 X 的概率密度函数

$$f(x) = \frac{1}{\sqrt{2\pi}\sigma} \mathrm{e}^{-\frac{(x-\mu)^2}{2\sigma^2}}, \quad -\infty < x < \infty$$

其中 μ, σ 为常数，则称 X 服从参数为 μ, σ 的正态分布或高斯分布，记为 $X \sim N(\mu, \sigma^2)$。当 $\mu = 0, \sigma = 1$ 时称随机变量 X 服从标准正态分布，记为 $X \sim N(0,1)$。

在自然现象和社会现象中，大量随机变量都服从或近似服从正态分布。高斯分布是机器学习中最常用的分布。如在图像处理中，可以给图像添加高斯噪声用于图像增强等任务，也可以用高斯滤波器去除噪声并平滑图像，还可以用混合高斯模型进行图像的前景目标检测。

二、随机向量及其分布

1. 随机向量

在实际应用中，经常需要对所考虑的问题用多个变量来描述。将多个随机变量放在一起组成向量，称为多维随机变量或者随机向量。

定义：如果 $X_1(\omega), X_2(\omega), \cdots, X_n(\omega)$ 是定义在同一个样本空间 $\Omega = \{\omega\}$ 上的 n 个随机变量，则称

$$X(\omega) = (X_1(\omega), X_2(\omega), \cdots, X_n(\omega))$$

为 n 维（或 n 元）随机变量或随机向量。

例如通过人脸判断人的年龄，可能需要结合多个特征（随机变量），如脸形、脸部纹理、面部斑点、皮肤松弛度、发际线等，将这些特征结合映射为一个实数，即年龄。

2. 联合分布函数

对应随机变量的分布函数，随机向量有联合分布函数。

定义：对任意的 n 个实数 $x_1, x_2, \cdots, x_n$，则 n 个事件 $\{X_1 \leqslant x_1\}, \{X_2 \leqslant x_2\}, \cdots, \{X_n \leqslant x_n\}$ 同时发生的概率

$$F(x_1, x_2, \cdots, x_n) = P(X_1 \leqslant x_1, X_2 \leqslant x_2, X_n \leqslant x_n)$$

称为 n 维随机变量的联合分布函数。

二维联合分布函数 $F(x,y) = P(X \leqslant x, Y \leqslant y)$，表示随机点 (X,Y) 落在以 (x,y) 为顶点的左下方无穷矩形区域的概率。

联合分布函数如图 3-19 所示。

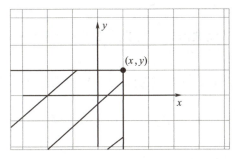

图 3-19 联合分布函数

3. 联合概率密度

对应一维随机变量的概率密度函数，随机向量有联合概率密度。

定义：如果存在二元非负函数 $p(x,y)$，使得二维随机变量 (X,Y) 的分布函数可表示为

$$F(x,y) = \int_{-\infty}^{x} \int_{-\infty}^{y} p(u,v) \mathrm{d}u \mathrm{d}v$$

则称 (X,Y) 为二维连续随机变量，$p(u,v)$ 称为 (X,Y) 的联合概率密度。

三、贝叶斯定理

1. 条件概率和贝叶斯公式

已知原因求解事件发生的概率通常被称作条件概率，又称后验概率。

$$P(Y|X) = \frac{P(YX)}{P(X)}$$

人们经常需要在已知事件发生的情况下计算 $P(X|Y)$，即事件已经发生了，再分析原因。此时若还知道先验概率 $P(X)$，就可以用贝叶斯公式来计算。

$$P(Y|X) = \frac{P(XY)}{P(Y)} = \frac{P(Y|X)P(X)}{P(Y)}$$

假设 X 是由相互独立的事件组成的概率空间 $\{X_1, X_2, \cdots, X_n\}$，则 $P(Y)$ 可以用全概率公式展开，$P(Y) = P(Y|X_1)P(X_1) + P(Y|X_2)P(X_2) + \cdots + P(Y|X_n)P(X_n)$，此时贝叶斯公式可表示为

$$P(X_i|Y) = \frac{P(Y|X_i)P(X_i)}{\sum_{i=1}^{n} P(Y|X_i)P(X_i)}$$

贝叶斯公式的应用有中文分词、统计机器翻译、深度贝叶斯网络等。

2. 期望、方差

数学期望（或称均值，简称期望）是试验中每次可能结果的概率乘以其结果的总和，是概率分布最基本的数学特征之一。它反映随机变量平均取值的大小。

对于离散型随机变量：$E(X) = \sum_{k=1}^{\infty} x_k p_k, k = 1, 2, \cdots$。

对于连续型随机变量：$E(X) = \int_{-\infty}^{\infty} x f(x) \mathrm{d}x$。

方差是衡量随机变量或一组数据离散程度的度量，即随机变量和其数学期望之间的偏离程度。

$$D(X) = \mathrm{Var}(X) = E\{[X - E(X)]^2\}$$

另外，$\sqrt{D(X)}$ 记为 $\sigma(X)$，称为标准差或均方差；$X^* = \dfrac{X - E(X)}{\sigma(X)}$ 称为 X 的标准化变量。

3. 协方差、相关系数、协方差矩阵

协方差在某种意义上给出了两个随机变量线性相关性的强度。

$$\mathrm{Cov}(X, Y) = E[(X - E(X))(Y - E(Y))]$$

相关系数又称线性相关系数，用来度量两个变量间的线性关系。

$$\rho_{XY} = \frac{\mathrm{Cov}(X, Y)}{\sqrt{D(X)} \sqrt{D(Y)}}$$

随机变量 (X_1, X_2) 的协方差矩阵：

$$C = \begin{bmatrix} C_{11} & C_{12} \\ C_{21} & C_{22} \end{bmatrix}$$

其中，$C_{ij} = \mathrm{Cov}(X_i, X_j) = E\{[X_i - E(X_i)][X_j - E(X_j)]\}$，$i, j = 1, 2, \cdots, n$。协方差矩阵对角线上的元素分别是 X_1、X_2 的方差，其余元素为 X_1、X_2 的协方差。

模块四
机器学习算法

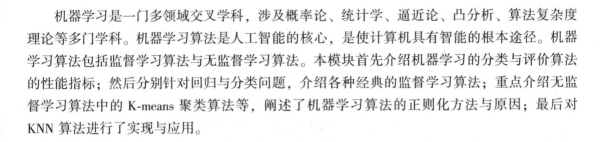

机器学习是一门多领域交叉学科，涉及概率论、统计学、逼近论、凸分析、算法复杂度理论等多门学科。机器学习算法是人工智能的核心，是使计算机具有智能的根本途径。机器学习算法包括监督学习算法与无监督学习算法。本模块首先介绍机器学习的分类与评价算法的性能指标；然后分别针对回归与分类问题，介绍各种经典的监督学习算法；重点介绍无监督学习算法中的 K-means 聚类算法等，阐述了机器学习算法的正则化方法与原因；最后对 KNN 算法进行了实现与应用。

单元一　机器学习概述

学习目标

知识目标：掌握机器学习的基本概念；熟悉机器学习算法的分类；了解机器学习的常用算法及算法的性能指标。

能力目标：具备探究学习、终身学习、分析问题和解决问题的能力；具备对机器学习算法进行分类的能力；具备对机器学习算法的性能进行评价的能力。

素养目标：增强学生的爱国情感和中华民族自豪感；培养学生勇于奋斗、乐观向上的精神；培养学生解决问题的能力、批判性思维，以及寻找多种途径解决问题的能力。

一、机器学习的基本概念

机器学习专门研究计算机怎样模拟和实现人类的学习行为，以获取新的知识或技能，重新组织已有的知识结构使之不断改善自身的性能。

机器学习是人工智能的核心，是使计算机具有智能的根本途径。

机器学习有下面几种定义。

1）Arthur Samuel 在 1959 年将机器学习定义为：在没有明确设置的情况下使计算机具有学习能力的研究领域。

2）Tom Mitchell 在 1998 年将机器学习定义为：如果一个计算机程序解决任务 T 的性能达到了 P，那么就说它从经验 E 中学习去解决任务 T，并且达到了性能 P。

3）机器学习是一门人工智能的科学，该领域的主要研究对象是人工智能，特别是如何在经验学习中改善具体算法的性能。

4）机器学习是对能通过经验自动改进的计算机算法的研究。

5）机器学习是用数据或以往的经验优化计算机程序的性能标准。

机器学习的核心就是数据、算法（模型）、算力（计算机运算能力）。近几年，网络发展和大数据的积累，使得人工智能能够在数据和高运算能力下发挥它的作用。机器学习应用领域十分广泛，例如数据挖掘、数据分类、计算机视觉、自然语言处理（NLP）、生物特征识别、搜索引擎、医学诊断、检测信用卡欺诈、证券市场分析、DNA 序列测序、语音和手写识别、战略游戏和机器人运用等。

在研究机器学习算法之前，先来学习一些机器学习的基本术语。表 4-1 列出的是用于区分不同鸟类需要使用的四个不同的属性值，在这里选用体重、翼展、有无脚蹼及后背颜色作为评测基准，我们将这四种值称为特征，也可以称作属性。表 4-1 中的每一行都是一个具有相关特征的实例。

表 4-1 基于四种特征的鸟物种分类表

序号	体重/g	翼展/cm	有无脚蹼	后背颜色	种属
1	1000.5	123.0	无	棕色	红尾
2	3000.7	200.0	无	灰色	鹭鹰
3	4100	133.6	有	黑色	普通潜鸟
4	570.0	75	无	黑色	象牙喙啄木鸟

表 4-1 的前两种特征是数值型，可以使用十进制数字；第三种特征（有无脚蹼）是二值型，只可以取 1 或者 0；第四种特征（后背颜色）是基于自定义调色板的枚举类型，这里仅选择一些常用色彩。如果看到了一只象牙喙啄木鸟，使用某个机器学习算法对其进行分类，首先需要做的是算法训练，即学习如何分类。通常将输入的大量已分类数据作为算法的训练集。训练集是用于训练机器学习算法的数据样本集合，表 4-1 是包含 4 个训练样本的训练集，每个训练样本有 4 种特征、1 个目标变量，如图 4-1 所示。目标变量是机器学习算法的预测结果。训练样本集必须确定知道目标变量的值，以便机器学习算法可以发现特征和目标变量之间的关系。通常将分类问题中的目标变量称为类别，并假定分类问题只存在有限个数的类别。

特征或者属性通常是训练样本集的列，多个特征联系在一起共同组成一个训练样本。

为了测试机器学习算法的效果，通常使用两套独立的样本集：训练样本集和测试样本集。当机器学习程序开始运行时，使用训练样本集作为算法的输入，训练完成之后输入测试样本。输入测试样本时并不提供测试样本的目标变量，由程序决定样本属于哪个类别。比较测试样本预测的目标变量值与实际样本类别之间的差别，就可以得出算法的实际精确度。

机器学习最基本的做法是使用算法来解析数据、从中学习，然后对真实世界中的事件做出预测和决策。与传统的为解决特定任务、硬编码的软件程序不同，机器学习是用大量的数据来"训练"，通过各种算法从数据中学习如何完成任务。

体重/g	翼展/cm	有无脚蹼	后背颜色	种属
1000.5	123.0	无	棕色	红尾鸳
3000.7	200.0	无	灰色	鹭鹰
4100	133.6	有	黑色	普通潜鸟
570.0	75	无	黑色	象牙喙啄木鸟

特征 ——— 目标变量

图 4-1　特征和目标变量

举个简单的例子，当你们浏览网上商城时，经常会出现商品推荐的信息，这就是商城根据你往期的购物记录和收藏清单，识别出哪些是你感兴趣的，并且愿意购买的产品。这样的决策模型可以帮助商城为客户提供建议并提升产品消费。

二、机器学习算法的分类

1. 分类

机器学习传统的算法包括决策树、聚类、贝叶斯分类、支持向量机、EM、Adaboost 等。根据学习方式的不同，机器学习算法可以分为以下几种：

①监督学习（如分类问题）。

②无监督学习（如聚类问题）。

③半监督学习。

④强化学习。

常见的机器学习算法如图 4-2 所示。

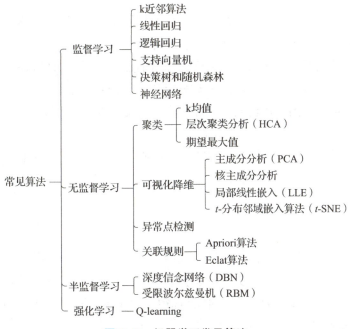

图 4-2　机器学习常见算法

2. 监督学习

监督学习（Supervised Learning）能够根据已有的包含不确定性的数据建立一个预测模型。监督学习算法接收已知的输入数据集（包含预测变量）和对该数据集的已知响应（输出、响应变量），然后训练模型，使模型能够对新的输入数据做出合理的输出预测。如果尝试去预测针对已知数据输入的输出，则使用监督学习。

监督学习采用分类和回归技术开发预测模型。

分类技术可用于预测离散的响应，例如，电子邮件是不是垃圾邮件，肿瘤是恶性的还是良性的。分类模型可将输入数据划分成不同类别。典型的应用包括医学成像、语音识别和信用评估。如果数据能进行标记、分类或分为特定的组或类，则使用分类技术。例如，笔迹识别应用程序使用分类来识别字母和数字。用于实现分类的常用算法包括支持向量机（VM）、决策树、k 近邻、朴素贝叶斯、判别分析、逻辑回归和神经网络等。

回归技术可预测连续的响应，例如，温度的变化或电力需求中的波动。典型的应用包括电力系统负荷预测和算法交易。如果要处理的是一个数据范围，或响应的性质是一个实数（比如温度，或一件设备发生故障前的运行时间），则使用回归方法。常用的回归算法包括线性模型、非线性模型、规则化、逐步回归、决策树、神经网络和自适应神经模糊学习等。在这些算法中，有的算法既可以实现分类也可以实现回归，最典型的如决策树算法、神经网络算法等。

3. 无监督学习

无监督学习是通过原数据集找到数据之间的内在逻辑结构，让杂乱无规律的数据集结构化、逻辑化。无监督学习可发现数据中隐藏的模式或内在结构。它可根据未做标记的输入数据集执行推理。

聚类是一种最常用的无监督学习技术。它可通过探索性数据分析发现数据中隐藏的模式或分组。聚类分析的应用包括基因序列分析、市场调查和对象识别。

例如，如果某移动通信公司想优化手机信号塔的建立位置，则可以使用机器学习来估算依赖这些信号塔的人群数量。一部电话一次只能与一个信号塔通信，所以，该团队使用聚类算法设计蜂窝塔的最佳布局，优化他们的客户群组或集群的信号接收。

用于执行聚类的常用算法包括：k 均值（k-means）和 k 中心点（k-medoids）、层次聚类、高斯混合模型、隐马尔可夫模型、自组织映射、模糊 C 均值聚类法和减法聚类。

4. 机器学习的工作流程

机器学习的工作流程如下。

（1）收集数据

比如要得到 100 位人物的三围、皮肤、脸型、眼睛、头发、声音和姿态等数据。一般来讲，机器学习的数据可以通过爬虫从网站上获取，或使用各种传感器测得，或行业历史数据等。提取数据的方法非常多，为了节省时间与精力，可以使用公开、可用的数据源。

（2）准备输入数据

得到数据之后，还必须确保数据格式符合要求。这就要设计合理的数据格式，把收集的原始数据格式化。如某些算法要求特征值使用特定的格式，一些算法要求目标变量和特征值是字符串类型，而另一些算法则可能要求特征值是整数类型。

(3) 分析输入数据

此步骤主要是人工分析以前得到的数据。为了确保前两步有效，最简单的方法是用文本编辑器打开数据文件，查看得到的数据是否为空值。此外，还可以进一步浏览数据，分析是否可以识别出模式；数据中是否存在明显的异常值，如某些数据点与数据集中的其他值存在明显的差异。这一步的主要作用是确保数据集中，没有垃圾数据。如果是在产品化系统中使用机器学习算法并且算法可以处理系统产生的数据格式，或者是可信任的数据来源，可以直接跳过此步。此步骤需要人工干预，如果在自动化系统中还需要人工干预，显然就降低了系统的价值。

(4) 训练模型

机器学习算法从这一步才真正开始。根据算法的不同，第(4)步和第(5)步是机器学习算法的核心。将第(2)步和第(3)步得到的格式化数据输入算法中，并从中抽取知识或信息。这里得到的知识需要存储为计算机可以处理的格式，方便后续步骤使用。

(5) 测试模型

这一步将使用第(4)步学习到的知识信息。为了评估模型，必须测试算法的效果。对于监督式学习算法，必须已知用于评估算法的目标变量值；对于无监督学习也必须用其他的评测手段来检验算法的成功率。无论哪种情形，如果不满意算法的输出结果，就可以回到第(4)步，改正并再次测试。通常存在的问题会跟数据的收集和准备有关，这时就必须返回第(1)步重新开始。

(6) 使用模型

将机器学习算法转换为应用程序，执行实际任务，以检验上述步骤是否可以在实际环境中正常工作。此时如果碰到新的问题，同样需要重复执行上述步骤。

三、机器学习算法性能指标

机器学习算法主要用于分类，各种算法有不同的特点，在不同数据集上有不同的表现效果，可根据特定的任务选择不同的算法。如何评价分类算法的好坏，要具体任务具体分析。对于决策树，主要用正确率去评估。但是其他算法，只用正确率能很好地评估吗？答案是否定的。正确率确实是一个很直观的评价指标，但是有时候正确率高并不能完全代表一个算法就好。比如对某个地区进行地震预测，地震分类属性分为0不发生地震和1发生地震。我们都知道，不发生的概率是极大的，对于分类器而言，如果分类器不加思考，将每一个测试样例的类别都划分为0，可以达到99%的正确率，但问题是如果真的发生地震时，这个分类器毫无察觉，那带来的后果将是巨大的。很显然，99%正确率的分类器并不是我们想要的。出现这种现象的原因主要是数据分布不均衡，类别为1的数据太少，错分了类别1但达到了很高的正确率却忽视了研究本身最关注的情况。

这里首先介绍几个常见的模型评价术语。假设分类目标只有两类，即正例(Positive)和负例（Negative）。

1）TP（True Positives）：被正确地划分为正例的个数，即实际为正例且被分类器划分为正例的实例数（样本数）。

2）FP（False Positives）：被错误地划分为正例的个数，即实际为负例但被分类器划分为正例的实例数。

3）FN（False Negatives）：被错误地划分为负例的个数，即实际为正例但被分类器划分为负例的实例数。

4）TN（True Negatives）：被正确地划分为负例的个数，即实际为负例且被分类器划分为负例的实例数。

P = TP + FN 表示实际为正例的样本个数，N = FP + TN，表示实际为负例的样本个数。

机器学习分类算法常用的评价指标有以下几个。

1）正确率（accuracy）：正确率是最常见的评价指标，accuracy =（TP + TN）/（P + N），正确率是被分对的样本数在所有样本数中的占比。通常来说，正确率越高，分类器越好。

2）错误率（error_rate）：错误率则与正确率相反，描述被分类器错分的比例，error_rate =（FP + FN）/（P + N）。对某一个实例来说，分对与分错是互斥事件，所以 accuracy = 1 − error_rate。

3）灵敏度（sensitive）：表示的是所有正例中被分对的比例，sensitive = TP/P。衡量了分类器对正例的识别能力。

4）特效度（specificity）：表示的是所有负例中被分对的比例，specificity = TN/N。衡量了分类器对负例的识别能力。

5）精度（precision）：精度是精确性的度量，表示被分为正例的实例中实际为正例的比例，precision = TP/(TP + FP)。

6）召回率（recall）：召回率是覆盖面的度量，度量有多少个正例被分为正例，recall = TP/(TP + FN) = TP/P = sensitive。可以看到召回率与灵敏度是一样的。

此外，其他评价指标还有：计算速度，分类器训练和预测需要的时间；鲁棒性，处理缺失值和异常值的能力；可扩展性，处理大数据集的能力；可解释性，分类器的预测标准的可理解性，像决策树产生的规则就是很容易理解的，而神经网络的一堆参数就不好理解，我们只好把它看成一个黑盒子。

对于系统整体性能的评测，查准率和查全率反映了分类器分类性能的两个方面。如果综合考虑查准率与查全率，可以得到新的评价指标——F1，也称为综合分类率。

$$F1 = \frac{2 \times precision \times recall}{precision + recall}$$

为了综合多个类别的分类情况，评测系统整体性能经常采用的还有微平均 F1（micro-averaging）和宏平均 F1（macro-averaging）两种指标，这里就不详细介绍，有兴趣的读者请自行查阅相关资料。

单元二　监督学习算法

学习目标

知识目标：掌握回归问题经典算法的原理；掌握分类问题经典算法的原理。

能力目标：具备使用算法解决回归问题的能力；具备使用算法解决分类问题的能力。

素养目标：培养学生精益求精的大国工匠精神，以及探索未知、追求真理的责任感和使命感。

一、回归问题经典算法

监督学习是用包含已知标签的数据集，来训练得到一个最优模型。所以，也称为监督训练或有教师学习。

根据监督学习特性可知，模型得到的预测结果是可以推断的。因此监督学习主要解决两类问题，回归问题与分类问题。

分类模型和回归模型本质一样，分类模型是将回归模型的输出离散化。

一般来说，回归问题通常是用来预测一个值，如预测房价、未来的天气情况等。例如，一个产品的实际价格为 500 元，通过回归分析预测价格为 499 元，则认为这是一个比较好的回归分析。回归是对真实值的一种逼近预测。

分类模型用于给事物打上一个标签，通常结果为离散值。例如判断一幅图片上的动物是一只猫还是一只狗。分类并没有逼近的概念，最终正确结果只有一个，错误的就是错误的，不会有相近的概念。

简言之，定量输出称为回归，或者说是连续变量预测，如预测明天的气温是多少度，这是一个回归任务；定性输出称为分类，或者说是离散变量预测，如预测明天是阴、晴还是雨，这是一个分类任务。

1. 回归问题概述

回归问题是从连续输出中预测结果，将输入的数据集映射到某个连续的函数上。线性回归就是一个基础的监督学习回归问题，例如，房价预测、股票预测等。

回归问题经典算法有以下几种。

1）线性回归：拟合一个带系数的线性模型，以最小化数据中的真实值与模型预测值之间的残差平方和。

2）k 近邻算法（KNN）：既可用作回归也可用作分类。用于回归和分类是一致的，通过一种距离度量关系（通常为曼哈顿距离或欧氏距离）寻找与待预测点相近的 k 个点，根据这 k 个点进行回归或分类的预测。不同的是，分类任务中使用投票的方式，即待预测点的类别与 k 个点中数量最多的样本类别一致；在回归任务中，待预测点的标签由 k 个点标签的平均值决定。

3) 决策树回归：对于预测的值的每种可能，按照树形结构进行划分。

4) 随机森林回归：采样训练样本，用于生成多个不同决策树。在测试集的测试阶段，随机森林将多个决策树预测结果取平均得到最终结果。

回归是一种预测性的建模技术，它研究的是因变量（目标）和自变量（预测器）之间的关系。这种技术通常用于预测分析、时间序列建模及发现变量之间的因果关系。例如，探寻司机的鲁莽驾驶与道路交通事故数量之间的关系，最合适的研究方法就是回归。

2. 线性回归算法

(1) 线性回归模型

线性回归是利用数理统计中的回归分析来确定两种或两种以上变量间相互依赖的定量关系的一种统计分析方法，应用十分广泛。回归分析中只包括一个自变量和一个因变量，且二者的关系可用一条直线近似表示，这种回归分析称为一元线性回归分析。如果回归分析中包括两个或两个以上的自变量，且因变量和自变量之间是线性关系，则称其为多元线性回归分析。线性回归预测模型如图 4-3 所示。

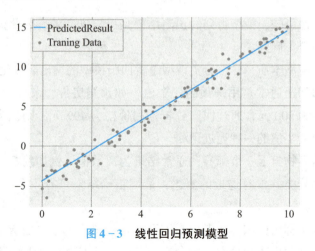

图 4-3　线性回归预测模型

(2) 系统模型

假设有 m 个样本，每个样本对应 n 维特征和 1 个结果输出。

训练数据的形式为

$$(x_1^{(0)}, x_2^{(0)}, \cdots, x_n^{(0)}, y_0), (x_1^{(1)}, x_2^{(1)}, \cdots, x_n^{(1)}, y_1), \cdots, (x_1^{(m)}, x_2^{(m)}, \cdots, x_n^{(m)}, y_m)$$

线性回归模型为

$$y = \sum_{j=1}^{n} w_j x_j + b$$

其中，w 为回归系数，b 为偏置。线性回归过程就是计算出参数 $(b, w_1, w_2, \cdots, w_n)$ 的过程。

假设 $x_0 = 1, w_0 = b$，公式变为

$$y = \sum_{j=0}^{n} w_j x_j$$

矩阵的形式为

$$Y = XW$$

其中，Y 为 $m \times 1$ 维矩阵，训练特征 X 为 $m \times n$ 维矩阵，回归系数 W 为 $n \times 1$ 维矩阵。

（3）构造损失函数

在使用上述线性回归模型时，难免会存在一定的误差，即模型所预测的值与训练中实际值之间的差距，产生的这个误差称作建模误差。于是，将该误差（损失）消除或者使其最小，就能得到最佳的模型参数，这时就产生了代价函数或者损失函数。线性回归模型的损失函数常用平方损失函数/均方误差，主要在于其处处可导。上述模型的平方损失函数为

$$l_w = \frac{1}{2}\sum_{i=1}^{m}\left(y^{(i)} - \sum_{j=0}^{n} w_j x_j^{(i)}\right)^2 = (Y - XW)^T(Y - XW)$$

记录预测值与实际值差的平方的损失函数叫作平方损失函数。可以这样理解，当预测的值与实际值相差越小，最终损失函数的值也就越小，得到的预测结果就越准确。考虑上述损失函数的优化，即求损失函数的最小值 $\min l_w$。

（4）线性回归问题的解法

通常，线性回归使用最小二乘法找到一组最佳的参数组合，使得预测值与真实值的残差的平方和达到最小。损失函数为

$$l_w = (Y - XW)^T(Y - XW)$$

对 W 求导，即

$$\frac{\partial}{\partial W}(Y - XW)^T(Y - XW) = X^T(Y - XW)$$

令上式取 0，得

$$\hat{W} = X^T Y (X^T X)$$

在实际计算中，损失函数可能相当复杂，我们没办法通过求导计算出最小值，在这种情况下可以考虑利用梯度下降法求得 W 的值。

3. k 近邻算法

k 近邻（KNN）算法的核心思想：如果待预测的样本在特征空间中有 k 个最相邻的样本，将这 k 个样本的某个特征属性的平均值赋给该样本，就可以得到该样本对应的特征属性值。该算法的前提是需要有一个已被标记类别的训练数据集。具体的计算步骤分为以下三步。

第一步：计算测试对象与训练集中所有对象的距离，可以是欧氏距离、余弦距离等。比较常用的是较为简单的欧氏距离。

第二步：找出上步计算的距离中最近的 k 个对象，作为测试对象的邻居。

第三步：确定一种决策规则，用来判定新样本的属性值，比如将这 k 个样本的特征属性的平均值赋给该样本，这样就可以得到该样本对应的特征属性值。

（1）算法描述

输入：①训练数据集 $T = \{(x_1,y_1),(x_2,y_2),\cdots,(x_n,y_n)\}$，其中 $x_i \in R^n$；$y_i \in \{c_1,c_2,\cdots,c_k\}$。

② 测试数据 x。

输出：实例 x 所属的类别。

（2）算法过程

1）根据给定的距离度量，在训练集 T 中找到与 x 距离最近的 k 个样本，涵盖这 k 个点的 x 的邻域记作 $N_k(x)$。

2）在 $N_k(x)$ 中根据分类规则确定 x 的类别 y。

从 KNN 的算法描述中可以发现，有三个元素很重要，分别是距离度量、k 的大小和分类规则，这便是 KNN 模型的三要素。在 KNN 中，当训练数据集和三要素确定后，相当于将特征空间划分成了一些子空间，对于每个训练实例 x_i，距离该点比距离其他点更近的所有点组成了一个区域，每个区域的属性值由决策规则确定且唯一，从而将整个区域划分开。对于任何一个测试点，找到其所属的子空间，即确定了该测试点的属性值。

4．决策树算法

决策树既可以做回归也可以做分类。做回归的决策树一般称为回归决策树，内部结点特征的取值为"是"和"否"，为二叉树结构。决策树由结点和有向边组成。结点又有三种类型：根结点、内部结点和叶结点。内部结点代表一个属性或特征，而叶结点表示一个类别或者某个值。

根结点一般为信息增益最大的特征，包含样本的全集。内部结点对应特征属性测试，取值为"是"和"否"。叶结点代表决策的结果。

所谓回归，就是根据特征向量来决定对应的输出值。回归树就是将特征空间划分成若干单元，每一个单元有一个特定的输出。因为每个结点都是"是"和"否"的判断，所以划分的边界是平行于坐标轴的。对于测试数据，只要按照特征将其归到某个单元，便得到对应的输出值。

如图 4-4 所示，左图为对二维平面划分的决策树，右图为对应的单元划分，其中 c_1, c_2, c_3, c_4, c_5 是对应每个划分单元的输出。

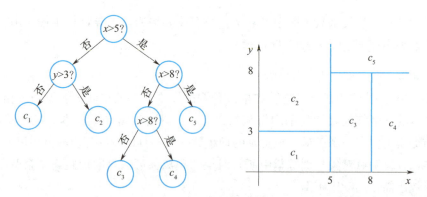

图 4-4　使用决策树进行输出

若现在对一个新的向量 $(6,7)$ 决定它对应的输出，第一维分量 6 介于 5 和 8 之间，第二维分量 7 小于 8，根据此决策树很容易判断 $(6,7)$ 所在的划分单元，其对应的输出值为 c_3。

（1）算法描述

假设 x 和 y 分别为输入和输出变量，并且 y 是连续变量，给定训练集 $D = \{(x_1, y_1), (x_2,$

y_2),…,(x_N,y_N)}。其中,$x_i = (x_i^{(1)}, x_i^{(2)}, …, x_i^{(n)})$为输入实例（特征向量），$n$为特征个数，$i = 1,2,…,N$，$N$为样本容量。

对特征空间的划分采用启发式方法，每次划分逐一考察当前集合中所有特征的所有取值，根据平方误差最小化准则选择其中最优的一个作为切分点。如取训练集中第j个特征变量$x^{(j)}$和它的取值s作为切分变量和切分点，并定义两个区域$R_1(j,s) = \{x \mid x^{(j)} \leq s\}$和$R_2(j,s) = \{x \mid x^{(j)} > s\}$，为找出最优的$j$和$s$，对下式求解。

$$\min_{j,s}\left[\min_{C_1}\sum_{x_i \in R_1(j,s)}(y_i - c_1)^2 + \min_{C_2}\sum_{x_i \in R_2(j,s)}(y_i - c_2)^2\right]$$

这也就是找出使要划分的两个区域平方误差和最小的j和s。

其中，c_1和c_2为划分后两个区域内固定的输出值，方括号内的两个min意为使用的是最优的c_1和c_2，也就是使各自区域内平方误差最小的c_1和c_2，易知这两个最优的输出值就是各自对应区域内y的均值，所以上式可写为

$$\min_{j,s}\left[\sum_{x_i \in R_1(j,s)}(y_i - \hat{c}_1)^2 + \sum_{x_i \in R_2(j,s)}(y_i - \hat{c}_2)^2\right]$$

其中，

$$\hat{c}_1 = \frac{1}{N_1}\sum_{x_i \in R_1(j,s)} y_i$$

$$\hat{c}_2 = \frac{1}{N_2}\sum_{x_i \in R_2(j,s)} y_i$$

(2) 算法过程

在训练数据集所在的输入空间中，递归地将每个区域划分为两个子区域并决定每个子区域上的输出值，构建二叉决策树。

1) 选择最优切分变量j与切分点s，求解下面的公式。

$$\min_{j,s}\left[\min_{C_1}\sum_{x_i \in R_1(j,s)}(y_i - c_1)^2 + \min_{C_2}\sum_{x_i \in R_2(j,s)}(y_i - c_2)^2\right]$$

遍历变量j，对固定的切分变量j扫描切分点s，选择使上式达到最小值的对(j,s)。

2) 用选定的对(j,s)划分区域并决定相应的输出值：

$$\hat{c}_m = \frac{1}{N_m}\sum_{x_i \in R_m(j,s)} y_i$$

其中，$x \in R_m$；$m = 1,2$；$R_1(j,s) = \{x \mid x^{(j)} \leq s\}$，$R_2(j,s) = \{x \mid x^{(j)} > s\}$。

3) 继续对两个子区域调用步骤1)和2)，直至满足停止条件。

4) 将输入空间划分为M个区域$R_1, R_2, …, R_m$，生成决策树。

$$f(x) = \sum_{m=1}^{M}\hat{c}_m I(x \in R_m)$$

其中，I为指示函数，$I = \begin{cases} 1, x \in R_m \\ 0, x \notin R_m \end{cases}$。

5．随机森林回归算法

随机森林是用随机的方式建立一个森林，森林由很多决策树组成，随机森林的每棵决策树之间没有关联。随机森林由决策树组成，而决策树实际上是将特征空间用超平面进行划分的一种方法，每次分割将当前空间一分为二。图4-5所示为有两棵决策树的随机森林。最后预测阶段，每棵决策树给出预测结果，然后使用投票机制或者计算所有决策树的平均值，得到最终结果。

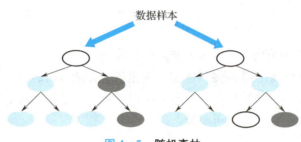

图4-5 随机森林

随机森林利用多个决策树来降低过拟合的风险。随机森林分别训练一系列的决策树，所以训练过程是并行的。因算法中加入随机过程，所以每个决策树又有少量区别。通过合并每棵树的预测结果来减少预测的方差，提高在测试集上的性能表现。

随机性体现在：

1）每次迭代时，对原始数据进行二次抽样来获得不同的训练数据。

2）对于每个结点，考虑不同的随机特征子集来进行分裂。

除此之外，决策时的训练过程和单独决策树训练过程相同。

对新实例进行预测时，随机森林需要整合各棵决策树的预测结果。回归和分类问题的整合的方式略有不同。分类问题采取投票制，每棵决策树投票给一个类别，获得最多投票的类别为最终结果。对于回归问题，每棵树得到的预测结果为实数，最终的预测结果为各棵树预测结果的平均值。

二、分类问题经典算法

1．分类问题

分类（Classification），即找一个函数判断输入数据所属的类别，可以是二类别问题（是/不是），也可以是多类别问题（在多个类别中判断输入数据具体属于哪一个类别）。与回归问题（Regression）相比，分类问题的输出不再是连续值而是离散值，用来指定其属于哪个类别。分类问题在现实中应用非常广泛，比如垃圾邮件识别、手写数字识别、人脸识别、语音识别、文本分类、电影评论等。

分类算法能将输入的数据映射为离散的输出结果值。图4-6所示是一个数据点的二分类，找到一条分界线，将两种数据点区分开来。

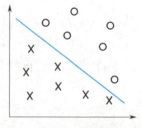

图4-6 二分类

分类问题有以下一些经典算法。

逻辑回归：虽然它被称为回归，但其实它是一种分类算法，逻辑回归使用连续的概率分布函数用于分类。

支持向量机：在数据集特征空间上使用间隔最大的线性分类器来进行分类。

神经网络：神经网络上的每个神经元可以看成是一个逻辑回归单元，神经网络将神经元构建成网络结构，在最后输出层进行分类。

k 近邻算法/决策树/随机森林等算法，不光可以解决回归问题，还可以解决分类问题。

2. 逻辑回归

（1）算法简介

逻辑回归算法的名字里虽然带有"回归"二字，但实际上逻辑回归算法是用来解决分类问题的算法。逻辑回归主要解决二分类问题，用来表示某件事情发生的可能性。比如，一封邮件是否是垃圾邮件的可能性（是/不是），用户购买一件商品的可能性（买/不买）等。

假设有一场球赛，现有两支球队的所有出场球员、历史交锋成绩、比赛时间、主客场、裁判和天气等信息，根据这些信息预测球队的输赢。假设比赛结果记为 y，赢球标记为 1、输球标记为 0，这就是一个典型的二元分类问题，可以用逻辑回归算法来解决。

根据上面的例子，逻辑回归算法的输出 $y \in \{0, 1\}$ 是个离散值，这是与线性回归算法的最大区别。线性回归与逻辑回归的比较见表 4-2。

表 4-2 线性回归与逻辑回归的比较

线性回归	逻辑回归
解决的是回归问题	解决的是分类问题
因变量为连续的特征向量	因变量为离散的特征向量
自变量与因变量满足线性关系	自变量与因变量不满足线性关系
多表现为线性多项式	逻辑概率密度函数

（2）预测函数

逻辑回归需要找到一个函数模型，使其值输出在 [0,1] 之间。然后选择一个基准值，如 0.5，如果算出来的预测值大于 0.5，就认为其预测值为 1，反之其预测值则为 0。在逻辑回归中选择了 $g(z) = \dfrac{1}{1+e^{-z}}$ 作为预测函数，函数 $g(z)$ 称为 Sigmoid 函数，也称为 Logistic 函数，图像如图 4-7 所示。

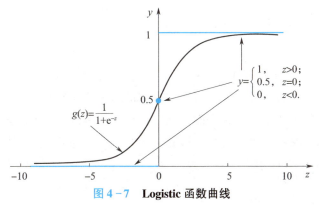

图 4-7 Logistic 函数曲线

当 $z = 0$ 时，$g(z) = 0.5$。

当 $z > 0$ 时，$g(z) > 0.5$，当 z 越来越大时，$g(z)$ 无限接近于 1。

当 $z < 0$ 时，$g(z) < 0.5$，当 z 越来越小时，$g(z)$ 无限接近于 0。

怎样把输入特征和预测函数结合起来呢？假设令 $z(X) = X\theta$，其中 X 为样本输入，θ 为要求解的模型参数，则模型输出为

$$h_\theta(X) = g(z) = g(X\theta) = \frac{1}{1 + e^{-X\theta}}$$

设 0.5 为临界值，当 $h_\theta(X) > 0.5$，即 $X\theta > 0$ 时，输出 y 为 1；当 $h_\theta(X) < 0.5$，即 $X\theta < 0$ 时，输出 y 为 0。模型输出值在 $[0,1]$ 区间内取值，因此可以从概率角度进行解释：$h_\theta(X)$ 越接近于 0，则分类为 0 的概率越高；$h_\theta(X)$ 越接近于 1，则分类为 1 的概率越高；$h_\theta(X)$ 越接近于 0.5，则无法判断，分类准确率会下降。

(3) 逻辑回归损失函数

损失函数计算的是预测值与真实值的差异。逻辑回归采用对数函数作为损失函数。

$$J(Y, P(Y|X)) = -\log(P(Y|X))$$

假设样本输出 y 是 0，1 两类，则

$$P(y=1|x,\theta) = h_\theta(x)$$
$$P(y=0|x,\theta) = 1 - h_\theta(x)$$

即

$$P(y|x,\theta) = [h_\theta(x)]^y [1 - h_\theta(x)]^{1-y}$$

则损失函数为

$$J(\theta) = -\sum_{i=1}^{n} [y^{(i)} \log(h_\theta(x^{(i)})) + (1 - y^{(i)}) \log(1 - h_\theta(x^{(i)}))]$$

(4) 损失函数优化求解

逻辑回归损失函数求解可用梯度下降法、牛顿法等，比较常用的是利用梯度下降法通过迭代求解。通过对损失函数求导数，最终推导出梯度下降算法公式。

参数 θ 的迭代公式为

$$\theta^t = \theta^{t-1} - \alpha X^T (h_{\theta^{t-1}}(X) - Y)$$

通过迭代公式计算出参数 θ 的值。

3. 支持向量机

支持向量机（Support Vector Machine，SVM）是一类按监督学习方式对数据进行二元分类的广义线性分类器，其决策边界是对学习样本求解的最大边距超平面。SVM 也是一种二分类模型，它是在特征空间上找到一个超平面，这个超平面与最近的样本数据点具有最大内边距，这些最近的数据点与定义的超平面有关，被称为支持向量，它们支持或定义分界超平面。支持向量的超平面如图 4-8 所示。

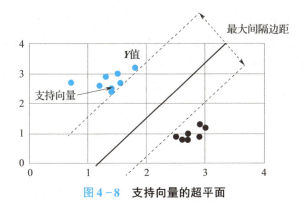

图 4-8 支持向量的超平面

SVM 想要的就是找到各类样本点到超平面的距离最远,也就是找到最大间隔超平面。任意超平面可以用下面这个线性方程来描述。

$$w^T x + b = 0$$

n 维空间的点到直线 $w^T x + b = 0$ 的距离为

$$\frac{|w^T x + b|}{\|w\|}$$

其中,$\|w\| = \sqrt{w_1^2 + w_2^2 + \cdots + w_n^2}$。

如图 4-9 所示,根据支持向量的定义可知,支持向量到超平面的距离为 d,其他点到超平面的距离大于 d。

于是,得到这样的一个公式:

$$\begin{cases} \dfrac{w^T x + b}{\|w\|} \geq d, & y = 1 \\ \dfrac{w^T x + b}{\|w\|} \leq -d, & y = -1 \end{cases}$$

因为 $\|w\|d$ 是正数,可以将公式简化为

$$\begin{cases} w^T x + b \geq 1, & y = 1 \\ w^T x + b \leq -1, & y = -1 \end{cases}$$

至此,就可以得到最大间隔超平面的上、下两个超平面,如图 4-10 所示。

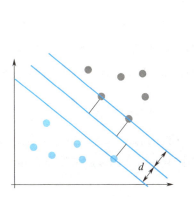

图 4-9 支持向量的超平面

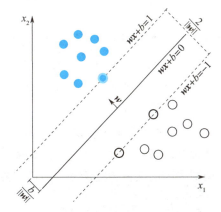

图 4-10 最大间隔超平面上、下两个超平面

所有在上间隔边界上方的样本属于正类，在下间隔边界下方的样本属于负类。两个间隔边界的距离被定义为边距 d，位于间隔边界上的正类和负类样本为支持向量。

每个支持向量到超平面的距离可以写为

$$d = \frac{|\boldsymbol{w}^T\boldsymbol{x}+b|}{\|\boldsymbol{w}\|}$$

最大化这个距离：

$$\max \frac{2}{\|\boldsymbol{w}\|}$$

经过转化，得到最优化问题：

$$\min \frac{1}{2}\|\boldsymbol{w}\|^2 \text{ 其中，} y_i(\boldsymbol{w}^T\boldsymbol{x}_i+b) \geq 1$$

4．神经网络

人脑是人类思维的物质基础，思维的功能定位在大脑皮层，大约有 900 亿个神经元。神经元是一种特殊的细胞，单个神经元细胞有很多的树突，一般还有一根很长的轴突，轴突边缘有突触。神经元的突触会和其他神经元的树突连接在一起，从而形成庞大的生物神经网络。神经元细胞一般有两种状态，即激活状态和非激活状态。当神经元细胞处于激活状态时，会发出电脉冲，电脉冲会沿着轴突末梢传递到其他的神经元，每个神经元又通过神经突触与大约 103 个其他神经元相连，形成一个高度复杂、高度灵活的动态网络。作为一门学科，生物神经网络主要研究人脑神经网络的结构、功能及工作机制，意在探索人脑思维和智能活动的规律。

人工神经网络（Artificial Neural Network，ANN）简称为神经网络（NN）或称作连接模型（Connection Model），它是一种模仿生物神经网络行为特征，进行分布式并行信息处理的算法数学模型。这种网络依靠系统的复杂程度，通过调整内部大量结点之间相互连接的关系，从而达到处理信息的目的。

有关人工神经网络的定义有很多，这里给出芬兰计算机科学家 T. Kohonen（他以提出"自组织神经网络"而名扬人工智能领域）的定义："人工神经网络是一种由具有自适应性的简单单元构成的广泛并行互连的网络，它的组织结构能够模拟生物神经系统对真实世界所做出的交互反应。"

在机器学习中，常常提到神经网络，实际上是指人工神经网络。作为处理数据的一种新模式，人工神经网络的强大之处在于，它拥有很强的学习能力。在得到一个训练集合之后，通过学习，提取到所观察事物的各个部分的特征，通过训练调整网络神经元之间链接的权值，直到顶层的输出得到正确的答案。

人工神经网络是生物神经网络在某种简化意义下的技术复现，作为一门学科，它的主要任务是根据生物神经网络的原理和实际应用的需要建造实用的人工神经网络模型，设计相应的学习算法，模拟人脑的某种智能活动，然后在技术上实现出来用以解决实际问题。

单元三　无监督学习算法

学习目标

知识目标：掌握无监督学习的应用场景；掌握典型聚类算法的实现原理。

能力目标：具备使用无监督学习算法分析应用场景的能力；具备使用聚类算法解决分类问题的能力。

素养目标：培养学生精益求精的大国工匠精神和探索未知、追求真理的责任感和使命感。

一、无监督学习算法的应用场景

1. 推荐系统

音乐软件的个性推荐新歌，网上商城根据用户的浏览行为推荐相关的商品，这种智能推荐采用的是一种聚类算法，它会将爱好相同的用户进行聚类，然后再从有类似爱好的其他用户的历史行为中选取推送一首歌或是某商品。商品推荐如图4-11所示。

通过聚类算法进行用户分类广泛应用于广告投放，系统会发现一些购买行为相似的用户，推荐这类用户最"喜欢"的商品。这个对于广告平台很有意义，不仅能把用户按照性别、年龄、地理位置等维度进行用户细分，还可以通过用户行为对用户进行分类。通过很多维度的用户细分，广告投放可以更有针对性，效果也会更好。比如在电影推荐（见图4-12）中将所有的用户进行分类，然后再将相同类中某一个用户的喜好推荐给其他用户。

图4-11　商品推荐

图4-12　电影推荐

例如有一个按用户评分排列电影的数据集,用户为每部电影打分,分数为 1~10 分(1 分表示最差,10 分表示最好),见表 4-3。

表 4-3 电影用户数据集

用户	Movie1	Movie2	Movie3	Movie4	Movie5	Movie6	Movie7
A	10	10	—	—	9	8	9
B	5	8	8	10	—	—	8
C	—	—	—	5	10	—	—
D	9	—	—	—	10	8	9

根据这个数据集,可以找到对电影有相同偏好的人。例如,考虑用户 A 和 D,根据他们的评分所构成的特征向量,可以发现他们是具有类似的电影品味的同一类人,视为同一个簇类,从表中可以看到用户 A 喜欢看 Movie2,而用户 D 没有看,因此,Movie2 适合推荐给用户 D。

2. 异常数据发现

通过无监督学习,可以快速把行为进行分类,虽然我们不知道这些分类意味着什么,但是通过这种分类,可以快速找出正常的用户,更有针对性地对异常行为进行深入分析。用户聚类如图 4-13 所示。

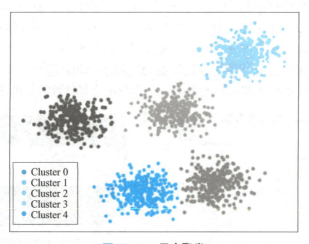

图 4-13 用户聚类

无监督学习在异常数据发现中还有一个经常应用的领域,就是保险反欺诈领域。通过对海量数据共同特征的分析,能够自主地、无须通过外部或人工数据回馈地,对数据进行模式侦测。通过对理赔案件的孤立点或特殊案件进行分析,用这些案件和普遍案件的差异,预测其欺诈风险概率,从而帮助人们更好地判断是否是欺诈。

3. 数据降维

机器学习是一门数据驱动的学习算法,数据集对学习来说至关重要,大型冗余的数据不仅会让模型学习到冗余的信息,还会造成计算成本和训练时间及存储成本的增加,数据降维有助于解决数据集的维度灾难。数据降维就是降低数据特征异常复杂程度,从复杂特征维度中抽取最主要特征用于使用。

二、聚类算法

1. 聚类的定义

聚类（Clustering）是一种将数据点按一定规则分群的机器学习技术。它按照某个特定标准（如距离）把一个数据集分割成不同的类或簇，使得同一个簇内的数据对象的相似性尽可能大，同时不在同一个簇中的数据对象的差异性也尽可能大。也就是说，聚类后同一类的数据尽可能聚集到一起，不同类数据尽量分离。

聚类的重点是把相似的数据划分到一起，具体划分的时候并不关心这一类的标签，目标就是把相似的数据聚合到一起；而分类注重的是把不同的数据划分开，其过程是通过训练数据集获得一个分类器，再通过分类器去预测未知数据属于哪一类。分类是一种监督学习方法，聚类是无监督学习中的一种方法，二者是有区别的。

聚类的一般过程如下。

1）数据准备：特征标准化和降维。
2）特征选择：从最初的特征中选择最有效的特征，并将其存储到向量中。
3）特征提取：通过对选择的特征进行转换形成新的突出特征。
4）聚类：基于某种距离函数进行相似度度量，获取簇。
5）聚类结果评估：分析聚类结果，如距离误差和 SSE 等。

数据聚类方法主要可以分为划分式聚类方法（如 k-means 算法）、高斯混合聚类、基于密度的聚类方法、层次化聚类方法等。

在商业应用上，聚类可以帮助市场分析人员从消费者数据库中区分出不同的消费群体，并且概括出每一类消费者的消费模式或者习惯。它作为数据挖掘中的一个模块，可以作为一个单独的工具以发现数据库中分布的一些深层的信息，并且概括出每一类的特点，或者把注意力放在某一个特定的类上以做进一步的分析；并且，聚类分析也可以作为数据挖掘算法中其他分析算法的一个预处理步骤。

2. k-means 算法

划分式聚类方法需要事先指定簇类的数目或者聚类中心，通过反复迭代，直至最后达到"簇内的点足够近，簇间的点足够远"的目标。经典的划分式聚类方法有 k-means 及其变体 k-means++、bi-kmeans、kernel k-means 等。下面来讲解 k-means 算法的原理。

经典的 k-means 算法的流程如下。

第 1）步：选择 k 个要使用的类/簇，并随机初始化它们各自的中心点（质心）作为簇的中心点。

第 2）步：针对每个数据点，通过计算该点与每个簇中心点之间的距离来进行分类，根据最小距离，将该点分类到对应中心点的簇中。

第 3）步：根据这些已分类的点，重新计算簇中所有向量的均值，以确定新的 k 个中心点。

第 4）步：重复第 2）和第 3）步，进行一定数量的迭代，或者直到簇中心点在迭代过程中变化不大。

假设 $x_i(i=1,2,\cdots,n)$ 是数据点，$\mu_j(j=1,2,\cdots,k)$ 是初始化的数据中心，那么目标函数可以写成

$$\min \sum_{i=1}^{n} \min_{j=1,2,\cdots,k} \|x_i - \mu_j\|^2$$

这个函数是非凸优化函数，会收敛于局部最优解，所以 k-means 算法的一个缺点是从随机选择的簇中心点开始运行，这会导致每一次运行该算法可能产生不同的聚类结果；k-means 算法的另一个缺点是必须手动选择有 k 个簇。

k-means 算法的优势是速度非常快，因为计算的只是数据点和簇中心之间的距离，因此它具有线性的复杂度 $O(n)$。

3．高斯混合模型的期望最大化聚类

k-means 算法的主要缺点之一就是它对于聚类中心平均值的使用太单一，它不能解决这样的数据问题：具有相同均值的数据中心点，却是不同半径长度的两个圆形簇。如图 4 - 14 所示，有两个圆形的聚类，不同的半径以相同的平均值为中心，k-means 算法对此无法处理。相较于 k-means 算法，高斯混合模型（GMM）能处理更多的情况。

使用高斯混合模型做聚类，首先必须假设数据点是呈高斯分布的，这是一个限制较少的假设，而不是用均值来表示它们是圆形的。这样，就可以用两个参数来描述簇的形状，即均值和标准差。以二维为例，这意味着这些簇可以是任何类型的椭圆形。因此，每个高斯分布都被单个簇所指定。为了找到每个簇的高斯参数（例如平均值和标准差），可以使用期望最大化（EM）的优化算法来完成使用高斯混合模型的期望最大化聚类过程。

图 4 - 14　k-means 算法无法解决的情况

算法的流程如下。

第 1）步：首先选择簇的数量 k（如 k-means），然后随机初始化每个簇的高斯分布参数。

第 2）步：给定每个簇的高斯分布，计算每个数据点属于特定簇的概率。一个点越靠近高斯的中心，它越可能属于该簇。

第 3）步：基于这些概率，为高斯分布计算一组新的参数，以最大化簇内数据点的概率，使用数据点位置的加权和来计算这些新参数，其中权重是数据点属于该特定簇的概率。

第 4）步：重复步骤 2）和 3），直到收敛，也就是分布在迭代中基本再无变化。

高斯混合模型方法在聚类协方差上比 k-means 灵活得多，由于使用了标准偏差参数，簇可以呈现任何椭圆形状，而不是被限制为圆形。

4．基于密度的聚类方法

由于划分式聚类算法往往只能发现凸形的聚类簇，为了弥补这一缺陷，发现各种形状的聚类簇，开发出了基于密度的聚类算法。这类算法的思想是：在整个样本空间点中，各目标类簇是由一群稠密样本点组成的，而这些稠密样本点被低密度区域（噪声）分割，目的是要

过滤低密度区域，发现稠密样本点。

基于密度的聚类方法需要定义两个参数 ε 和 M，它们分别表示密度的邻域半径和邻域密度阈值。DBSCAN 就是该类方法中的典型算法。DBSCAN 将簇定义为密度相连的点的最大集合，能够把具有足够高密度的区域划分为簇，并可在噪声的空间数据库中发现任意形状的聚类。

DBSCAN 算法将所有的数据点分为三种：核心点、边界点、噪声点。

假设数据集 $X = \{x^{(1)}, x^{(2)}, \cdots, x^{(n)}\}$，$\varepsilon$ 表示定义密度的邻域半径，设聚类的邻域密度阈值为 M，则有以下定义。

ε 的领域：

$$N_\varepsilon(x) = \{y \in X \mid d(x,y) < \varepsilon\}$$

x 的密度：

$$\rho(x) = |N_\varepsilon(x)|$$

核心点：设 $x \in X$，若 $\rho(x) \geq M$，则称 x 为 X 的核心点，记 X 中所有核心点构成的集合为 X_c，记所有非核心点构成的集合为 X_{nc}。

边界点：若 $x \in X_{nc}$，且 $\exists y \in X$，满足 $y \in N_\varepsilon(x) \cap X_c$，即 x 的 ε 的邻域中存在核心点，则称 x 为 X 的边界点，记 X 中所有的边界点构成的集合为 X_{bd}。

噪声点：若 x 满足 $x \in X$，$x \notin X_c$ 且 $x \notin X_{bd}$，则称 x 为噪声点。

DBSCAN 算法流程如下。

```
标记所有对象为 unvisited
当有标记对象时
        随机选取一个 unvisited 对象 p
        标记 p 为 visited
        如果 p 的 ε 邻域内至少有 M 个对象，则
                创建一个新的簇 C，并把 p 放入 C 中
                设 N 是 p 的 ε 邻域内的集合，对 N 中的每个点 p₀
                        如果点 p₀ 是 unvisited
                                标记 p₀ 为 visited
                                如果 p₀ 的 ε 邻域内至少有 M 个对象，则把这些点添加到 N
                                如果 p₀ 还不是任何簇的成员，则把 p₀ 添加到 C
                保存 C
        否则标记 p 为噪声
```

一般来说，DBSCAN 算法有以下几个特点。

1）需要提前确定 ε 和 M 的值。
2）不需要提前设置聚类的个数。
3）对初值选取敏感，对噪声不敏感。
4）对密度不均的数据聚合效果不好。

基于密度的聚类方法只会关注紧密堆积的点，并认为其他所有点都是噪声。如果一个点

不是核心点，但它是核心点邻域的成员，那么它被认为是边界点，而其他所有点都被认为是噪声。

5．层次化聚类方法

前面介绍的几种算法确实可以在较小的复杂度内获取较好的结果，但是这几种算法却存在一个链式效应的现象。比如，A 与 B 相似，B 与 C 相似，那么在聚类的时候便会将 A、B、C 聚合到一起，但是如果 A 与 C 不相似，就会造成聚类误差，严重的时候这个误差可以一直传递下去。为了降低链式效应，这时候层次聚类就可以很好地发挥作用。此外，如果并不清楚应该分为几类，那么层次聚类也可以很好地解决这个问题。层次聚类会构建一个多层嵌套的分类，形如一个树状结构。

层次聚类算法将数据集划分为一层一层的簇，后面一层生成的簇基于前面一层的结果。层次聚类算法一般分为以下两类。

1）Agglomerative 层次聚类：又称自底向上的层次聚类，每一个对象最开始都是一个簇，每次按一定的准则将最相近的两个簇合并生成一个新的簇，如此往复，直至最终所有的对象都属于一个簇。

2）Divisive 层次聚类：又称自顶向下的层次聚类，最开始所有的对象均属于一个簇，每次按一定的准则将某个簇划分为多个簇，如此往复，直至每个对象均是一个簇。

Agglomerative 层次聚类的算法流程如下。

第1步：首先将每个数据点视为一个单一的簇，即如果数据集中有 x 个数据点，那么就有 x 个簇。然后，选择一个距离度量，来度量两个簇之间距离。比如考虑平均关联度量，它将两个簇之间的距离定义为第一个簇中的数据点与第二个簇中的数据点之间的平均距离。

第2步：在每次迭代中，将两个簇合并成一个簇，选择平均关联值最小的两个簇进行合并。根据选择的距离度量，这两个簇之间的距离最小，因此是最相似的，所以应该合并。

第3步：重复步骤2，直到到达树的根，即只有一个包含所有数据点的簇。通过这种方式，可以选择最终需要多少个簇。方法就是选择何时停止合并簇，即停止构建树。

层次聚类不需要指定簇的数量，甚至可以在构建树的同时，选择一个看起来效果最好的簇的数量。

层次聚类的过程如图 4-15 所示。

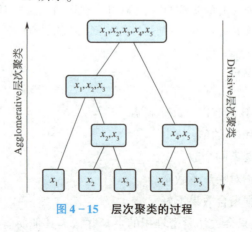

图 4-15　层次聚类的过程

单元四　机器学习算法的正则化

学习目标

知识目标：掌握机器学习算法的正则化方法。

能力目标：具备对机器学习算法进行正则化处理的能力。

素质目标：培养学生的逻辑分析能力与创新思维。

一、需要正则化的原因

1. 训练数据需要约束

机器学习算法的目标是希望使用训练数据得出的模型能够在测试数据上有良好的效果，也就是训练出的模型能更接近真实的情况。但是这个目标并不那么容易实现。在现实中，想要观察到数据的全貌往往是不可能的，因此就造成了训练数据集和测试数据集的分布不一致。如图 4-16 所示，在创建分类器时，选择训练数据集 1（Training Set1）和训练数据集 2（Training Set2）可以得到不同的分类器，在对未知数据进行预测时可能得不到正确的分类结果。造成以上情况的主要原因是在现实中训练数据往往和真实数据的分布是有差距的，因此采用某些方法对于训练数据进行约束是非常有必要的。

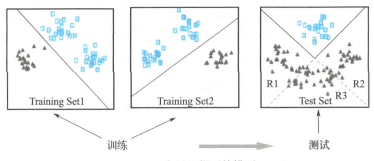

图 4-16　两次训练得到的模型不同

2. 欠拟合或者过拟合

机器学习的基本问题是利用模型对数据进行拟合，学习的目的并非是对有限训练集进行正确预测，而是能够对未曾在训练集合出现的样本进行正确预测。模型对训练集数据的误差称为经验误差，对测试集数据的误差称为泛化误差。模型对训练集以外样本的预测能力就称为模型的泛化能力，追求这种泛化能力始终是机器学习的目标。泛化能力强的模型才是好模型。

对于训练好的模型，若在训练集表现差，在测试集表现同样会很差，这可能是欠拟合导致的。欠拟合是指模型拟合程度不高，数据距离拟合曲线较远，或指模型没有很好地捕捉到数据特征，不能够很好地拟合数据。在欠拟合情况下，通过训练获得的模型复杂度低，模型在训练集上就表现很差，没学习到数据背后的规律。图 4-17a 就是欠拟合，样本分类后具有较大的误差且泛化性不强；图 4-17b 为正拟合，它能够正确地对样本进行分类并且具有较好的泛化性。

过拟合是指训练误差和测试误差之间的差距太大。换句话说，就是模型复杂度高于实际问题，模型在训练集上表现很好，但在测试集上却表现很差。模型对训练集"死记硬背"，记住了不适用于测试集的训练集性质或特征，没有理解数据背后的规律，泛化能力差。过拟合的问题通常发生在变量（特征）过多的时候，这种情况下训练出的方程总是能很好地拟合训练数据，但是这样的曲线千方百计地去拟合训练数据，就会导致它无法泛化到新的数据样本中。图 4-17c 就是过拟合。它创建的分类器只适合于自己这个测试用例，对需要分类的真实样本数据而言，泛化性不强。

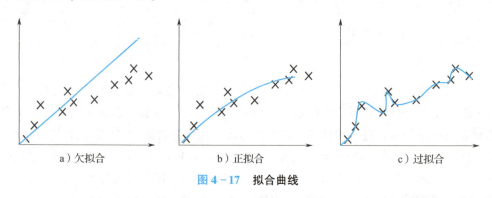

a) 欠拟合　　　　　　b) 正拟合　　　　　　c) 过拟合

图 4-17　拟合曲线

过拟合和欠拟合是导致模型泛化能力不高的两种常见原因，都是模型学习能力与数据复杂度之间失配的结果。"欠拟合"常常在模型学习能力较弱，而数据复杂度较高的情况出现，此时模型由于学习能力不足，无法学习到数据集中的"一般规律"，因而导致泛化能力弱。与之相反，"过拟合"常常在模型学习能力过强的情况中出现，此时的模型学习能力太强，以至于对训练集单个样本自身的特点都能捕捉到，并将其认为是"一般规律"，同样这种情况也会导致模型泛化能力下降。过拟合和欠拟合是所有机器学习算法都要考虑的问题，需要采取一些方法来避免这种现象，正则化就是其中一种比较优秀的方法。

二、正则化的方法

简单来说，正则化就是一种为了减小测试误差的行为。在构造机器学习模型时，最终目的是让模型在面对新数据的时候可以有很好的表现。当使用比较复杂的模型比如神经网络去拟合数据时，很容易出现过拟合现象，这会导致模型的泛化能力下降，这时候，就需要使用正则化，降低模型的复杂度。正则化主要包括 L1 正则化和 L2 正则化方法。

1. L1 正则化

L1 正则化是在原始的损失函数后面加上一个 L1 正则化项，即权值 w 绝对值的和除以 n。L1 正则化公式为

$$L = L_0 + \frac{1}{n} \sum_i^n |w_i|$$

当权值为正时，更新后权值变小；当权值为负时，更新后权值变大。因此 L1 正则化的目的是让权值趋近于 0，使得神经网络的权值尽可能小，也就相当于减小了网络的复杂度，防止了过拟合。

L1 正则化会产生稀疏解，具有一定的特征选择能力，对求解高维特征空间比较有用。在实际应用中，一般使用 L2 正则化，因为 L2 正则化主要是为了防止过拟合。

2. L2 正则化

L2 正则化就是在损失函数后面加上 L2 正则化项，公式为

$$L = L_0 + \frac{\lambda}{2n}\sum_{i}^{n} w_i^2$$

其中 L_0 为原始损失函数；后面部分为 L2 正则化项。L2 正则化项为所有权值的平方和除以训练集中的样本大小。$n,\lambda \in \mathrm{R}$ 是引入的正则化项系数，用来调节正则项和原始损失值 L_0 的比重。1/2 也是引入的正则化系数，可以使后面求导的结果容易计算。L2 正则化就是用来减小特征的权值 w 的，学术上称之为权重衰减。

L2 正则化确实能够让权值变得更小，它能防止过拟合主要因为使用更小的权值表示神经网络，从而使得神经网络的复杂度更低、网络参数更小，这样模型会相对简单，越简单的模型引起过度拟合的可能性越小。

实训四　KNN 的实现与应用——改进约会网站的配对效果

一、问题描述

为了提高给海伦女士匹配约会对象的成功率，收集了各位男士的以下三种信息。

1）每年的飞行里程数。

2）玩游戏所耗时间百分比。

3）每周消费的冰淇淋公升数。

她把这些数据存放在文本文件 datingTestSet2. txt 中，每个样本数据占据一行，总共有 1000 行。数据格式如图 4－18 所示，数据文件可在配套资源中下载。

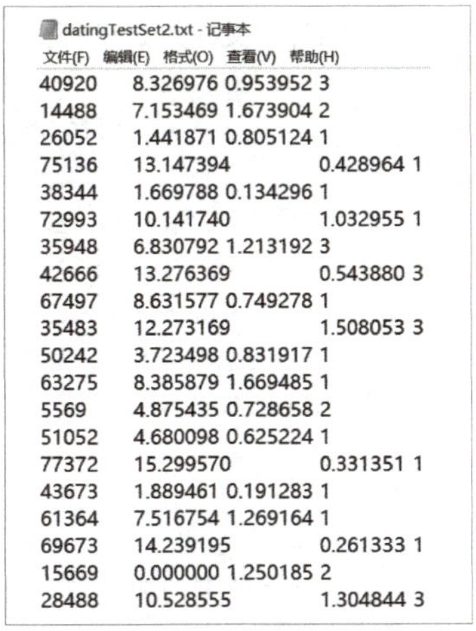

```
datingTestSet2.txt - 记事本
文件(F) 编辑(E) 格式(O) 查看(V) 帮助(H)
40920	8.326976	0.953952	3
14488	7.153469	1.673904	2
26052	1.441871	0.805124	1
75136	13.147394	0.428964	1
38344	1.669788	0.134296	1
72993	10.141740	1.032955	1
35948	6.830792	1.213192	3
42666	13.276369	0.543880	3
67497	8.631577	0.749278	1
35483	12.273169	1.508053	3
50242	3.723498	0.831917	1
63275	8.385879	1.669485	1
5569	4.875435	0.728658	2
51052	4.680098	0.625224	1
77372	15.299570	0.331351	1
43673	1.889461	0.191283	1
61364	7.516754	1.269164	1
69673	14.239195	0.261333	1
15669	0.000000	1.250185	2
28488	10.528555	1.304844	3
```

图 4－18　数据格式

二、思路描述

读取 datingTestSet2. txt 文件中的数据，利用 k 近邻算法对数据进行分类，最后利用测试数据进行测试。

三、解决步骤

1）收集数据：提供文本文件。

2）准备数据：使用 Python 解析文本文件。

3）分析数据：使用 Matplotlib 画二维扩散图。

4）测试算法：使用海伦提供的部分数据作为测试样本。

测试样本和非测试样本的区别在于，测试样本是已经完成分类的数据，如果预测分类与实际类别不同，则标记为一个错误。

这里的分类器需要用到的算法是 k 近邻算法，k 近邻算法是将每组数据划分到某个类中。对未知类别属性的数据集中的每个点依次执行以下操作：

1）计算已知类别数据集中的点与当前点之间的距离。

2）按照距离递增次序排序。

3）选取与当前点距离最小的 k 个点。

4）确定前 k 个点所在类别的出现频率。

5）返回前 k 个点出现频率最高的类别作为当前点的预测分类。

Python 代码如下：

```python
from numpy import *
import operator
import matplotlib.pyplot as plt
#1.准备数据
#将文本记录转化成 numpy 的解析程序
def file2matrix(filename):
    #得到文件行数
    fr = open(filename)
    arrayOLines = fr.readlines()
    numberOfLines = len(arrayOLines)
    #返回创建的 numpy 库
    returnMax = zeros((numberOfLines,3))
    classLabelVector = []
    index = 0
    #解析文件数据到列表
    for line in arrayOLines:
        line = line.strip()
        listFromLine = line.split('\t')
        returnMax[index,:] = listFromLine[0:3]
        classLabelVector.append(int(listFromLine[-1]))
        index += 1
    return returnMax,classLabelVector
datingDataMat,datingLabels = file2matrix('datingTestSet2.txt')
print(datingDataMat)
print(datingLabels)
#2.分析数据
#制作原始数据的散点图
fig = plt.figure()
ax = fig.add_subplot(111)
#没有样本标签的散点图
#plt.scatter(datingDataMat[:,1],datingDataMat[:,2])
```

```python
#带有样本标签的散点图
plt.scatter(datingDataMat[:,1],datingDataMat[:,2],15.0*array(datingLabels),15.0*array(datingLabels))
plt.show()
#3.使用k近邻算法进行分类
#k近邻算法
def classify0(inX,dataSet,labels,k):
    #计算距离
    dataSetSize=dataSet.shape[0]
    diffMat=tile(inX,(dataSetSize,1))-dataSet
    sqDiffMat=diffMat**2
    sqDistances=sqDiffMat.sum(axis=1)
    distances=sqDistances**0.5
    sortedDistIndicies=distances.argsort()
    classCount={}
    #选择距离最小的k个点
    for i in range(k):
        voteIlabels=labels[sortedDistIndicies[i]]
        classCount[voteIlabels]=classCount.get(voteIlabels,0)+1
sortedClassCount=sorted(classCount.items(),key=operator.itemgetter(1),reverse=True)
    return sortedClassCount[0][0]

#归一化特征值
def autoNorm(dataSet):
minVals=dataSet.min(0)
maxVals=dataSet.max(0)
ranges=maxVals-minVals
normDataSet=zeros(shape(dataSet))
m=dataSet.shape[0]
normDataSet=dataSet-tile(minVals,(m,1))
normDataSet=normDataSet/tile(ranges,(m,1))
return normDataSet,ranges,minVals
#4.测试算法
def datingClassTest():
    hoRatio=0.10
    datingDataMat,datingLabels=file2matrix('datingTestSet2.txt')
    normMat,ranges,minVals=autoNorm(datingDataMat)
    m=normMat.shape[0]
    numTestVecs=int(m*hoRatio)
    errorCount=0.0
    for i in range(numTestVecs):
        classifierResult=classify0(normMat[i,:],normMat[numTestVecs:m,:],datingLabels[numTestVecs:m],3)

        print("the classifier came back with:%d,the real answer is:%d"%(classifierResult,datingLabels[i]))
        if(classifierResult!=datingLabels[i]):
            errorCount+=1.0
    print("the total error rate is:%f"%(errorCount/float(numTestVecs)))
```

```
#约会网站预测函数
def classfyPerson():
    resultList = ['一点也不喜欢','一点点喜欢','喜欢']
    gameTime = float(input("玩视频游戏时间百分比:"))
    yearMile = float(input("每年获得的飞行常客里程数:"))
    iceCream = float(input("每周消耗的冰淇淋公升数:"))
    datingDataMat,datingLabels = file2matrix('datingTestSet2.txt')
    normMat, ranges, minVals = autoNorm(datingDataMat)
    inArr = array([yearMile,gameTime,iceCream])
    classifierResult = classify0((inArr-minVals)/ranges,normMat,datingLabels,3)
    print("你喜欢这个人的程度:",resultList[classifierResult-1])

#主程序函数调用
datingClassTest()
print()
classfyPerson()
print()
```

四、实训结果

实训结果如图 4-19 ~ 图 4-21 所示。

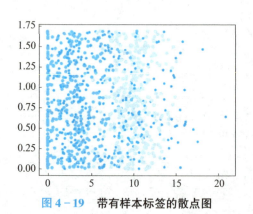

图 4-19 带有样本标签的散点图

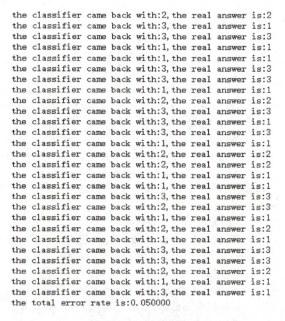

图 4-20 分类结果

图 4-21 测试结果

五、实训总结

KNN 是分类算法中比较简单且有效的算法。

知识技能拓展：迁移学习

一、迁移学习的定义

迁移学习（Transfer Learning，TL）对于人类来说，就是举一反三的学习能力。比如学会骑自行车后，学骑摩托车就很简单了；在学会打羽毛球之后，再学打网球也就没那么难了。对于计算机而言，所谓迁移学习，就是能让现有的模型算法稍加调整即可应用于一个新的领域或具有新功能的一项技术。

迁移学习是一种机器学习方法，就是把为任务 A 开发的模型作为初始点，重新使用在为任务 B 开发模型的过程中。

在计算机视觉任务和自然语言处理任务中，将预训练的模型作为新模型的起点是一种常用的方法。通常这些预训练的模型在开发神经网络的时候已经消耗了巨大的时间资源和计算资源，迁移学习可以将已习得的强大技能迁移到相关的问题上。

迁移学习在某些深度学习问题中是非常受欢迎的，例如在具有大量训练深度模型所需的资源或者具有大量的用来预训练模型的数据集的情况。

香港科技大学的杨强教授在机器之心 GMIS 大会中回顾 AlphaGo 和柯洁的围棋大战时曾说，AlphaGo 看上去好像是无懈可击的，而我们如果从机器学习的角度来看，它还是有弱点的，而且这个弱点还很严重。这个弱点就是，AlphaGo 不能像人类一样有迁移学习的能力。它不能在学会围棋后，迁移到拥有下象棋的能力，这一局限性需要迁移学习来攻破。迁移学习可以帮助我们透过现象抓住问题的共性，巧妙地处理新遇到的问题。

传统机器学习通常有两个基本假设，即训练样本与测试样本满足独立同分布的假设和必须有足够可利用的训练样本假设。然而，现实生活中这两个基本假设往往难以满足。比如，股票数据的时效性通常很强，利用上个月数据训练出来的模型，往往很难顺利地运用到下个月的预测中去；再如，公司开设新业务，但愁于没有足够的数据建立模型用以用户推荐。近年来，在机器学习领域受到广泛关注的迁移学习恰恰解决了这两个问题。迁移学习用已有的知识来解决目标领域中仅有少量标注样本数据，甚至没有数据的学习问题，从根本上放宽了传统机器学习的基本假设。由于被赋予了人类特有的举一反三的智慧，迁移学习能够将适用于大数据的模型迁移到小数据上，发现问题的共性，从而将通用的模型迁移到个性化的数据上，实现个性化迁移。

迁移学习的一般化定义如下。

条件：给定一个源域 D_s 和源域上的学习任务 T_s，目标域 D_t 和目标域上的学习任务 T_t。

目标：用 D_s 和 T_s 学习目标域上的预测函数 f。

限制条件：$D_s \neq D_t$，$T_s \neq T_t$。

二、迁移学习的分类

（1）按特征空间分
同构迁移学习：源域和目标域的特征空间相同。
异构迁移学习：源域和目标域的特征空间不同。
（2）按迁移情景分
归纳式迁移学习：源域和目标域的学习任务不同。
直推式迁移学习：源域和目标域不同，但学习任务相同。
无监督迁移学习：源域和目标域均没有标注。

三、迁移学习的基本方法

（1）样本迁移
在源域中找到与目标域相似的数据，对这个数据的权值进行调整，使得新的数据与目标域的数据可以进行匹配。此方法的优点是方法简单，实现容易；缺点在于权重的选择与相似度的度量依赖经验，且源域与目标域的数据分布往往不同。

（2）特征迁移
假设源域和目标域含有一些共同的交叉特征，通过特征变换，将源域和目标域的特征变换到相同空间，使得该空间中源域数据与目标域数据具有相同分布的数据分布，然后进行传统的机器学习。此方法的优点是对大多数方法适用，效果较好；缺点在于特征变换不容易求解。

（3）模型迁移
假设源域和目标域共享模型参数，即将之前在源域中通过大量数据训练好的模型应用到目标域上进行预测，比如利用上千万幅图像来训练好的一个图像识别系统，当遇到一个新的图像领域问题的时候，就不用再去找几千万幅图像来训练了，只需把原来训练好的模型迁移到新的领域，在新的领域往往只需几万张图片就可以得到很高的精度。此方法的优点是可以充分利用模型之间存在的相似性；缺点在于，模型参数不易收敛。

（4）关系迁移
假设两个域是相似的，那么它们之间会共享某种相似关系，可将源域中逻辑网络关系应用到目标域上来进行迁移，比如生物病毒传播到计算机病毒传播的迁移。

四、迁移学习的理论研究价值

（1）解决标注数据的稀缺性
大数据时代亿万级别规模的数据导致数据的统计异构性、标注缺失问题越来越严重。标注数据缺失会导致传统监督学习出现严重过拟合问题。目前，解决数据稀缺性的方法有传统半监督学习、协同训练、主动学习等，但这些方法都要求目标域中存在一定程度的标注数据。

而在标注数据稀缺的情况下，额外获取人工标注数据的代价太大。这时就需要迁移学习来辅助提高目标领域的学习效果。

（2）非平稳泛化误差分享

经典统计学习理论给出了独立同分布条件下模型的泛化误差上界保证。而在非平稳环境（不同数据域不服从独立同分布假设）中，传统机器学习理论不再成立，这给对异构数据的分析与挖掘带来了理论风险。从广义上看，迁移学习可以看作是传统机器学习在非平稳环境下的推广。因此在非平稳环境下，迁移学习是对经典机器学习的一个重要理论补充。

五、迁移学习的实际应用

目前，迁移学习主要应用于机械臂的训练。在真实的机器人上训练模型太慢，而且非常昂贵，解决办法是先进行模拟学习，将模拟学习学到的知识迁移到现实世界的机器人训练中。这里源域和目标域之间的特征空间是相同的。

模块五 神经网络

随着神经科学、认知科学的发展,人们逐渐意识到人类的智能行为都和大脑活动有关。人类大脑是一个可以产生意识、思想和情感的器官。受到人脑神经系统的启发,早期的神经科学家构造了一种模仿人脑神经系统的数学模型,被称为人工神经网络,简称神经网络(Neural Network)。在机器学习领域,神经网络是指由很多人工神经元构成的网络结构模型,这些人工神经元之间的连接强度是可学习的参数。

单元一 从生物神经网络到人工神经网络

学习目标

知识目标:熟悉神经网络的概念与发展历史;掌握神经网络的结构。

能力目标:能够认识并区分神经元模型、感知器模型和多层感知器模型的结构。

素养目标:培养学生人工智能神经网络领域的理论素养;培养学生循序渐进的科学学习方法。

一、神经元模型

1. 生物神经元模型

人脑是自然界造就的最高级产物。人的思维是由人脑来完成的,而思维是人类智能的集中体现。人的思维可概括为逻辑思维和形象思维两种,前者主要由左脑掌管,后者则由右脑负责。

人脑由一种最基本的单位——神经细胞组成,神经细胞又称为神经元(Neurous)。神经元是一种特殊的细胞,人脑中大约有 900 亿个神经元,单个神经元细胞有很多的树突,一般还有一根很长的轴突,轴突边缘有突触,如图 5-1 所示。神经元的突触会和其他神经元的树突连接在一起,从而形成庞大的生物神经网络。

细胞体除细胞核外,还有线粒体、高尔基体、

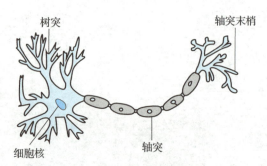

图 5-1 生物学上的神经元结构

尼氏体等。尼氏体呈颗粒状，是糙面内质网和游离核糖体的混合物，神经元的各种蛋白质都是在这里合成的。

神经元伸出的突起分为两种，即树突和轴突。树突短而多分支，每支可再分支，尼氏体可深入树突中，树突和细胞体的表膜都有接受刺激的功能。它们的表面富有小棘状突起，是与其他神经元的轴突相连之处。轴突和树突在形态和功能上都不相同。每一个神经元一般只有一个轴突，从细胞体的一个凸出部分伸出。轴突不含尼氏体，轴突表面也无棘状突起。轴突一般都比树突长，其功能是把从树突和细胞表面传入细胞体的神经冲动传到其他神经元或效应器。所以，树突是传入纤维，轴突是传出纤维。

有些神经元有一个轴突和一个树突，称为两级神经元；有些神经元有一个轴突和多个树突，称为多级神经元；还有些神经元只有一条纤维，称为单级神经元。

神经元细胞一般有两种状态，即兴奋状态和抑制状态。一般情况下，大多数的神经元是处于抑制状态的，但是一旦某个神经元受到刺激，导致它的电位超过一个阈值，那么这个神经元就会被激活，处于兴奋状态。当神经细胞处于兴奋状态时，会发出电脉冲，电脉冲会沿着轴突末梢传递到其他神经元。

2. 人工神经元模型

人工神经网络是通过模仿生物神经网络行为特征，进行信息处理的算法数学模型，是对生物神经网络的抽象、简化和模拟。这种网络依靠系统的复杂程度，通过调整内部大量结点之间相互连接的关系，从而达到处理信息的目的。

同生物神经网络系统类似，人工神经网络也是以人工神经元为基本单元构成的。人工神经元是模拟生物神经元的数学模型，是人工神经网络的基本处理单元。

1943年，麦卡洛克（McCulloch）和皮茨（Pitts）将生物的神经元结构用一种简单的模型进行了表示，构成了一种人工神经元模型，就是现在经常用到的"M–P模型"，如图5–2所示。

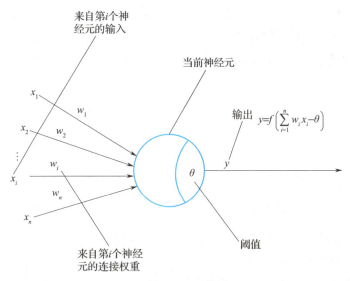

图5–2　M–P模型

在这个模型中，神经元接收到来自某个其他神经元传递过来的输入信号 $x_1, x_2, \cdots, x_n$，这些输入信号通过带权重（$w_1, w_2, \cdots, w_n$）的连接进行传递，神经元接收到的总输入值将与神经元的阈值 θ 进行比较，然后通过"激活函数"（Activation Function）处理，以产生神经元的输出 y。

$$y = f\left(\sum_{i=1}^{n} w_i x_i - \theta\right)$$

理想的神经元激活函数是图 5-3 所示的阶跃函数，它将输入值映射为输出 0 或 1，显然 1 对应于神经元的兴奋状态，0 对应于神经元的抑制状态。但是，阶跃函数具有不连续、不光滑等性质。

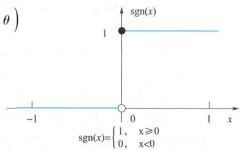

图 5-3　理想的神经元激活函数

二、感知器模型

在众多的神经网络结构中，最简单的是感知器神经网络。感知器（Perception）神经网络激活函数采用的是阈值函数，输出只具有两个状态。它是美国学者罗森布拉特（Rosenblatt）等人于 1957 年在 M-P 模型和 Hebb 学习规则的基础上提出来的，可以说是最早的神经网络模型。它包括单层感知器和多层感知器。

通过对网络权值和偏差进行训练，可以使单层感知器在一组输入下获得 0 或 1 的目标响应。正是由于有这个特点，单层感知器神经网络特别适合于简单的模式分类问题，但是通常也只能用来实现线性可分的两类模式识别。

单层感知器也被称为单层的人工神经网络，以区别于较复杂的多层感知器。单层感知器模仿神经细胞，也由输入层（Input）、触发层（激活函数）、传导层和输出层（Output）组成，如图 5-4 所示。同样，将感知器堆叠起来就成了神经网络。不同的是，神经细胞远强大于人工建模的感知器，神经细胞对复杂电信号进行处理，在受到刺激的情况下还会生长成新的神经细胞，构成新的回路。因此人工感知器只是对神经细胞的简单模拟而已。

图 5-5 给出了一个单层感知器的模型。图中，$x_1 \sim x_n$ 为输入，可以看作"树突"；$w_1 \sim w_n$ 为权重；b 为偏置；f 为激活函数，可以看作"细胞核"；y 为输出可以看作"轴突"。

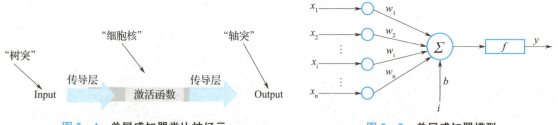

图 5-4　单层感知器类比神经元　　　　图 5-5　单层感知器模型

激活函数有很多种，比较常见的是 ReLU 函数。感知器的输出可表示为 $y = f(w \cdot x + b)$。

感知器由两层神经元组成，如图 5-5 所示，输入层接收外界输入信号后传递给输出层，输出层是 M-P 神经元，也称"阈值逻辑单元"（Threshold Logic Unit）。

感知器能容易地实现逻辑与、或、非运算。

（1）实现逻辑与运算

$$x_1, x_2 \in \{0, 1\}$$
$$y = (x_1 \text{ AND } x_2) = 0$$

感知器如图 5-6 所示。输出 $h_\theta(x) = h\left(\sum_i w_i x_i - \theta\right)$，$h$ 为 Sigmoid 激活函数，θ 为偏置。令 $w_1 = w_2 = 20$，$\theta = 30$，则 $h_\theta(x) = h(20x_1 + 20x_2 - 30)$，结果见表 5-1。

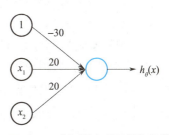

图 5-6　感知器实现逻辑与运算

表 5-1　逻辑与运算

x_1	x_2	$h_\theta(x)$
0	0	$h(-30) \approx 0$
0	1	$h(-10) \approx 0$
1	0	$h(-10) \approx 0$
1	1	$h(10) \approx 1$

（2）实现逻辑非运算

$$x_1 \in \{0\}$$
$$y = \text{NOT } x_1 = 1$$

感知器如图 5-7 所示。输出 $h_\theta(x) = h\left(\sum_i w_i x_i - \theta\right)$，$h$ 为 Sigmoid 激活函数，θ 为偏置。令 $w_1 = -20$，$\theta = -10$，则 $h_\theta(x) = h(-20x_1 + 10)$，结果见表 5-2。

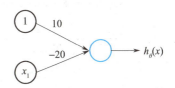

图 5-7　感知器实现逻辑非运算

表 5-2　逻辑非运算

x_1	$h_\theta(x)$
0	$h(10) \approx 1$
1	$h(-10) \approx 0$

（3）实现逻辑同或门运算

$$y = x_1 \text{ XNOR } x_2$$

图 5-8 所示是一个同或门函数，○和×分别代表了数据集的两个类别。如果是一个神经元，输出表达式为 $h_\theta(x) = h(\theta^1_{10} x_0 + \theta^1_{11} x_1 + \theta^1_{12} x_2)$，结果见表 5-3。它的决策边界是线性的，无法用一条直线将○和×分开。

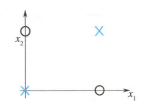

图 5-8　逻辑同或门运算结果

表 5-3　逻辑同或门运算

x_1	x_2	$x_1 \text{ XNOR } x_2$
0	0	1
0	1	0
1	0	0
1	1	1

需要注意的是,单层感知器只对输入层神经元进行激活函数处理,即只拥有一层功能神经元,其学习能力是非常有效的。事实上,上述与、非问题都是线性可分的问题。可以证明,若两类模式是线性可分的,即存在一个线性超平面能将它们分开,则单层感知器的学习过程一定会收敛而求得适当的权向量 $w = (w_1, w_2, w_3, \cdots, w_n)$(其中 $w_{n+1} = w_n + x_n$);否则,单层感知器学习过程将会发生振荡,w 难以稳定下来,不能求得合适解,例如单层感知器不能解决如图 5-8 所示的同或门这样简单的非线性可分问题。

三、多层感知器模型

虽然无法利用单层神经元完成同或门逻辑运算,但是可以利用前面的其他简单门运算,组合构成一个神经网络来完成。将 x_1 AND x_2 的运算结果作为第二层第一个元素 a_1^2,再将(NOT x_1)AND(NOT x_2)的运算结果作为第二层第二个元素 a_2^2,最后进行 x_1 OR x_2 运算,作为第三层输出结果,如图 5-9 所示。得到的同或门结果见表 5-4。

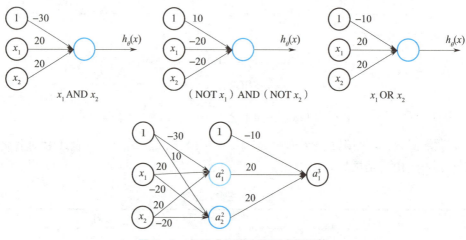

图 5-9 多层感知器实现同或门运算

表 5-4 同或门运算

x_1	x_2	a_1^2	a_2^2	a_1^3
0	0	0	1	1
0	1	0	0	0
1	0	0	0	0
1	1	1	0	1

上述就是多层感知器。例如图 5-9 中最后一个图就是用两层感知器来解决同或门问题。在图 5-9 中,输出层与输入层之间的一层神经元,被称为隐层或隐藏层(Hidden Layer),隐藏层和输出层神经元都是拥有激活函数的功能神经元。

常见的神经网络是图 5-10 所示的层级结构(其中,a_i^j = 第 j 层第 i 个激活单元;$\theta^{(j)}$ 为第 j 层到第 $j+1$ 层之间的权重矩阵),每层神经元与下一层神经元全互连,神经元之间不存在同层连接,也不存在跨层连接,在训练过程中没有反馈信号,在运算过程中数据只能向前传送,直到到达输出层,层间没有向后的反馈信号,这样的神经网络结构通常称为"多层前馈神经网络"（Multi-layer Feedforword Neural Network）。感知器与BP（Back Propagation）神经网络属于前馈神经网络。其中，输入层接收外界输入，常用的输入形式为向量；隐藏层与输出层神经元对信号进行加工，最终结果由输出层神经元输出。换言之，输入层神经元仅是接收输入，不进行函数处理，隐藏层与输出层包含功能神经元。在网络结构中，包含隐藏层的就可以被称为多层网络。神经网络的学习过程就是根据训练数据来调整神经元之间的"连接权"（Connection Weight），以及每个功能神经元的阈值。换言之，神经网络"学"到的东西蕴含在连接权与阈值中。

一般情况下，会为人工神经网络添加偏置神经元，如图 5–11 所示。

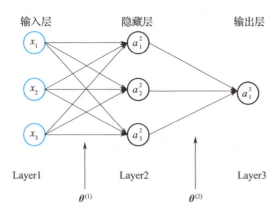

图 5–10 人工神经网络结构

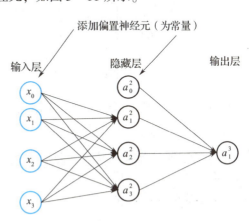

图 5–11 添加偏置神经元的人工神经网络

图 5–11 所示的神经网络的数学表达式为

$$a_1^2 = h(\theta_{10}^1 x_0 + \theta_{11}^1 x_1 + \theta_{12}^1 x_2 + \theta_{13}^1 x_3)$$
$$a_2^2 = h(\theta_{20}^1 x_0 + \theta_{21}^1 x_1 + \theta_{22}^1 x_2 + \theta_{23}^1 x_3)$$
$$a_3^2 = h(\theta_{30}^1 x_0 + \theta_{31}^1 x_1 + \theta_{32}^1 x_2 + \theta_{33}^1 x_3)$$
$$a_1^3 = h(\theta_{10}^1 a_1^2 + \theta_{11}^2 a_2^2 + \theta_{12}^2 a_3^2 + a_0^2)$$

其中，激活函数为 Sigmoid 函数

$$h_\theta(x) = \frac{1}{1 + e^{-\theta^T x}}$$

神经网络的数学向量表达式为：
令

$$z_1^2 = (\theta_{10}^1 x_0 + \theta_{11}^1 x_1 + \theta_{12}^1 x_2 + \theta_{13}^1 x_3)$$
$$z_2^2 = (\theta_{20}^1 x_0 + \theta_{21}^1 x_1 + \theta_{22}^1 x_2 + \theta_{23}^1 x_3)$$
$$z_3^2 = (\theta_{30}^1 x_0 + \theta_{31}^1 x_1 + \theta_{32}^1 x_2 + \theta_{33}^1 x_3)$$

则

$$a_1^2 = h(z_1^2)$$
$$a_2^2 = h(z_2^2)$$
$$a_3^2 = h(z_2^2)$$

向量表示为

$$X = \begin{bmatrix} x_0 \\ x_1 \\ x_2 \\ x_3 \end{bmatrix} \quad Z^{(2)} = \begin{bmatrix} Z_1^2 \\ Z_2^2 \\ Z_3^2 \end{bmatrix} = \boldsymbol{\theta}^{(1)} X$$

将输入与输出关系做一个统一，即 $X = \boldsymbol{a}^{(1)}$，即可得到

$$\boldsymbol{a}^{(1)} = \begin{bmatrix} a_0^1 \\ a_1^1 \\ a_2^1 \\ a_3^1 \end{bmatrix} \quad Z^{(2)} = \begin{bmatrix} Z_1^2 \\ Z_2^2 \\ Z_3^2 \end{bmatrix} = \boldsymbol{\theta}^{(1)} \boldsymbol{a}^{(1)} \rightarrow Z^{(j)} = \boldsymbol{\theta}^{(j-1)} \boldsymbol{a}^{(j-1)}$$

通过上面的推导，可以得到一个结论：假设一个网络里面在第 j 层有 n_j 个神经单元，在第 $j+1$ 层有 n_{j+1} 个神经单元，那么 $\boldsymbol{\theta}^{(j)}$ 则表示第 j 层到第 $j+1$ 层的映射权重矩阵，矩阵的维度为 $n_{j+1} \times n_j$ 维。因此，上一层的输出为 $\boldsymbol{a}^{(j)} = h(Z^{(j)})$；下一层的输出为 $Z^{(j+1)} = \boldsymbol{\theta}^{(j)} \boldsymbol{a}^{(j)}$，$h_\theta(x) = \boldsymbol{a}^{(j+1)} = h(Z^{(j+1)})$。

单元二　神经网络的训练

学习目标

知识目标：熟悉神经网络的训练方法；掌握神经网络的常用激活函数；熟悉神经网络的优化方法；掌握反向传播算法的原理及实现。

能力目标：能够训练神经网络，并能够对神经网络进行优化。

素养目标：培养学生人工智能神经网络领域的理论素养；理解"事物发展是前进性和曲折性相统一"的原理。

人工神经网络具有自学习和自适应的能力，可以通过预先提供的一批相互对应的输入与输出数据，分析并掌握两者之间潜在的规律，最终根据这些规律，用新的输入数据推算出输出结果，这种学习分析的过程被称为"训练"。典型神经网络的训练步骤如图 5-12 所示。

神经网络的训练通常分为两个阶段：第一阶段先通过前向传播算法计算得到预测值，并计算预测值与真实值之间的误差

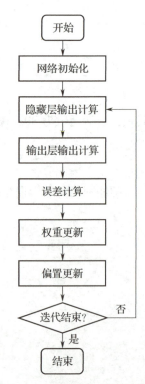

图 5-12　神经网络的训练步骤

(该误差也称为损失函数);第二阶段通过反向传播算法计算损失函数对每一个参数的梯度,使用合适的梯度下降算法对参数进行更新,直到输出满足误差要求,训练结束。如果输入为向量,向量的多个分量互相独立,那么方法和上面的类似。

前向传播是指从输入层向输出层,一层层进行传播,将上一层的输出,作为下一层的输入,直到运算到输出层为止。以图 5-13 所示的神经网络结构为例进行前向传播运算。

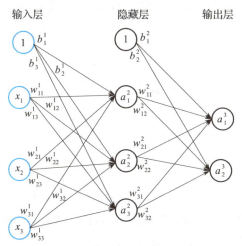

图 5-13 前向传播算法

对隐藏层有

$$a_1^2 = h(z_1^2) = h(w_{11}^1 x_1 + w_{21}^1 x_2 + w_{31}^1 x_3 + b_1^1)$$
$$a_2^2 = h(z_2^2) = h(w_{12}^1 x_1 + w_{22}^1 x_2 + w_{32}^1 x_3 + b_2^1)$$
$$a_3^2 = h(z_3^2) = h(w_{13}^1 x_1 + w_{23}^1 x_2 + w_{33}^1 x_3 + b_3^1)$$

对输出层有

$$a_1^3 = h(z_1^3) = h(w_{11}^2 x_1 + w_{21}^2 x_2 + w_{31}^2 x_3 + b_1^2)$$
$$a_2^3 = h(z_2^3) = h(w_{12}^2 x_1 + w_{22}^2 x_2 + w_{32}^2 x_3 + b_2^2)$$

其中,h 为 Sigmoid 函数。

编程时,使用的是向量表示法。向量表示法为

$$\boldsymbol{a}^{(2)} = h(\boldsymbol{W}^{(1)} \cdot \boldsymbol{X})$$
$$\boldsymbol{a}^{(3)} = h(\boldsymbol{W}^{(2)} \cdot \boldsymbol{a}^{(2)})$$

通过前向传播得到输出层结果 $\boldsymbol{a}^{(3)}$ 向量,之后就需要使用损失函数来度量模型预测值与真实标签之间的损失。

一、常用的激活函数

在多层神经网络中,上层节点的输出和下层节点的输入之间具有一个函数关系,这个函数称为激活函数(又称激励函数)。引入非线性函数作为激活函数,这样深层神经网络表达能力会更加强大,不单是输入的线性组合,而是任意逼近函数。并非所有的函数都可以作为激活函数,激活函数需要具备以下几个性质。

1)连续并可导(允许少数点上不可导)的非线性函数。可导的激活函数可以直接利用数

值优化的方法来学习网络参数。当激活函数是非线性函数时，神经网络就可以逼近绝大多数函数。但是如果激活函数是线性的，则只能学习简单的线性关系，无法去学习复杂的非线性关系。

2) 激活函数及其导函数要尽可能简单，这样有利于提高网络计算效率。

3) 激活函数的导函数的值域要在一个合适的区间内，不能太大也不能太小，否则会影响训练的效率和稳定性。

常用的激活函数有 Sigmoid、Tanh、ReLU、LeakyReLU 函数等，下面分别介绍这几个函数。

1. Sigmoid 函数

Sigmoid 函数是常用的非线性激活函数，它的数学形式如下：

$$\mathrm{Sigmoid}(z) = \frac{1}{1 + \mathrm{e}^{-z}}$$

其导数如下：

$$g'(z) = \frac{\mathrm{e}^{-z}}{(1 + \mathrm{e}^{-z})^2} = g(z)(1 - g(z))$$

它能够把输入的连续实值变换为 0 和 1 之间的输出，如图 5-14 所示。如果是非常大的负数，那么输出就是 0；如果是非常大的正数，则输出就是 1。其缺点是在深度神经网络中梯度反向传递时会导致梯度爆炸和梯度消失，且它的输出均值为 0.5，不是零均值（Zero-centered），其解析式中含有幂运算，计算机求解时相对来讲比较耗时。

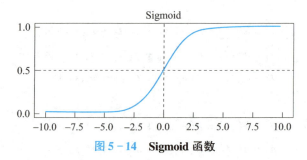

图 5-14　Sigmoid 函数

2. Tanh 函数

Tanh 函数相较于 Sigmoid 函数要常见一些，其数学形式如下：

$$\mathrm{Tanh}(x) = \frac{\mathrm{e}^x - \mathrm{e}^{-x}}{\mathrm{e}^x + \mathrm{e}^{-x}}$$

其导数如下：

$$g'(x) = \frac{4}{(\mathrm{e}^x + \mathrm{e}^{-x})^2} = 1 - g(x)^2$$

该函数是将取值为$(-\infty, +\infty)$的数映射到$(-1, 1)$，如图 5-15 所示。

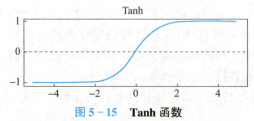

图 5-15　Tanh 函数

Tanh 函数在 0 附近很短一段区域内可被看作是线性的。由于 Tanh 函数的均值为 0，因此弥补了 Sigmoid 函数均值为 0.5 的缺点。但是梯度消失（Gradient Vanishing）的问题和幂运算的问题仍然存在。

3. ReLU 函数

线性整流函数（Rectified Linear Unit，ReLU）又称修正线性单元，是一种人工神经网络中常用的激活函数，通常指代以斜坡函数及其变种为代表的非线性函数（分段线性函数）。ReLU 函数的表达式为

$$f(x) = \begin{cases} x, & x \geq 0 \\ 0, & x < 0 \end{cases}$$

其导数为

$$f'(x) = \begin{cases} 1, & x \geq 0 \\ 0, & x < 0 \end{cases}$$

ReLU 函数对于某一输入，当它小于 0 时，输出为 0，否则不变，如图 5-16 所示。ReLU 其实就是一个取最大值函数。注意：它并不是全区间可导的。

ReLU 函数虽然简单，但有以下几个优点。
1）收敛速度远快于 Sigmoid 函数和 Tanh 函数。
2）解决了梯度消失问题（在正区间）。
3）计算速度非常快，只需要判断输入是否大于 0。

ReLU 也有两个需要特别注意的问题。
1）ReLU 的输出不是零均值的。
2）死亡 ReLU 问题（Dead ReLU Problem），指的是某些神经元可能永远不会被激活，导致相应的参数永远不能被更新。

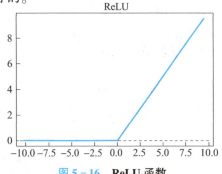

图 5-16　ReLU 函数

尽管存在这两个问题，ReLU 目前仍是最常用的激活函数，在搭建人工神经网络的时候推荐优先尝试使用。

4. LeakyReLU 函数

基于 ReLU 的改进函数——LeakyReLU 函数解决了 ReLU 函数在输入为负的情况下产生的梯度消失问题。图像如图 5-17 所示，LeakyReLU 函数的表达式为

$$f(x) = \begin{cases} x, & x \geq 0 \\ ax, & x < 0 \end{cases}$$

其导数为

$$f'(x) = \begin{cases} 1, & x \geq 0 \\ a, & x < 0 \end{cases}$$

LeakyReLU 函数的缺点如下：
1）a 值是超参数，需要人工设定。
2）在微分时，两部分都是线性的。

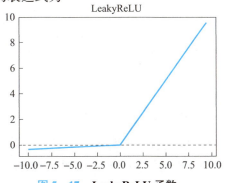

图 5-17　LeakyReLU 函数

二、损失函数

1. 损失函数的定义

损失函数（Loss Function）是一种将一个事件（在一个样本空间中的一个元素）映射到一个表达与其事件相关的经济成本或机会成本的实数上的一种函数。在统计学中，损失函数是一种衡量损失和错误程度的函数，即决策越正确，损失就越小。在实际问题中，损失函数通常表示为真实值与预测值之间的距离。损失越小，代表模型得到的结果与真实值的偏差越小，说明模型越精确。神经网络模型就是以损失函数这个指标为线索寻找最优权重参数。

2. 常见的损失函数

损失函数有许多种，目前机器学习中主流的损失函数是均方误差函数（MSE），平均绝对误差函数使用的也较多，在此基础上还发展出了很多其他函数。

（1）平均绝对误差——L1 损失函数

平均绝对误差（MAE）是一种常用的损失函数，它是目标值与预测值之差绝对值的和，表示了预测值的平均误差幅度。它不需要考虑误差的方向，范围是 0 到 ∞。其表达式如下：

$$L_{MAE} = \frac{\sum_{i=1}^{n}|y_i - f(x_i)|}{n}$$

其中，y_i 代表真实值，$f(x_i)$ 代表预测结果，两者都是向量。因为绝对误差相当于对误差求 L1 范数，所以也称为 L1 损失函数（L1 Loss）。对最简单的一维情况，平均绝对误差函数曲线如图 5-18 所示。

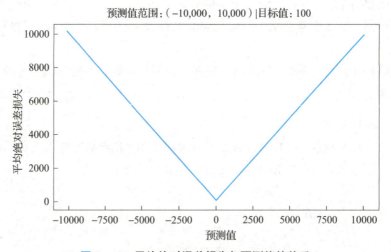

图 5-18 平均绝对误差损失与预测值的关系

很明显，L1 误差函数在 0 处不可导，并且损失函数值随着预测值呈线性增长。

（2）均方误差——L2 损失函数

均方误差（MSE）是回归损失函数中最常用的误差，它是预测值与目标值之间差值的平方和。其表达式如下：

$$L_{MSE} = \frac{\sum_{i=1}^{n} |y_i - f(x_i)|^2}{n}$$

MSE 损失函数与 L1 损失函数的区别在于多了一个平方计算,等价于对误差求 L2 范数,所以也叫 L2 损失函数(L2 Loss)。图 5-19 所示是均方误差值的曲线分布,其中最小值为预测值等于目标值的位置。可以看出,随着误差的增加,损失函数增加得更为迅猛,可以说均方误差值对异常值较为敏感。

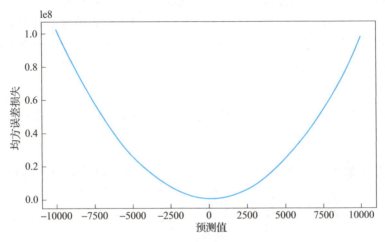

图 5-19 均方误差损失与预测值的关系图

可以发现,这里的损失函数正是最小二乘法所解决的问题。希尔伯特空间中线性逼近问题的求解方法称为最小二乘法,最小二乘法优化对象的基本形式可以看成 n 倍的均方误差。所以,可以采用最小二乘法求解均方误差的最小值,以及对应的最优参数值。

另外,加权最小二乘法也可以找到对应的公式。若每一项平方误差有一定的权重,可以得到加权的均方误差:

$$L_{MSE} = \frac{\sum_{i=1}^{n} w_i |y_i - f(x_i)|^2}{n}$$

最小二乘法将问题转化成了一个凸优化问题。在线性回归中,根据中心极限定理,假设样本和噪声都服从高斯分布,可以通过极大似然估计(MLE)推导出均方误差。最小二乘的基本原则是,最优拟合直线应该是使各点到回归直线的距离和最小的直线,即平方和最小。实际中常采用均方误差,因为它简单、计算方便。

(3)二元交叉熵损失函数

逻辑回归主要用于二分类问题。激活函数是 Logistic 函数,损失函数是交叉熵函数。结合交叉熵函数 $H(p,q) = \sum_i p_i \log\left(\frac{1}{q_i}\right)$,通过推导可以得到逻辑回归的损失函数表达式为

$$L(y, P(Y = y|x)) = I(y = 1)\log\left(\frac{1}{g(z)}\right) + I(y = 0)\log\left(\frac{1}{1 - g(z)}\right)$$

其中，$z = f(x) = I(y=1)\log(1+\exp\{-f(x)\}) + I(y=0)\log(1+\exp\{f(x)\})$。

最后得到目标子式为

$$L(\theta) = y\log(h_\theta(x)) + (1-y)\log(1-h_\theta(x))$$

从概率角度来看，逻辑回归假设样本服从伯努利分布，然后求得满足该分布的似然函数 $P(y|x)$，接着取对数 $\log P(y|x)$ 并求极大值。损失函数 $L(Y, P(Y|X))$ 表达的是样本 X 在分类 Y 的情况下，使概率 $P(Y|X)$ 达到最大值。换言之，就是利用已知的样本分布，找到最有可能（即最大概率）导致这种分布的参数值。因为 log 函数是单调递增的，所以 $\log P(Y|X)$ 也会达到最大值，因此在前面加上负号之后，最大化 $P(Y|X)$ 就等价于最小化 L 了。

逻辑回归假设数据服从伯努利分布，通过极大化似然函数的方法，运用梯度下降来求解参数，达到将数据二分类的目的。

（4）多分类交叉熵损失函数

在多分类问题中，采用 Softmax 函数作为激活函数，作用在神经网络的最后一层，损失函数是对数似然函数（即交叉熵损失函数）。

Softmax 激活函数的表达式为 $\emptyset_i(z) = \dfrac{\exp(z_i)}{\sum_{j \in C} \exp(z_j)}$。当类别数 $C=2$ 时，Softmax 函数就等于 Sigmoid 函数。通过 Softmax 函数就可以将多分类的输出值转换为范围在 $[0,1]$ 和为 1 的概率分布。

三、反向传播算法

神经网络学习的目的是找到使损失函数的值尽可能小的参数。这是寻找最优参数的问题，解决这个问题的过程称为最优化（Optimization）。神经网络最常用的优化算法是反向传播算法加上梯度下降法。

梯度下降法在前面已经做了介绍，这里只用一个例子简单说明。如图 5-20 所示，假设正站在山顶上，想要以最快的速度下山，该怎么办？首先，要找到一个最陡峭的方向，从此方向下山，下到山腰的某一点，再开始新的搜索，寻找另一个更加陡峭的方向，从那个更加陡峭的地方下山，不断重复这个过程，直到成功抵达山脚。简而言之，梯度下降就是寻找最陡峭的方向，也就是负梯度方向下降最快的地方。

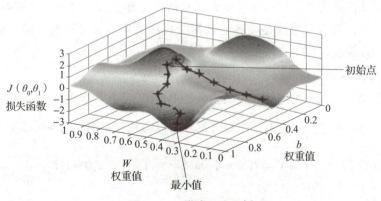

图 5-20 梯度下降示例

在神经网络的训练中经常使用反向传播算法来高效地计算梯度。

1. 学习率

有了梯度，还需要通过一个学习率（Learning Rate）α 来定义每次参数更新的幅度。学习率也叫步长，是超参数，可以预先指定，也可以通过超参数调优选择。计算函数在 ϑ_n 处的梯度及设定的学习率，可以得到更新参数的公式：

$$\vartheta_{n+1} = \vartheta_n - \alpha \frac{\partial}{\partial \vartheta} f(\vartheta_n)$$

将上式应用到神经网络中，求解损失函数 l 对权重参数 w 和偏置参数 b 的梯度，并基于负梯度方向更新参数，计算公式如下：

$$w_{n+1} = w_n - \alpha \frac{\partial l}{\partial w_n}$$

$$b_{n+1} = b_n - \alpha \frac{\partial l}{\partial b_n}$$

以 w 为例，w 的更新等于原始参数的值减去学习率乘以损失函数在 w 处的梯度。同理，b 的更新类似。

2. 反向传播算法的原理

反向传播是用来求损失函数对每个权重参数 w_{ij}^l 的梯度（导数），然后再使用梯度下降算法更新权重参数 W，找到损失函数最小的模型。从神经网络的结构可以发现，损失函数与权重参数 w_{ij}^l 的关系是一个复合函数，而复合函数求导需要使用链式法则。

微积分中的链式法则用于计算复合函数的导数，反向传播是一种链式法则算法，使用高效的特定传导顺序。设 x 是实数，f 和 g 是从实数映射到实数的函数。假设 $y = g(x)$，并且 $z = f(g(x)) = f(y)$，那么链式法则为

$$\frac{dz}{dx} = \frac{dz}{dy} \frac{dy}{dx}$$

以图 5-21 所示的神经网络为例，图中虚线代表了从损失函数 L 反向传播的路径。求隐藏层 $w^{(2)}$ 与 $b^{(2)}$ 的权重，则

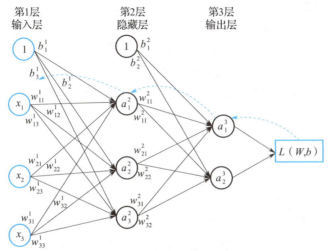

图 5-21　反向传播示意图

$$\frac{\partial L_{w,b}}{\partial w^{(2)}} = \frac{\partial L(W,b)}{\partial a^{(3)}} \frac{\partial a^{(3)}}{\partial z^{(3)}} \frac{\partial z^{(3)}}{\partial w^{(2)}} = (a^{(3)} - Y)h'(z^{(3)})a^{(2)}$$

$$\frac{\partial L_{(w,b)}}{\partial b^{(2)}} = \frac{\partial L(W,b)}{\partial a^{(3)}} \frac{\partial a^{(3)}}{\partial z^{(3)}} \frac{\partial z^{(3)}}{\partial b^{(2)}} = (a^{(3)} - Y)h'(z^{(3)})$$

求第 l 层权重的通式：

$$\frac{\partial L_{w,b}}{\partial w^{(l)}} = \frac{\partial L(W,b)}{\partial a^{(3l+1)}} \frac{\partial a^{(l+1)}}{\partial z^{(l+1)}} \frac{\partial z^{(l+1)}}{\partial w^{(l)}} = (a^{(l+1)} - Y)h'(z^{(l+1)})a^{(l)}$$

$$\frac{\partial L_{(w,b)}}{\partial b^{(l)}} = \frac{\partial L(W,b)}{\partial a^{(l+1)}} \frac{\partial a^{(l+1)}}{\partial z^{(l+1)}} \frac{\partial z^{(l+1)}}{\partial b^{(l)}} = (a^{(l+1)} - Y)h'(z^{(l+1)})$$

前面只是把第 l 层权重计算出来了，如果要计算第 $l-1$ 层、$l-2$、$l-n$ 层的梯度呢？这里以计算第 $l-1$ 层的 w^{l-1} 和 b^{l-1} 为例。

记 $\delta^{(l)} = \frac{\partial L(W,b)}{\partial z^{(l)}} = \frac{\partial L(W,b)}{\partial a^{(l)}} \frac{\partial a^{(l)}}{\partial z^{(l)}}$，$z^{(l)}$ 与 $w^{(l-1)}$ 关系有

$$z^{(l)} = w^{(l-1)}h(z^{(l-1)}) + b^{(l-1)}$$

$w^{(l-1)}$ 与 $b^{(l-1)}$ 权重梯度有

$$\frac{\partial L(W,b)}{\partial b^{(l-1)}} = \delta^{(l)} \quad \frac{\partial L(W,b)}{\partial w^{(l-1)}} = \delta^{(l)} a^{(l-1)}$$

每一次得到了权重的梯度后就可以利用梯度下降算法来更新参数了。α 是学习率且 $\alpha \in (0,1]$，一般设置为 0.0001。更新参数的目的在于得到损失函数是最小值时的权重值。

$$w^{(l)} = w^{(l)} - \alpha \frac{\partial L(w,b)}{\partial w^{(l)}}$$

$$b^{(l)} = b^{(l)} - \alpha \frac{\partial L(w,b)}{\partial b^{(l)}}$$

使用反向传播算法的随机梯度下降训练过程如下。

输入准备：神经网络总层数 l，每层神经元个数，激活函数，损失函数，学习率 α，最大迭代次数，数据集 m。

1）初始化模型参数 w、b。
2）进行前向传播算法计算：

$$z^{(l)} = w^{(l-1)} \alpha^{(l-1)} + b^{(l-1)}$$
$$\alpha^{(l)} = h(z^{(l)})$$

3）通过损失函数计算各层梯度：

$$\frac{\partial L(W,b)}{\partial w^{(l-1)}} = \delta^{(l)} \alpha^{(l-1)}$$

$$\frac{\partial L(W,b)}{\partial b^{(l-1)}} = \delta^{(l)}$$

4）更新权重参数 w 和 b：

$$w^{(l)} = w^{(l)} - \alpha \frac{\partial l(w,b)}{\partial w^{(l)}}$$

$$b^{(l)} = b^{(l)} - \alpha \frac{\partial l(w,b)}{\partial b^{(l)}}$$

5）循环结束跳出循环，训练结束。

四、Dropout 方法

当模型出现过拟合时，需要使用正则化方法提高模型的泛化能力（在非训练集上效果一样好），以达到更好的效果。对于神经网络模型常用 Dropout 正则化方法。

1. Dropout 的定义

Dropout 方法由辛顿（Hinton）教授团队提出，它是指在神经网络训练的过程中，将某一层的单元（不包括输出层的单元）数据随机丢弃一部分。在训练深度神经网络时，Dropout 能够在很大程度上简化神经网络结构，防止神经网络过拟合。

假设要用 Dropout 方法训练一个三层的神经网络，那么 Dropout 为该网络每一层的神经元设定一个失活（Drop）概率，在神经网络训练过程中，会丢弃一些神经元结点，在网络上则表示为该神经元结点的进出连线被删除，如图 5-22 所示。最后会得到一个神经元更少、模型相对简单的神经网络，此时过拟合情况会大大缓解。

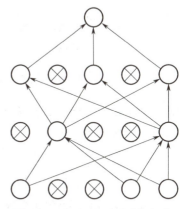

图 5-22　Dropout 正则化方法

2. Dropout 的原理

Dropout 的工作原理可以理解为对神经网络中每一个神经元加上一个概率的流程，使神经网络训练时，能够随机使某个神经元失效。在一个多层神经网络中，对于不同神经元数的神经网络层，可以设置不同的失活或者保留概率。对于含有较多权重的层，可以选择设置较大的失活概率（即较小的保留概率）。所以，如果担心某些层所含神经元较多或者比其他层更容易发生过拟合，就可以将该层的失活概率设置得高一些。图 5-23 所示为对神经网络模型加上 Dropout 后的效果，可以看到经过 Dropout 处理的神经网络模型可以防止过拟合问题。

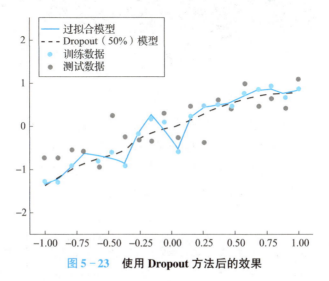

图 5-23　使用 Dropout 方法后的效果

单元三　深层神经网络

学习目标

知识目标：熟悉深层神经网络的概念；掌握深层神经网络的训练方法；熟悉常见的深层神经网络及其应用场景。

能力目标：能够训练深层神经网络并进行优化；能够根据应用场景选择合适的深层神经网络。

素养目标：让学生了解行业背景及深层神经网络知识，拓展学生的视野；充分激发学生的学习热情，提高学生的行业自豪感，培养学生爱岗敬业和勇于探索的精神。

一、深层神经网络的定义

神经网络能处理很多问题，其强大能力主要源自神经网络足够"深"，也就是说，网络层数越多，神经网络就越复杂越深入，学习也更加准确。深层神经网络（Deep Neural Network，DNN）是通过多层非线性变换对高度复杂的数据建模的算法集合，也就是包含更多隐含层的神经网络（一般来说具有两个隐藏层及以上的都可以被叫作深层神经网络），如图 5-24 所示。构成神经网络的基本模块，每一层都有前向传播且有对应的反向传播。

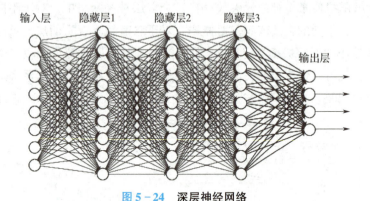

图 5-24　深层神经网络

例如用于语音识别的神经网络，第一层所做的事就是检测一些简单的音调，第二层所做的事情就是检测出基本的音素，第三层能够检测出单词信息，最后一层输出信息，如图 5-25 所示。随着层数由浅到深，神经网络提取的特征由简单到复杂。因此，隐藏层越多，能够提取的特征就越丰富、越复杂，模型的准确率就越高。

图 5-25　语音识别的神经网络模型

用于图像识别的神经网络也类似。浅层的神经元能够从图片中提取出图像的轮廓与边缘,即边缘检测,这样得到一些边缘信息;较深的神经元能够将前一层的边缘进行组合,合成图像的一些局部特征;更深的神经元能够将这些局部特征组合起来;最后一层分类输出。

神经网络的参数(Parameter)是指神经网络模型内部的配置变量,可通过训练获得。比如,$W^{[1]}$、$B^{[1]}$、$W^{[2]}$、$B^{[2]}$、$W^{[3]}$、$B^{[3]}$……

1. 超参数

神经网络的超参数(Hyper Parameter)是指神经网络模型外部的配置参数,这些参数不能从训练中获得,必须手动设置,并且影响参数 W 和 b 最后的值。超参数有如下几个。

1)学习速率(Learning Rate)α。

2)迭代次数(Iteration)。

3)隐藏层层数(Hidden Layers)L。

4)隐藏单元数(Hidden Unit)n[1],n[2]…。

5)激活函数(Activation Function)。

6)动量(Momentum)。

7)批量大小(Batch Size)。

8)正则化(Regularization)。

2. 深层神经网络的优势

深层神经网络相对于浅层神经网络的优势有以下一些。

(1)能提取更加复杂的特征

在一些神经网络中,位于较浅位置的神经元从输入中提取的是较为简单的一些特征信息,而随着层次的加深,神经元将提取更加复杂的特征信息,从而使得神经网络能够做出更准确的判断。与浅层神经网络相比,深层神经网络可以用更少的参数组装出更多的功能。

(2)避免神经元数量指数增加,从而减少计算量

例如下面这个例子,使用电路理论,计算逻辑输出:

$$y = x_1 \oplus x_2 \oplus x_3 \oplus \cdots \oplus x_n$$

其中,$\oplus$ 表示异或操作。对于这个逻辑运算,如果使用深层神经网络,网络的结构是每层将前一层的两两单元进行异或,最后得到一个输出,整个深层神经网络的层数是 $\log_2(n)$,不包含输入层。总共使用的神经元个数为 $n-1$ 个。

如果不用深层神经网络,仅使用单个隐藏层,那么需要的神经元个数将是指数级别的。也就是说,由于包含了所有的逻辑位(0 和 1),则需要 2^{n-1} 个神经元。

二、深层神经网络训练

一个完整的神经网络训练过程可以分为以下三步。

1. 定义神经网络的结构和前向传播的输出结果

```
#定义神经网络 batch 的大小
batch_size = 8
#定义神经网络的参数
w1 = tf.Variable(tf.random_normal([2,3],stddev = 1,seed = 1))
w2 = tf.Variable(tf.random_normal([3,1],stddev = 1,seed = 1))
#在 shape 的维度上使用 None,可以方便使用不同的 batch 大小
#在训练时需要把数据分成比较小的 batch,但是在测试时,可以一次性使用全部的数据
#在数据集比较大时,将大量数据放入一个 batch 可能会导致内存溢出
x = tf.placeholder(tf.float32,shape = (None,2),name = 'x - input')
y = tf.placeholder(tf.float32,shape = (None,1),name = 'y - input')
```

2. 定义损失函数及选择反向传播优化的算法

```
#定义神经网络前向传播的过程
a = tf.matmul(x,w1)
y = tf.matmul(a,w2)
#定义损失函数和反向传播算法
Y = tf.sigmoid(y)
cross.entropy = - tf.reduce_mean(y_ * tf.log(tf.clip_by_value(y,1e - 10,1.0))
                 + (1 - y_) * tf.log(tf.clip_by_value))
train_step = tf.train.GradientDescentOptimizer(0.001).minimize(cross.entropy)
#AdamOptimizer
```

3. 生成会话并且在训练数据上反复运行反向传播优化

```
for i in range(epoch):
    start = (i * batch_size) % dataset_size #每次选取 batch_size 个样本进行训练
    end = min(start + batch_size,dataset_size)
    sess.run(train_step,feed_dict = {x:X[start:end],y_:Y[start:end]})
```

训练结果如图 5 - 26 所示，训练次数为 0 时开始计算，损失为 1.90024，并输出 $w1$ 与 $w2$ 的值。

```
After 0 training step(s),cross entrop on all data is 1.90024
[[-0.8112329   1.4844427   0.0653225 ]
 [-2.4425266   0.09892344  0.59121   ]]
[[-0.8106983 ]
 [ 1.484421  ]
 [ 0.06519309]]
```

图 5 - 26　训练结果 1

训练次数为 49000 时，损失为 0.625385，此时的 $w1$ 和 $w2$ 的值如图 5 - 27 所示。

```
After 49000 training step(s),cross entrop on all data is 0.625385
[[-1.3059602   0.22491081  0.30057985]
 [-2.1001787  -0.06416134  0.5217916 ]]
[[ 0.39210367]
 [ 0.2109263 ]
 [-0.11538599]]
```

图 5 - 27　训练结果 2

三、常见的深层神经网络及其应用场景

1. 卷积神经网络

卷积神经网络（Convolutional Neural Network，CNN）是一类包含卷积计算且具有深度结构的前馈神经网络（Feedforword Neural Network），是深度学习（Deep Learning）的代表算法之一，在深度学习的历史中发挥着重要的作用。卷积神经网络能够进行平移不变分类（Shift-invariant Classification），因此也被称为平移不变人工神经网络（Shift-invariant Artificial Neural Network，SIANN）。CNN被广泛用于图像识别、语音识别等各种场合。在图像识别的比赛中，基于深度学习的方法几乎都以CNN为基础。其具体内容将在后面讲解，这里主要介绍其应用场景。

（1）卷积神经网络的特点

卷积神经网络是一种特殊的深层神经网络模型，体现在两个方面。

1）它的神经元间的连接是非全连接的。

2）同一层中某些神经元之间的连接的权重是共享的（即相同的）。

这两个特点使之更类似于生物神经网络，降低了网络模型的复杂度，减少了权值的数量。

（2）卷积神经网络的应用

卷积神经网络是一种多层神经网络，它在图像识别和分类等领域已被证明非常有效。典型应用场景包括图像识别、语音识别、自然语言处理、语音检测和场景分类等领域。

1）图像识别。

CNN在图像处理和图像识别领域取得了很大的成功，在标准的ImageNet数据集上，许多成功的模型都是基于CNN的。CNN相较于传统的图像处理算法的好处之一是避免了对图像复杂的前期预处理过程，可以直接输入原始图像。

CNN可以识别位移、缩放及其他形式扭曲不变性的二维或三维图像。CNN的特征提取层参数是通过训练数据学习得到的，所以避免了人工特征提取。其次，同一特征图的神经元共享权值，减少了网络参数，这也是卷积神经网络相对于全连接网络的一大优势。共享局部权值这一特殊结构更接近于真实的生物神经网络，使CNN在图像处理、语音识别领域有着独特的优越性。另一方面权值共享降低了网络的复杂性，且多维输入信号（语音、图像）可以直接输入网络的特点，避免了特征提取和分类过程中数据重排的过程。

CNN是一种多层感知器，对应图像来说，相邻像素的相似度一般来说高于相隔远的像素，CNN结构上的优越性，使得它更关注相邻像素的关系，这种结构符合图像处理的要求，也使得CNN在处理图像问题上具有优越性。

2）语音识别。

近几年，语音识别取得了很大的突破。IBM、微软、百度等多家企业相继推出了Deep CNN模型，提升了语音识别的准确率。Deep CNN的使用可分为两种策略：一种是HMM框架中基于Deep CNN结构的声学模型，CNN可以是VGG、Residual连接的CNN网络结构或CLDNN结构；另一种是近两年比较热门的端到端结构，百度将Deep CNN应用于语音识别研究，使用了VGGNet，以及包含Residual连接的深层CNN等结构，并将LSTM和CTC的端到

端语音识别技术相结合,使得识别错误率相对下降了 10% 以上。百度发现,深层 CNN 结构不仅能够显著提升 HMM 语音识别系统的性能,也能提升 CTC 语音识别系统的性能。根据 Mary Meeker 年度互联网报告,Google 以机器学习为背景的语音识别系统在 2017 年 3 月已经获得英文领域 95% 的准确率,此结果逼近人类语音识别的准确率。2016 年,科大讯飞提出了深度全序列卷积神经网络的语音识别框架,使用大量卷积层直接对整句语音信号进行建模,更好地表达了语音的长时相关性。

3)自然语言处理。

CNN 在数字图像处理领域取得了巨大的成功,从而掀起了 CNN 在自然语言处理(Natural Language Processing,NLP)领域的应用。

最天然适合于 CNN 的应该是基于文本的分类任务,比如情感分析(Sentiment Analysis)、垃圾检测(Spam Detection)和主题分类(Topic Categorization)。例如基于 Word2vec 的文本分类,嵌入 CNN 后试验结果得到的模型在验证集上的准确率从 96.5% 提升到了 97.1%,测试准确率从 96.7% 提升到了 97.2%。

4)场景分类。

场景分类是图像处理领域的重要研究方向之一。随着互联网的快速发展,大量的图像数据涌入人们的生活和工作中,面对如此巨大的图像信息,传统的场景分类方法和技术表现出很大不足。近年来,CNN 在图像处理领域取得了很多突破性进展,通过模拟人类学习的过程,直接从图像像素中提取图像特征,并将特征提取与分类器结合到一个学习框架下,对相关对象进行分类识别。

2. 循环神经网络

循环神经网络(Recurrent Neural Network,RNN)是一类以序列(Sequence)数据为输入,在序列的演进方向进行递归(Recursion),且所有结点(循环单元)按链式连接的递归神经网络(Recursive Neural Network)。

循环神经网络具有记忆性、参数共享和图灵完备(Turing Completeness)的特性,因此能以较高的效率对序列的非线性特征进行学习。其具体内容将在后面讲解,这里主要介绍其应用场景。

循环神经网络在自然语言处理,如语音识别、语言建模、机器翻译等领域有所应用,也被用于各类时间序列预报,或与卷积神经网络相结合处理计算机视觉问题。下面是 RNN 一些典型的应用领域。

(1)语言建模和文本生成

语言模型是 NLP 的基础,是语音识别、机器翻译等很多 NLP 任务的核心。它解决的问题之一就是对于一个给定字符串,判断这是一个"合理"句子的概率。

RNN 在很多 NLP 任务中都取得了很好的效果。利用 RNN 训练的模型,可以给定一个词语序列,预测当前词出现的概率。语言模型可以计算一个句子的可能性,这对于机器翻译是很重要的。

(2)机器翻译

机器翻译和语言建模的相似之处是二者的输入都是源语言的一个词序列,输出目标都是一个词序列。不同之处在于，机器翻译在得到完整的输入之后才开始输出。

目前，Seq2Seq（Sequence – to – Sequence）被广泛应用于存在输入序列和输出序列的场景，比如机器翻译（一种语言序列到另一种语言序列）、Image Captioning（图片像素序列到语言序列）、对话机器人（问答）等。Seq2Seq 模型在 Encoder 端和 Decoder 端广泛使用 RNN 或 LSTM "记住" 文本序列的历史信息，并推荐使用注意力机制（Attention Mechanism）和强化学习（Reinforcement Learning）。

（3）语音识别

RNN 处理的数据是 "序列化" 数据。训练样本前后是有关联的，即一个序列当前的输出与前面的输出有关。比如语音识别，一段语音是有时间序列的，说的话前后是有关系的。

（4）生成图像描述

RNN 与普通神经网络最大的不同就是建立了时序和状态的概念，即某个时刻的输出依赖于前一个状态和当前的输入，所以 RNN 可以用于处理序列数据。

RNN 的一个非常广泛的应用就是理解图像中的内容是什么，从而做出文字的描述。

3. 递归神经网络

循环神经网络（Recurrent Neural Network）和递归神经网络（Recursive Neural Network）的英文简称都是 RNN。循环神经网络是时间上的展开，处理的是序列结构的信息；递归神经网络是空间上的展开，处理的是树状结构的信息，二者都是深度学习（Deep Learning）的典型算法。

递归神经网络是先进的顺序数据算法之一，在 Apple Siri 和 Google 语音搜索中都有所应用。它是第一个记忆输入的算法，由于具有内部存储器，它非常适合用于顺序数据的机器学习问题。

（1）递归神经网络的结构

循环神经网络可以处理包含序列结构的信息。但是对于包含诸如树结构、图结构等复杂结构的信息，循环神经网络就无法处理了。递归神经网络可以处理诸如树、图这样的递归结构。

递归神经网络有两种：一种是时间递归神经网络；另一种是结构递归神经网络。时间递归神经网络的神经元间连接构成有向图，而结构递归神经网络利用相似的神经网络结构递归构造更为复杂的深度网络。两者训练的算法不同，但属于同一算法变体。递归神经网络都是由 BP 神经网络演化而来的。

递归神经网络可以把树或图结构信息编码为一个向量，也就是把信息映射到一个语义向量空间中。这个语义向量空间满足某类性质，例如语义相似的向量具有更近的距离；反之，如果两句话的意思截然不同，那么编码后向量的距离会很远。

递归神经网络将相同的权重递归地应用在神经网络架构上，以拓扑排序的方式遍历给定结构，从而在大小可变的输入结构上做出结构化的预测。

递归神经网络的核心部分是呈阶层分布的结点，其中高层的结点被称为父结点，低层的结点被称为子结点，最末端的子结点通常称为输入结点，结点的性质与树中结点的相同。递归神经网络的输出结点通常位于树状图的最上方，此时其结构是自下而上绘制的，父结点位于子结点的上方。递归神经网络的每个结点都可以有数据输入。递归神经网络的基本结构如图 5-28 所示。

(2) 递归神经网络的应用

递归神经网络具有灵活的拓扑结构且权重共享，适用于包含结构关系的机器学习任务，在自然语言处理（NLP）、机器翻译、语音识别、图像描述生成、文本相似度计算等领域有广泛应用。

1）自然语言处理。递归神经网络能够完成句子的语法分析，并产生一个语法解析树，完成对自然语言的处理。另外，递归神经网络也可处理自然场景，因为自然场景也具有可组合的性质，可以用相似的模型完成自然场景的解析。

2）机器翻译。递归神经网络可以实现机器翻译的语言模型，这些模型通常用作机器翻译系统的主要部分，且语言模型允许生成新文本。语言模型允许评测句子的可能性。在语言模型中，输入通常是一系列单词，输出是预测单词的序列。

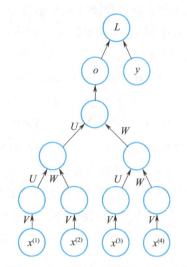

图 5-28　递归神经网络的基本结构

3）语音识别。近年来，不同种类的递归神经网络已经广泛应用于自动语音识别（Automatic Speech Recognition，ASR）的声学模型，并取得了很好的性能，这主要是由于递归神经网络的记忆能力能够覆盖整个语音序列。

4）图像描述生成。结合卷积神经网络，递归神经网络已经被用于无标记图像描述的生成模型，可以实现将生成的文字描述与图像中的特征对应。

5）文本相似度计算。词义相似度计算的研究是自然语言处理领域的重要分支，最典型的应用领域为信息检索、句法分析等。

4. 生成对抗网络

生成对抗网络（Generative Adversarial Network，GAN）是一种深度学习模型，最早由 Ian Goodfellow 在 2014 年提出，是目前深度学习领域最新研究成果之一，也是近年来复杂分布上无监督学习最好的方法之一。该模型通过框架中至少两个相互协作、同时又相互竞争的深度神经网络（一个称为生成网络（Generator），另一个称为判别网络（Discriminator））来处理无监督学习的相关问题，通过互相博弈学习，产生较好的输出。

(1) 生成对抗网络的原理

GAN 的原理其实很简单，来源于博弈论中零和博弈的思想，应用到深度学习中，就是通过生成网络 G（Generator）和判别网络 D（Discriminator）不断博弈，进而使 G 学习到数据的分布。例如对于图片生成，训练完成后，G 可从一段随机数中生成逼真的图像。

这里以生成图片为例说明 GAN 的基本原理。

1）G 是一个生成网络，它接收一个随机的噪声 z（随机数），通过这个噪声生成图像。

2）D 是一个判别网络，判别一张图片是不是"真实的"。它的输入参数是 x，x 代表一张图片；输出 $D(x)$ 代表 x 为真实图片的概率，如果为 1，就代表 100% 是真实的图片，而输出为 0，就代表不可能是真实的图片。

3）生成网络 G 的目标就是尽量生成真实的图片去"欺骗"判别网络 D。而 D 的目标就是尽量把 G 生成的图片和真实图片区分开来。这样，G 和 D 构成了一个动态"博弈过程"，最终的平衡点即纳什均衡点。

4）在理想的状态下，G 可以生成"以假乱真"的图片 $G(z)$。对于 D 来说，它难以判定 G 生成的图片究竟是不是真实的，因此 $D(G(z))=0.5$。

5）最后得到了一个生成式的模型 G，可以用它来生成图片。

（2）生成对抗网络的架构

生成对抗网络的步骤如图 5-29 所示。

1）生成网络接收一系列随机数向量并生成一张图片。

2）将生成的图片与真实图片的数据流一起送到判别网络中。

3）判别网络接收真、假图片并返回概率值（预测标签），这个值是介于 0 和 1 之间的数字，1 代表真，0 代表假。

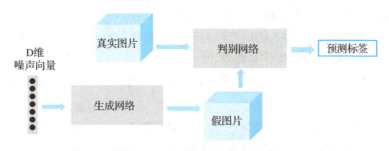

图 5-29　生成对抗网络的步骤

判别网络是卷积网络，它可以将输入的图像分类，用二项式分类器标记图像是真的还是假的。生成网络是一个反向卷积网络，当标准卷积分类器获取图像并对其进行下采样以产生概率时，生成网络获取随机噪声向量并在其上采样得到图像。

两个网络都试图在零和博弈中优化不同的且对立的目标函数，或者说损失函数。当判别网络改变其行为时，生成网络也随之改变，反之亦然。它们的损耗也相互抗衡。

GAN 所建立的学习框架，实际上就是生成模型和判别模型之间的一个模仿游戏。生成模型的目的就是要尽量去模仿、建模和学习真实数据的分布规律；而判别模型则是要判别自己所得到的一个输入数据究竟是来自于真实的数据分布还是来自于一个生成模型。通过这两个内部模型之间不断的竞争，提高两个模型的生成和判别能力。

当判别模型非常强的时候，生成模型所生成的数据依然能够使它产生混淆，无法正确进行判断，则认为这个生成模型已经学到了真实数据的分布。

（3）生成对抗网络的应用

GAN 是生成式模型，多用于数据生成方面，包括计算机视觉方面的图像生成和 NLP 方面的对话内容生成。

GAN 本身也是一种无监督学习的典范，因此它被广泛应用于无监督学习、半监督学习领域。

除了在生成领域，GAN 在分类领域也有应用，可以替换判别网络为一个分类器，做多分类任务，而生成网络仍然做生成任务，从而辅助分类器进行训练。

目前，GAN 在图像领域的典型应用有图像风格迁移、图像降噪修复、图像超分辨率、GAN 生成以假乱真的人脸、改变照片中的面部表情和特征、GAN 创造出迷幻图像、改变图像/视频内容、通过轮廓生成逼真图像、GANs 完成模仿学习、好奇心驱动学习（Curiosity Driven Learning）等。

GAN 证明了创造力不再是人类所独有的特质。

目前也有研究者将 GAN 用在对抗性攻击上，具体就是训练 GAN 生成对抗文本，有针对性或者无针对性地欺骗分类器或者检测系统等。

(4) 生成对抗网络的变种

生成对抗网络的变种主要有 DCGAN、WGAN 和 BEGAN 等。

1）深度卷积对抗生成网络（Deep Convolutional Generative Adversarial Network，DCGAN）由 Alec Radford 在论文 *Unsupervised Representation Learning with Deep Convolutional Generative Adversarial Networks* 中提出，是在 GAN 的基础上增加深度的卷积网。在 DCGAN 中，判别器 D 的结构是一个卷积神经网络，输入的图像经过若干层卷积后得到一个卷积特征，将得到的特征送入 Logistic 函数，输出可以看作是概率。

2）WGAN（Wasserstein GAN）就是把 EM（Earth-Mover）距离用到 GAN 中。EM 距离又称为 Wasserstein 距离。

3）BEGAN 是 Google 对 GAN 做出进一步的改进所提出的一种新的评价生成模型生成质量的方式，将一个自编码器作为分类器，通过基于 Wasserstein 距离的损失来匹配自编码器的损失分布。采用神经网络结构，训练中添加额外的均衡过程来平衡生成器与分类器。BEGAN 采用 Wasserstein 距离计算 D 在真实数据与生成数据损失分布之间的距离。

实训五　MNIST 手写数字识别

一、问题描述

MNIST 手写数字识别模型的建立与优化。

二、思路描述

用 TensorFlow 处理 MNIST 数据集，建立一个基础浅层神经网络识别模型。

三、解决步骤

1. 数据集

MNIST 是一个很有名的手写数字识别数据集，每张图片的存储方式是一个 28×28 的矩阵，但是在导入数据进行使用的时候会自动展平成 1×784（28×28）维向量，这对用

TensorFlow 导入很方便。MNIST 手写数字数据库的四个数据集如图 5-30 所示。

文件名称	大小	内容
train-images-idx3-ubyte.gz	9,681 kb	55000张训练集，5000张验证集
train-labels-idx1-ubyte.gz	29 kb	训练集图片对应的标签
t10k-images-idx3-ubyte.gz	1,611 kb	10000张测试集
t10k-labels-idx1-ubyte.gz	5 kb	测试集图片对应的标签

图 5-30 数据集

2. 下载与导入

```
from tensorflow.examples.tutorials.mnist import input_data
#第一次运行会自动下载到代码所在的路径下
mnist = input_data.read_data_sets('location',one_hot = True)
#location 是保存的文件夹的名称
```

打印 MNIST 数据集的一些信息，通过这些就可以知道这些数据大致如何使用了。具体代码如下。

```
#打印 MNIST 的一些信息
from tensorflow.examples.turorials.import input_data
mnist = input_data.read_data_sets('MNIST_data',one_hot = True)
print("type of 'mnist is % s'" % (type(mnist)))
print("number of train data is % d" % mnist.train.num_examples)
print("number of test data is % d" % mnist.test.num_examples)
#将所有的数据加载为这样的四个数组,方便之后的使用
training = mnist.train.images
trainlabel = mnist.train.labels
testing = mnist.test.images
testlabel = mnist.test.labels
print("Type of training is % s" % (type(training)))
print("Type of trainlabel is % s" % (type(trainlabel)))
print("Type of testing is % s" % (type(testing)))
print("Type of testlabel is % s" % (type(testlabel)))
```

3. 输出结果

```
 type of 'mnist is < class 'tensorflow.contrib.learn.python.learn.datasets.base.Datasets'>'
    number of train data is 55000      #训练集共有 55000 条数据
    number of test data is 10000       #测试集共有 10000 条数据
    type of training is < class 'numpy.ndarray'>       #四个都是 Numpy 数组的类型
    type of trainlabel is < class 'numpy.ndarray'>
    type of testing is < class 'numpy.ndarray'>
    type of testlable is < class 'numpy.ndarray'>
```

4. 使用 matplot () 函数

```
#接上面的代码
nsmaple = 5
randidx = np.random.randint(training.shape[0],size = npmaple)
for I in randidx
curr_img = np.reshape(training[i,:],(28,28))
#数据中保存的是1×784,先重新排列成28×28
curr_label = np.argmax(trainlabel[i,:])
plt.matshow(curr_img,cmap = plt.get_cmap('gray'))
plt.show()
```

通过上面的代码可以看出数据集的一些特点，下面建立一个简单的模型来识别这些数字。

5. 简单逻辑回归模型的建立

这是一个逻辑回归（分类）问题，首先来建立一个最简单模型，之后再逐渐优化。分类模型一般会采用交叉熵方式作为损失函数，所以对于这个模型的输出，首先使用 Softmax 回归方式处理为概率分布，然后采用交叉熵作为损失函数，使用梯度下降的方式进行优化。具体代码如下。

```
import tensorflow as tf
from tensorflow.examples.tutorials.mnist import input_data
#读入数据MNIST_data是保存数据的文件夹的名称
Mnist = input_data.read_data_sets('MNIST_data',one_hot = True)
#输入各种图片数据以及标签,images是图像数据,labels是正确的结果
training = mnist.train.images
trainlabels = mnist.train.labels
testing = mnist.test.images
testlabels = mnist.test.labels
#输入数据,每张图片的大小是28×28,在提供的数据集中已经被展平成了1×784(28×28)的向
#量,方便矩阵乘法处理
x = tf.placeholder(tf.float32,[None,784])
#对于每一张图片输出的是1×10的向量,例如[1,0,0,0…],只有一个数字是1所在的索引表示预测数据
y = tf.placeholder(tf.float32,[None,10])
#模型参数
#对于这样的全连接方式,某一层的参数矩阵的行数是输入数据的数量,列数是这一层
#的神经元个数
#这一点用线性代数的思想考虑会比较好理解
W = tf.Variable(tf.zeros([784,10]))
#偏置
b = tf.Variable(tf.zeros([10]))
#建立模型并使用Softmax()函数对输出的数据进行处理
#Softmax()函数比较重要,后面会详细讲解
#这里注意理解一下模型输出的actv的形式,后面会有用(n×10,n是输入数据的数量)
actv = tf.nn.softmax(tf.matmul(x,W) + b)
#损失函数使用交叉熵方式,Softmax()函数与交叉熵一般结合使用
```

#clip_by_value()函数可以将数组整理在一个范围内,后面会具体解释
cost = tf.reduce_mean(-tf.reduce_sum(y * tf.log(tf.clip_by_value(actv,le-10,1.0)),reduction_indices =1))
#使用梯度下降的方法进行参数优化
learning_rate = 0.01
optm = tf.train.GradientDescentOptimizer(learning_rate).minimize(cost)
#判断预测结果与正确结果是否一致
#注意,这里使用的函数 argmax(),也就是比较的是索引,索引才体现了预测的是哪个数字
#并且 Softmax()函数的输出不是[1,0,0,…],类似数组不会与正确的 label 相同
#pred 数组的输出是类似[True,False,True,…]的
Pred = tf.equal(tf.argmax(actv,1),tf.argmax(y,1))
#计算正确率
#pred 数组的形式使用 cast 转化为浮点数,则 True 会被转化为1.0,False 为0.0
#对这些数据求均值就是正确率了(这个均值表示所有数据中有多少个 1 - >True 的数量 - >正确
#个数)
accr = tf.reduce_mean(tf.cast(pred,tf.float32))
init_op = tf.global_variables_initializer()
training_epochs = 50   #一共要训练的轮数
batch_size = 100   #每一批训练的数据数量
display_step = 5   #用来比较、输出结果
with tf.Session() as sess:
sess.run(init_op)
#对于每一轮训练
for eopch in range(training_epochs):
avg_cost = 0
#计算训练数据可以划分多少个 batch 大小的组
num_batch = int(mnist.train.num_examples /batch_size)
#每一组每一组地训练
for i in range(nub_batch):
#这里 mnist.train.next_batch()的作用是:第一次取1 -10 数据,第二次取11 -20,…;类似这样
batch_xs,batch_ys = mnist.train.next_batch(batch_size)
#运行模型进行训练
sess.run(optm,feed_dict = {x:batch_xs,y:batch_ys})
feeds = {x:batch_xs,y:batch_ys}
#累计计算总的损失值
avg_cost + = sess.run(cost,feed_dict = feeds) /num_batch
#使用训练的一部分数据。应该使用全部的训练数据,这里为了快一点就只用了部分数据
if epoch % display_step = =0:
feed_train = {x:training[1:100],y:trainlabels[1:100]}
#在测试集上运行模型
feedt_test = {x:mnist.test.images,y:mnist.test.labels}
train_acc = sess.run(accr,feed_dict = feed.train)
test_acc = sess.run(accr,feed_dict = feedt_test)
print(" Eppoch:% 03d% 03d cost: % .9f train_acc: % .3f test_acc: % .3f" % (epoch,training_epochs,avg_cost,train_acc,test_acc))
print("Done.")

四、实训结果

输出结果如图 5-31 所示。

```
Eppoch: 000/050 cost: 1.176410784 train_acc: 0.879 test_acc: 0.855
Eppoch: 005/050 cost: 0.440938284 train_acc: 0.919 test_acc: 0.896
Eppoch: 010/050 cost: 0.383333167 train_acc: 0.929 test_acc: 0.905
Eppoch: 015/050 cost: 0.357264753 train_acc: 0.939 test_acc: 0.909
Eppoch: 020/050 cost: 0.341510192 train_acc: 0.939 test_acc: 0.912
Eppoch: 025/050 cost: 0.330560439 train_acc: 0.939 test_acc: 0.914
Eppoch: 030/050 cost: 0.322391762 train_acc: 0.939 test_acc: 0.917
Eppoch: 035/050 cost: 0.315973353 train_acc: 0.939 test_acc: 0.917
Eppoch: 040/050 cost: 0.310739485 train_acc: 0.939 test_acc: 0.918
Eppoch: 045/050 cost: 0.306366821 train_acc: 0.939 test_acc: 0.919
Done.
```

图 5-31　输出结果

可以看到，这个模型的正确率最后稳定在 92% 左右。下面详细说明几个重点内容。

（1）Softmax 回归

这个函数的作用是将一组数据转化为概率的形式。函数的表达式为

$$\text{Softmax}(x_j) = \frac{\exp(x_j)}{\sum_j \exp(x_j)}$$

Softmax 回归可以将一组数据整理为一个概率分布，计算简单，也很好理解。这里用它来处理模型的输出结果，如图 5-32 所示。

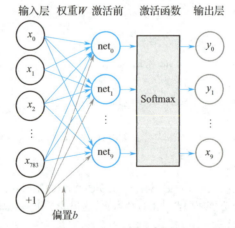

图 5-32　使用 Softmax 回归处理模型的输出结果

因为模型原本的输出可能是 (1,2,3,…)(1,2,3,…)(1,2,3,…) 的形式，无法使用交叉熵的方式进行衡量，所以先进行一次处理。举个例子就是，一个向量 (1,2,3)(1,2,3)(1,2,3) 经过 Softmax 回归之后变为

$$\left(\frac{e^1}{e^1+e^2+e^3}, \frac{e^2}{e^1+e^2+e^3}, \frac{e^3}{e^1+e^2+e^3}\right)$$

这样就称为一个概率分布，方便接下来计算交叉熵。

(2) 交叉熵

交叉熵的概念取自信息论，表示的是两个概率分布之间的距离，一般都会用在分类问题中，对于两个给定的概率分布 p 和 q（注意：这里指的是概率分布，不是单个的概率值，所以才会有下面公式中的求和运算），通过 q 来表示 p 的交叉熵表示为

$$H(p,q) = -\sum p(x)\log q(x)$$

使用交叉熵的前提是概率分布 $p(X=x)$ 要满足

$$\forall x p(X=x) \in [0,1] \text{ and } \sum p(X=x) = 1$$

先使用 Softmax 回归对输出的数据进行处理，本来模型对于一张图片的输出是不符合概率分布的，所以经过 Softmax 回归转化之后，就可以使用交叉熵来衡量了。

通俗来讲，交叉熵可以被理解为用给定的一个概率分布表达另一个概率分布的困难程度。两个概率分布越接近，显然这种困难程度就越小，那么交叉熵就会越小。回到 MNIST 中，对于某一张图片的正确分类是这样的形式(1,0,0,…)，对于这张图片，模型输出可能是(0.5, 0.3, 0.2)这样的形式，那么计算交叉熵就是 $-(1\times\log(0.5)+0\times\log(0.3)+0\times\log(0.2))-(1\times\log(0.5)+0\times\log(0.3)+0\times\log(0.2))-(1\times\log(0.5)+0\times\log(0.3)+0\times\log(0.2))$。在上面程序中，lost 函数中就是这样计算的。这里还用到了一个函数——tf.clip_by_value()，这个函数是将数组中的值限定在一个范围内，如上面程序中有

```
#损失函数使用交叉熵的方式,Softmax()函数与交叉熵一般都会结合使用
cost = tf.reduce_mean( -tf.reduce.sum(y * tf.log(tf.clip_by_value(actv,1e-10,1.0)),reduction_indices =1))
```

虽然模型的输出一般不会出现某个元素为 0 这种情况，但是这样并不保险。一旦出现 actv 中某个元素为 0，根据交叉熵的计算，就会出现 log(0) 的情况，所以最好对这个数组加以限制。clip_by_value() 函数的定义如下：

```
def clip_by_value(t:Any,
#这个参数就是需要整理的数组
clip_value_min:Any,       #最小值
clip_value_max:Any,       #最大值
name:Any = None) - >
#经过这个函数,数组中小于 clip_value_min 的元素就会被替换为 clip_value_min,同样,超过
#的也会被替换,所以用在交叉熵中就保证了计算的合法
```

很明显，交叉熵越小，说明模型的输出越接近正确的结果，这也是使用交叉熵描述损失函数的原因，接下来使用梯度下降（这里是）法不断更新参数，找到最小的损失，这就是最优的模型了。

五、实训总结

通过本实训，我们了解到了神经网络的原理，对深度学习等有了一定的了解和认识，有助理解图像处理技术的应用。

知识技能拓展：TensorFlow 模型优化算法

最优化问题是计算数学中重要的研究方向之一。而在深度学习领域，优化算法的选择也是一个模型的重中之重。即使在数据集和模型架构完全相同的情况下，采用不同的优化算法，也有可能导致截然不同的训练效果。

梯度下降是目前神经网络中使用较广泛的优化算法之一。为了更好地提高训练效果，出现了一系列变种算法。从最初的 SGD（随机梯度下降）逐步演进到 Adam。然而，许多学术界最为前沿的文章中，都并未一味使用 Adam 等公认"好用"的自适应算法，甚至很多还选择了最为初级的随机梯度下降等算法。

TensorFlow 模型优化算法的实现主要包括：梯度下降、动量法、AdaGrad 算法、RMSProp 算法、AdaDelta 算法和 Adam 算法。

1. 梯度下降

（1）原理

梯度下降应该是最常见的优化算法。

对于 $f(x)$，其梯度是

$$\nabla_x f(\boldsymbol{x}) = \left[\frac{\partial f(\boldsymbol{x})}{\partial x_1}, \frac{\partial f(\boldsymbol{x})}{\partial x_2}, \cdots, \frac{\partial f(\boldsymbol{x})}{\partial x_d}\right]^{\mathrm{T}}$$

f 沿着单位向量 $\boldsymbol{u}$ 的方向的导数是

$$\mathrm{D}_u f(\boldsymbol{x}) = \nabla f(\boldsymbol{x}) \cdot \boldsymbol{u}$$

我们希望找到 f 下降最快的方向，来迅速找到 f 的最小值，当 $\boldsymbol{u}$ 在梯度方向 $\nabla f(\boldsymbol{x})$ 的相反方向时，方向导数被最小化，故有梯度下降

$$\boldsymbol{x} \leftarrow \boldsymbol{x} - \eta\, \nabla f(\boldsymbol{x})$$

式中，超参数 η 称作学习率。

（2）代码实现

1）训练集及迭代阈值。

```
#每个样本点有 3 个分量(x0,x1,x2)
x = [(1,0.,3),(1,1.,3),(1,2.,3),(1,3.,2),(1,4.,4)]
#y[i]样本点对应的输出
y = [95.364,97.217205,75.195834,60.105519,49.342380]
#迭代阈值,当两次迭代损失函数之差小于该阈值时停止迭代
epsilon = 0.0001
```

2）设置学习率及初始化参数。

```python
#学习率
alpha = 0.01
diff = [0,0]
max_itor = 1000
error1 = 0
error0 = 0
cnt = 0
m = len(x)
#初始化参数
theta0 = 0
theta1 = 0
theta2 = 0
while True:
    cnt += 1
```

3）参数迭代计算。

```python
for i in range(m):
    #拟合函数为 y = theta0 * x[0] + theta1 * x[1] + theta2 * x[2]
    #计算残差
    diff[0] = (theta0 + theta1 * x[i][1] + theta2 * x[i][2] - y[i])
    #梯度 = diff[0] * x[i][j]
    theta0 -= alpha * diff[0] * x[i][0]
    theta1 -= alpha * diff[0] * x[i][1]
    theta2 -= alpha * diff[0] * x[i][2]
```

4）计算损失函数。

```python
error1 = 0
for lp in range(len(x)):
    error1 += (y[lp] - (theta0 + theta1 * x[lp][1] + theta2 * x[lp][2])) ** 2 / 2
if abs(error1 - error0) < epsilon:
    break
else:
    error0 = error1
print('theta0:%f,theta1:%f,theta2:%f,error1:%f'%(theta0,theta1,theta2,error1))
```

5）输出参数变化及迭代次数。

```python
print('Done:theta0:%f,theta1:%f,theta2:%f'%(theta0,theta1,theta2))
print('迭代次数:%d'%cnt)
```

(3) 结果

截取部分结果如图 5-33 所示。

```
theta0 : 97.714371, theta1 : -13.224388, theta2 : 1.343600, error1 : 58.732865
theta0 : 97.715073, theta1 : -13.224380, theta2 : 1.343377, error1 : 58.732763
theta0 : 97.715773, theta1 : -13.224372, theta2 : 1.343155, error1 : 58.732661
theta0 : 97.716472, theta1 : -13.224363, theta2 : 1.342933, error1 : 58.732560
theta0 : 97.717169, theta1 : -13.224355, theta2 : 1.342712, error1 : 58.732459
theta0 : 97.717864, theta1 : -13.224347, theta2 : 1.342491, error1 : 58.732358
theta0 : 97.718558, theta1 : -13.224339, theta2 : 1.342271, error1 : 58.732258
theta0 : 97.719251, theta1 : -13.224330, theta2 : 1.342051, error1 : 58.732157
Done: theta0 : 97.719942, theta1 : -13.224322, theta2 : 1.341832
迭代次数: 2608
```

图 5-33 截取部分结果

2. 动量法

(1) 原理

梯度下降根据自身变量当前位置，沿着当前位置的梯度更新自变量。如果自变量的迭代方向仅取决于自变量当前位置，这可能会带来一些问题。

动量法创建速度变量 v，对小批量随机梯度下降的迭代做修改：

$$v_t \leftarrow \gamma v_{t-1} + \eta_t g_t$$
$$x_t \leftarrow x_{t-1} - v_t$$

其中，动量超参数 $0 \leq \gamma < 1$。

(2) 代码实现

1) 导入库并构造训练数据。

```
import numpy as np
import random
#构造训练数据
x = np.arange(0.,10.,0.2)
m = len(x)
x0 = np.full(m,1.0)
input_data = np.vstack([x0,x]).T    #将偏置b作为权向量的第一个分量
target_data = 3 * x + 8 + np.random.randn(m)
```

2) 设定终止条件及初始化权值。

```
#两种终止条件
max_iter = 10000
epsilon = 1e-5
#初始化权值
np.random.seed(0)
w = np.random.randn(2)
v = np.zeros(2)      #更新的速度参数
alpha = 0.001        #步长
diff = 0.
error = np.zeros(2)
count = 0            #循环次数
eps = 0.9            #衰减力度,可以调节,该值越大则之前的梯度对现在方向的影响也越大
```

3）动量法更新参数。

```
while count < max_iter:
    count + = 1
    sum_m = np.zeros(2)
    index = random.sample(range(m),int(np.ceil(m*0.2)))
    sample_data = input_data[index]
    sample_target = target_data[index]

    for i in range(len(sample_data)):
        dif = (np.dot(w,input_data[i]) - target_data[i]) * input_data[i]
        sum_m = sum_m + dif
    v = eps * v - alpha * sum_m     #在这里进行速度更新
    w = w + v                       #使用动量来更新参数
    if np.linalg.norm(w - error) < epsilon:
        break
    else:
        error = w
print('loop count = % d'% count,'\tw:[% f,% f]'% (w[0],w[1]))
```

（3）运行结果

运行结果如图5-34所示。

loop count = 443　w:[8.470643, 2.184634]

图5-34　运行结果

3. AdaGrad 算法

（1）原理

梯度下降和动量法使用统一的学习率，难以适应所有维度。而 AdaGrad 算法，根据自变量在每个维度的梯度值的大小来调整各个维度上的学习率。不过，当学习率在迭代早期下降得很快且当前解依然不佳时，AdaGrad 算法在迭代后期由于学习率过小，可能很难找到一个有用的解。

（2）代码实现

1）导入相关包。

```
import numpy as np
```

2）设定初始值。

```
def rmsprop(w,dw,config = None):
    if config is None:config = {}
    learning_rate = config.get('learning_rate',1e-2)
    decay_rate = config.get('decay_rate',0.99)
    epsilon = config.get('epsilon',1e-8)
    cache = config.get('cache',np.zeros_like(w))
```

3）更新各个方向的梯度值。

```
cache = decay_rate * cache + (1 - decay_rate) * dw ** 2
next_w = w - learning_rate * dw/(np.sqrt(cache) + epsilon)
config['cache'] = cache
return next_w, config
```

4. RMSProp 算法

（1）原理

RMSProp 算法对 AdaGrad 算法做了一点小小的修改，参考了动量法，使得自变量每个元素的学习率在迭代过程中不再一直降低。

（2）代码实现

1）导入相关包。

```
import numpy as np
```

2）设定初始值。

```
def rmsprop(w, dw, config = None):
if configis None: config = {}
learning_rate = config.get('learning_rate', 1e-2)
decay_rate = config.get('decay_rate', 0.99)
epsilon = config.get('epsilon', 1e-8)
cache = config.get('cache', np.zeros_like(w))
```

3）更新各个方向的梯度值。

```
cache = decay_rate * cache + (1 - decay_rate) * dw ** 2
next_w = w - learning_rate * dw/(np.sqrt(cache) + epsilon)
config['cache'] = cache
return next_w, config
```

5. AdaDelta 算法

AdaDelta 算法也是针对 AdaGrad 算法的改进，代码如下。

1）初始化参数。

```
def initialize_adadelta(parameters):
    L = len(parameters)//2    #神经网络的层数
    s = {}
    v = {}
    delta = {}
    #初始化变量值
    for l in range(L):
        s["dW" + str(l+1)] = np.zeros(parameters["W" + str(l+1)].shape)
        s["db" + str(l+1)] = np.zeros(parameters["b" + str(l+1)].shape)
        v["dW" + str(l+1)] = np.zeros(parameters["W" + str(l+1)].shape)
```

```
        v["db"+str(l+1)] = np.zeros(parameters["b"+str(l+1)].shape)
        delta["dW"+str(l+1)] = np.zeros(parameters["W"+str(l+1)].shape)
        delta["db"+str(l+1)] = np.zeros(parameters["b"+str(l+1)].shape)
    return s,v,delta
```

2）更新参数。

```
def update_parameters_with_adadelta(parameters,grades,rho,s,v,delta,epsilon=1e-6):
    L = len(parameters)//2    #神经网络的层数
    #更新参数
    for l in range(L):
        #计算 s
        s["dW"+str(l+1)] = rho*s["dW"+str(l+1)]+(1-rho)*grads['dW'+str(l+1)]**2
        s["db"+str(l+1)] = rho*s["db"+str(l+1)]+(1-rho)*grads['db'+str(l+1)]**2
        #计算 RMS

        v["dW"+str(l+1)] = np.sqrt((delta["dW"+str(l+1)]+epsilon)/(s['dw'+str(l+1)]+epsilon))
            *grads['dW'+str(l+1)]
        v["db"+str(l+1)] = np.sqrt((delta["db"+str(l+1)]+epsilon)/(s['dw'+str(l+1)]+epsilon))
            *grads['db'+str(l+1)]
        #更新权重和偏置
        parameters["W"+str(l+1)] -= v["dW"+str(l+1)]
    parameters["b"+str(l+1)] -= v["db"+str(l+1)]
        #更新 delta
        delta["dW"+str(l+1)] = rho*delta["dW"+str(l+1)]+(1-rho)*v["dW"+str(l+1)]**2
        delta["db"+str(l+1)] = rho*delta["db"+str(l+1)]+(1-rho)*v["db"+str(l+1)]**2
    return parameters
```

6. Adam 算法

Adam 算法在 RMSProp 算法基础上对小批量随机梯度也做了指数加权移动平均，代码如下。

1）初始化参数。

```
def adam(w,dw,config=None):
    if config is None:config = {}
    config.setdefault('learning rate',1e-3)
    config.setdefault('beta1',0.9)
    config.setdefault('beta2',0.999)
    config.setdefault('epsilon',1e-8)
    config.setdefault('m',np.zeros_like(w))
    config.setdefault('v',np.zeros_like(w))
    config.setdefault('t',0)
```

```
m = config['m']
v = config['v']
t = config['t'] + 1
beta1 = config['beta1']
beta2 = config['beta2']
epsilon = config['epsilon']
learning_rate = config['learning_rate']
```

2）更新参数。

```
m = beta1 * m + (1 - beta1) * dw
v = beta2 * v + (1 - beta2) * (dw ** 2)
mb = m / (1 - beta1 ** t)
vb = v / (1 - beta2 ** t)
next_w = w - learning_rate * mb / (np.sqrt(vb) + epsilon)

config['m'] = m
config['v'] = v
config['t'] = t

return next_w, config
```

模块六 卷积神经网络及 TensorFlow 实战

前面项目介绍了神经网络的相关知识，本项目将介绍一种全新的神经网络结构——卷积神经网络（CNN）。在很多场合我们都能看到卷积神经网络的身影，如图像识别、自然语言处理、语音识别等，但卷积神经网络最主要的应用还是在图像识别领域。因此，本项目将基于图像识别问题来介绍卷积神经网络的结构、基于 TensorFlow 介绍如何构建卷积神经网络，以及如何使用卷积神经网络解决实际的图像分类问题及应用。

单元一 CNN 结构

学习目标

知识目标： 了解 CNN 的概念与发展历史；熟悉 CNN 的基本结构；掌握卷积操作、池化操作和激活操作。

能力目标： 能够归纳 CNN 卷积操作过程；能够区分不同的池化操作；能够实现不同的激活函数。

素养目标： 培养学生人工智能 CNN 领域的理论素养；培养学生系统性思维，在面对复杂性问题时，能够进行综合性、全局性的思考。

一、CNN 基本结构

卷积神经网络（Convolutional Neural Network，CNN）又称卷积网络，是含有卷积的神经网络，是一种前馈神经网络，在深度学习的历史中发挥着重要作用，是将研究人脑获得的深刻理解成功应用于机器学习的关键例子，也是首批表现良好的深度模型之一，CNN 的提出时间较早，其可行性得到了广泛认可，被认为是可行的。

CNN 是第一个解决重要商业应用的神经网络，并且仍然处于当今深度学习商业应用的前沿，被用于图像识别、语音识别等各种场合，在图像识别领域，基于深度学习的方法几乎都以 CNN 为基础。

卷积神经网络的发展历程如图 6-1 所示。

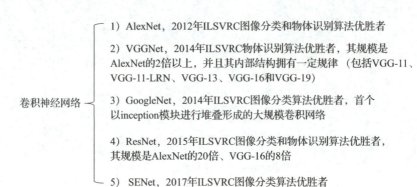

图 6-1 卷积神经网络的发展

与神经网络一样，可以通过组装层来构建 CNN，不过 CNN 中新引入了卷积层和池化层，这两层都是 CNN 的重要组成部分。典型的 CNN 结构包括输入层（Input）、卷积层（Convolution）、池化层（Pooling）、全连接层（Full Connected Layer）和输出层（Output），如图 6-2 所示。

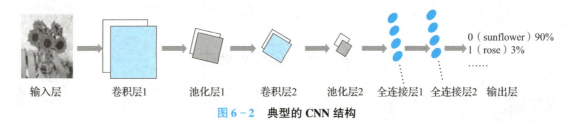

图 6-2 典型的 CNN 结构

（1）输入层

输入层就是定义整个模型的输入，该层要做的主要是对原始数据进行预处理。

（2）卷积层

图 6-2 包含两个卷积层。卷积层是卷积神经网络最重要的一个层次，实现对上一层输入的变换操作，通过滤波器计算进行特征提取。

（3）池化层

图 6-2 包含两个池化层。池化层对上一层的特征数据进行压缩。

（4）全连接层

图 6-2 在卷积和池化之后构建了两个全连接层。全连接层的建立是为后续分类任务做准备。

（5）输出层

通过输出层可以得出输入样本所属类别的概率分布情况。

在卷积神经网络结构中，除了新增卷积层和池化层外，一般还会使用激活函数。下面来详细介绍其中的卷积操作、池化操作和激活操作。

二、卷积操作

卷积层进行的处理就是卷积操作，主要目的是提取图像的特征。

卷积操作相当于图像处理中的"滤波器运算"。以计算机眼中的图像为例，图像在计算机中数字化地表示为一个个离散的像素点，每个像素点会保存颜色信息。如图6－3所示，假设输入图像为黑白图像，每个像素点不是黑色就是白色，用0代表黑色，1代表白色，设定一个滤波器，滤波器操作后得到过滤后的信息，这就是卷积操作。

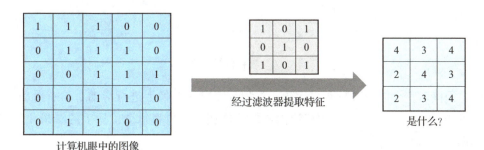

图6－3 卷积操作

卷积操作有三个重要概念：卷积核（也称为滤波器）、步长和填充。

卷积核（kernel）的大小可以在实际需要时自定义其长和宽，通常是3×3或5×5，其通道个数一般设置为与输入图片通道数量（如果输入的图像是黑白图像，每个像素点只需要一个数值描述，即只有1个通道；如果输入的图像是彩色图像，每个像素点需要R、G、B三种颜色描述，即有3个通道）一致。

步长（stride）是指卷积在图片上滑动时需要移动的像素数。如步长为1（stride＝1）时，卷积每次只移动1个像素，计算过程不会跳过任何一个像素；而步长为2时，卷积每次滑动2个像素。

填充（padding）是指在进行卷积层的处理之前，有时要向输入数据的周围填入固定的数据（比如0等），是卷积运算中经常会用到的处理。例如，padding＝0表示无填充；padding＝1则表示对输入数据进行了幅度为1的填充，即用幅度为1像素的0填充周围。在TensorFlow中，padding卷积有两种取值方式：same和valid。padding取值为same时，表示padding＞0，将会对输入做填充，填充值都是0值；当stride＝1时，padding＝'same'进行卷积操作后的输出与输入的大小保持一致。padding取值为valid时，等价于padding＝0，表示对输入无填充。

1. 卷积操作分解

卷积操作是从起始点开始按照先行后列的顺序进行滑动运算。以图6－3所示的卷积操作为例，设置卷积核大小为3×3、步长为1、填充为0（padding＝'valid'）。下面来进行卷积操作分解。

1）将卷积核放到图像起始位置进行运算，将对应位置上每个点的像素值和卷积核的权值相乘，再将每个位置上的结果相加，最后得到结果为4，如图6－4所示。

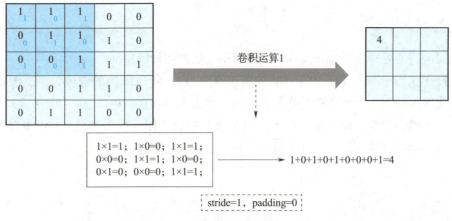

图 6-4 卷积分解步骤 1

2）卷积核对整个图像进行卷积运算，卷积核需要在图像上进行滑动，向右滑动 1 步后，同样将对应位置上每个点的像素值和卷积核的权值相乘，再将每个位置上的结果相加得到结果 3，如图 6-5 所示。

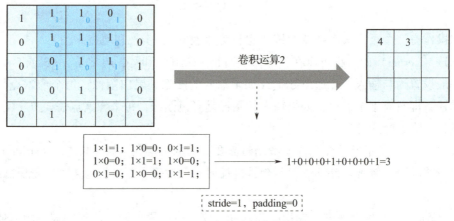

图 6-5 卷积分解步骤 2

3）继续向右滑动 1 步，做相同运算，结果为 4，如图 6-6 所示。

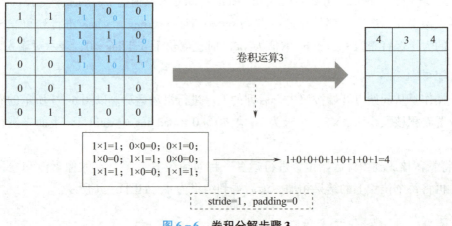

图 6-6 卷积分解步骤 3

4）卷积核继续向右进行滑动会超出图像边界，无法继续向右滑动，开始处理下一行，继续做相同运算，结果为2，如图6-7所示。

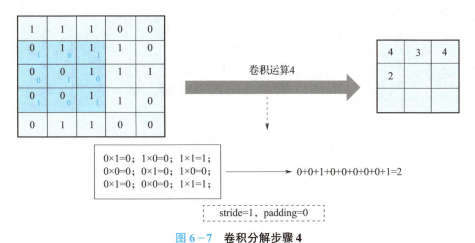

图6-7　卷积分解步骤4

5）继续向右滑动1步，做相同运算，结果为4，如图6-8所示。

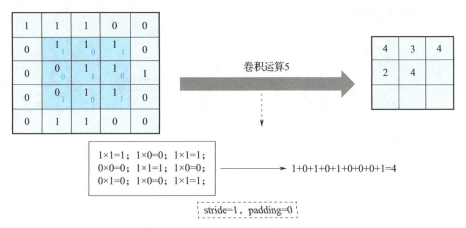

图6-8　卷积分解步骤5

6）继续向右滑动1步，继续做相同运算，结果为3，如图6-9所示。

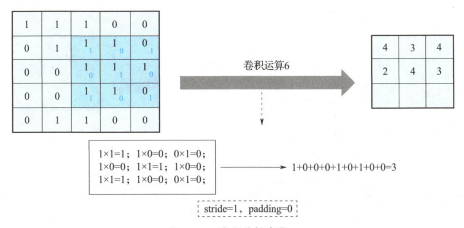

图6-9　卷积分解步骤6

7) 卷积核继续向右进行滑动会超出图像边界,开始处理下一行,做相同运算,结果为2,如图6-10所示。

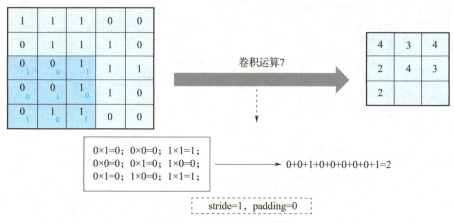

图6-10 卷积分解步骤7

8) 继续向右滑动1步,做相同运算,结果为3,如图6-11所示。

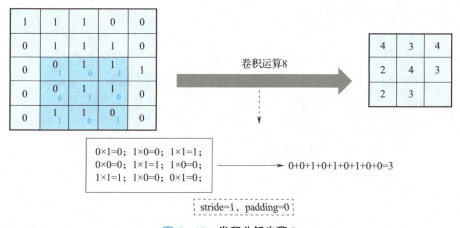

图6-11 卷积分解步骤8

9) 继续向右滑动1步,做相同运算,结果为4,如图6-12所示。

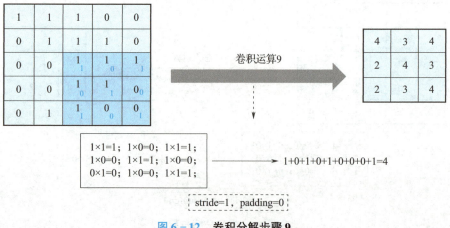

图6-12 卷积分解步骤9

卷积核向右滑动或向下一行滑动将超出图像边界，卷积操作结束，得到全部卷积操作后的结果。

在 TensorFlow 2.0 及以上版本中，可以通过 tensorflow.keras.layers 中的 Convolution2D 或 Conv 2D 创建卷积层（二维卷积），Convolution2D 和 Conv 2D 等价。例如，创建一个卷积层的代码如下。

```
from tensorflow.keras.layers import Conv2D #导入子模块
conv = Conv2D(    #创建一个卷积层
    filters = 32,    #filters 参数决定卷积核的个数,例如等于32
    kernel_size = 3,    #kernel_size 参数决定每个卷积核的尺寸,例如卷积核尺寸为3*3
    strides = 1,#strides 参数决定卷积步长,默认为1,为1时可以省略
    padding = 'same',    #padding 参数决定是否需要在输入张量上补数据,same 表示边距处
                         #理方法为补零策略
    input_shape = (32,32,3),    #input_shape 参数决定输入形状,32*32*3 为长*宽*通道数
)
```

2. 多样化卷积

在卷积神经网络中，卷积层构造的形式有多种，常用的还有深度可分离卷积、分组卷积、转置卷积和空洞卷积。

（1）深度可分离卷积

深度可分离卷积（Depthwise Separable Convolution）主要分为两个过程，分别为逐通道卷积（Depthwise Convolution）和逐点卷积（Pointwise Convolution）。

1）逐通道卷积的一个卷积核负责一个通道，一个通道只被一个卷积核卷积，这个过程产生的特征图（Feature Map）通道数和输入的通道数完全一样。

逐通道卷积完成后的特征图数量与输入层的通道数相同，但是这种运算对输入层的每个通道独立进行卷积运算后就结束了，没有有效地利用不同图在相同空间位置上的信息。因此，需要增加操作来将这些图进行组合生成新的特征图。

其中一个滤波器只包含一个大小为 3×3 的卷积核，卷积部分的参数个数为

$$N\_depthwise = 3 \times 3 \times 3 = 27$$

逐通道卷积过程如图 6-13 所示。

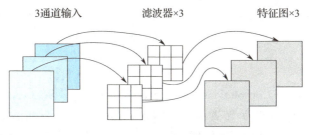

图 6-13　逐通道卷积过程

2）逐点卷积的运算与常规卷积运算相似，不同之处在于卷积核的尺寸为 $1 \times 1 \times M$，M 为上一层的通道数。所以这里的卷积运算会将上一步的图在深度方向上进行加权组合，生成

新的特征图。有几个卷积核就有几个特征图。

由于采用的是 1×1 卷积的方式,如果图像有 3 个通道,用 4 个滤波器,此步中卷积涉及的参数个数为 N_pointwise = 1×1×3×4 = 12。

常规卷积的参数个数为 N_std = 4×3×3×3 = 108。

深度可分离卷积的参数由两部分相加得到:

$$N\_depthwise = 3 \times 3 \times 3 = 27$$
$$N\_pointwise = 1 \times 1 \times 3 \times 4 = 12$$
$$N\_separable = N\_depthwise + N\_pointwise = 39$$

逐点卷积过程如图 6-14 所示。

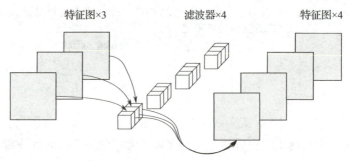

图 6-14 深度可分离卷积过程

(2) 分组卷积

分组卷积 (Group Convolution) 是沿通道方向将数据分组。例如,W、H 分别对应特征图的宽和高,c_1、c_2 分别对应特征图的输入通道和输出通道,假设分成 g 组,那么每一组中的输入通道数为 c_1/g,对应输出的通道数为 c_2/g。滤波器被分成了两个组。每一个组都只有原来一半的特征图。分组和未分组卷积层结构对比如图 6-15 所示。

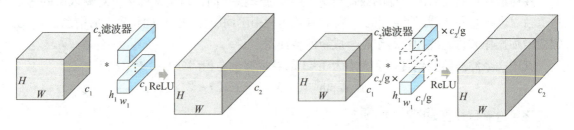

a) 正常的、没有分组的卷积层结构　　　　　　b) 分组卷积的卷积层结构

图 6-15 卷积层结构对比图

(3) 转置卷积

转置卷积 (Transposed Convolutions) 是卷积的反向过程,即卷积操作的输入作为转置卷积的输出,卷积操作的输出作为转置卷积的输入。为什么需要转置卷积呢?因为计算机在实际计算时,会将卷积层转换为等效的矩阵,将输入转换为向量,通过输入向量与卷积矩阵的相乘获得输出向量,输出向量通过转置变换后可以得到二维的特征值。转置卷积过程如图 6-16 所示。

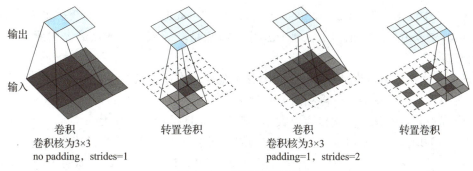

图 6-16　转置卷积过程

（4）空洞卷积

空洞卷积（Dilated Convolutions）通过对卷积核添加空洞来扩大感受野（感受野是指卷积神经网络的每一层输出的特征图上的像素点在输入图像上映射的区域大小）。感受野是指数级增长的。空洞卷积并不增加参数量，多出的点给出的权值就是 0，无须训练。空洞卷积结构如图 6-17 所示。

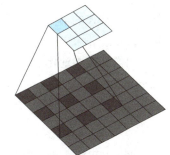

图 6-17　空洞卷积结构图

三、池化操作

在卷积神经网络中，经常会碰到池化操作，而池化层往往在卷积层后面，池化层通过池化操作来减少卷积层输出的特征向量，同时改善结果（不易出现过拟合），池化操作是对图片进行压缩（降采样）的一种方法。它对平面内某一位置及其相邻位置的特征值进行统计汇总，并将汇总后的结果作为这一位置在该平面内的值输出。例如，池化将输入张量每一个位置的矩形邻域内的最大值或者平均值作为该位置的输出值，如果取的是最大值，则称为最大值池化，如果是平均值，则称为平均值池化。

与卷积层类似，池化层也包含三个重要概念：池化核、步长和填充。池化核的窗口大小为 F×F（长和宽一致），例如 2×2、3×3、4×4 等。一般来说，步长的值设置为和池化核大小相同。例如，2×2 的窗口步长设为 2。与卷积层一样，在 TensorFlow 中，池化层中填充（padding）也包含两种取值方式：same 和 valid。same 保证每个像素点都可以被扫描到。在池化层中填充一般采用 valid（无填充）。

池化层运算和卷积层一样，也是从起始点按照先行后列的顺序进行滑动计算。例如，一个 4×4 的特征层经过最大池化（Max Pooling）即取最大值操作后，可以得到一个 2×2 的特征层。处理过程如图 6-18 所示。

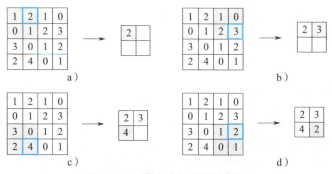

图 6-18　最大池化处理过程图

图 6-18 中池化核为 2×2、stride=2、padding 为 valid，最大池化是获取最大值的运算，在 2×2 区域中取出最大的值。最大池化操作的特点是取邻域内特征点最大的值，平移不变性，防止过拟合。

除最大池化和均值池化操作外，其他常用的池化操作还有以下一些。
1）随机池化：根据输入的多项式分布随机选择一个值作为输出。
2）全局池化：池化的池化核窗口大小和整张特征图的大小一样大。
3）全局平均池化：不以窗口的形式取均值，而是以特征图为单位进行均值化。

不管采用什么样的池化方法，当输入做出少量平移时，池化能够帮助输入的表示近似不变。对于平移的不变性是指当对输入进行少量平移时，经过池化操作后的大多数输出并不会发生改变。

图像分类中池化层通常采用最大池化操作，在 TensorFlow 2.0 及以上版本中，可以通过 tensorflow.keras.layers 中的 MaxPooling2D 或 MaxPool2D 创建最大池化层。例如，创建一个最大池化层的代码如下。

```
from tensorflow.keras.layers import MaxPool2D    #导入子模块
max_pool = MaxPool2D( #创建一个最大池化层
    pool_size = (2,2),   #pool_size 参数决定池化核的尺寸,例如沿 2*2（高度和宽度）
                         # 区间对输入进行降采样
    strides = 2,    #strides 参数决定卷积步长,默认为1,为1时可以省略
    padding = 'valid'  #padding 参数决定是否需要在输入数据上填充数据,valid 为无填充
)
```

四、激活操作

CNN 中卷积层、池化层和激活层通常作为一个整体使用，激活层用于做非线性映射，激活函数也是卷积神经网络的一个重要组成部分。模块五中已介绍过，常用的激活函数有 Sigmoid 函数、Tanh 函数、ReLU 函数、LeakyReLU 函数等。在 CNN 模型中使用激活函数可以通过 Activation 显式创建，也可以作为某些层的 activation 参数进行设定。以 Activation 显式创建方式为例，几种激活函数的实现方法如下。

1. Sigmoid 函数

在 TensorFlow 2.0 及以上版本中，可以通过 tensorflow.keras.layers 中的 Activation 定义 Sigmoid 激活函数层。实现代码如下。

```
from tensorflow.keras.layers import Activation   #导入子库
sigmoid1 = Activation('sigmoid') #通过 Activation()传入值 sigmoid 定义 Sigmoid 激活函数
```

2. Tanh 函数

在 TensorFlow 2.0 及以上版本中，同样可以通过 tensorflow.keras.layers 中的 Activation 定义 Tanh 激活函数层。实现代码如下。

```
from tensorflow.keras.layers import Activation   #导入子库
tanh1 = Activation('tanh') #通过 Activation()传入值 tanh 定义 Tanh 激活函数
```

3. ReLU 函数

在 TensorFlow 2.0 及以上版本中，可以通过 tensorflow.keras.layers 中的 Activation 或 ReLU 定义 ReLU 激活函数层。实现代码如下。

```
from tensorflow.keras.layers import Activation,ReLU    #导入子库
relu1 = Activation('relu') #通过 Activation()传入值 relu 定义 ReLU 激活函数
relu2 = ReLU()  #通过 ReLU()定义 ReLU 激活函数
```

4. LeakyReLU 函数

在 TensorFlow 2.0 及以上版本中，可以通过 tensorflow.keras.layers 中的 Activation 或 LeakyReLU 定义 LeakyReLU 激活函数层。实现代码如下。

```
from tensorflow.keras.layers import Activation,LeakyReLU    #导入子库
lrelu1 = Activation('leakyRelu') #通过 Activation()传入值 leakyRelu 定义 LeakyReLU
                                 #激活函数
lrelu2 = LeakyReLU() #通过 LeakyReLU ()定义 LeakyReLU 激活函数
```

单元二　图像分类

学习目标

知识目标：了解图像分类的概念与发展历程；掌握图像分类过程；熟悉图像分类主要算法。

能力目标：能够使用图像分类解决实际问题；能够区分不同图像分类算法的优缺点。

素养目标：培养学生独立思考、严谨求实、追求卓越的科学精神；培养学生的爱国情怀。

一、图像分类概述

1. 图像分类的定义

图像分类就是根据图像信息中反映的不同特征把不同类别的目标区分开来的图像处理方法。图像分类的核心是在给定的分类集合中给图像分配一个标签。实际上，这意味着任务是分析一个输入图像并返回一个将图像分类的标签，标签来自预定义的可能类别集。

图像分类的目的是将不同的图像划分到不同的类别，实现最小分类误差、最高精度。

2. 图像分类的发展历程

可以通过几个时间节点来描述图像分类发展历程，如图 6-19 所示。

1990 年，SVM 和 KNN 算法被应用到 MNIST 数据集上，尽可能提高识别率，降低错误率。

1998 年，LeNet5 算法也被应用到 MNIST 数据集上，大幅度提高了识别率。

2012 年，AlexNet 算法在 ImageNet 数据集上完成了实验。

2014 年，GoogleNet 和 VGG 两个算法被应用到了 ImageNet 数据集上，大幅度提高了识别率，错误率在 6.7%~7.3%。

2015 年，ResNet 算法被用于 ImageNet 数据集，错误率降低到 3.57% 左右。

2017 年，SENet 算法 ImageNet 在图像分类比赛中夺得冠军，错误率降低到 2.25% 左右。

近几年来，图像分类算法在不断扩展、优化与改进，例如 2021 年，ResNet 算法系列中的 Res2Net 算法被 Gao 等人提出，该算法在更细粒度层次上提高了多尺度表征能力。

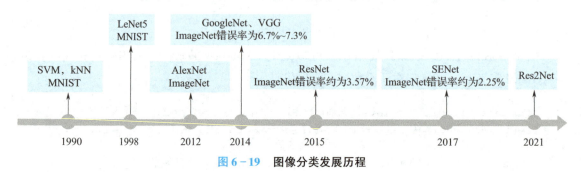

图 6-19　图像分类发展历程

上述错误率均指 Top-5 错误率。Top-5 错误率指的是最后概率最大的前 5 个预测结果中，其中任何一次预测结果正确，结果都算对，当 5 次全部错误，才算预测错误，这时候的分类错误率就叫 Top-5 错误率。

图片分类在很多领域有广泛应用。例如，交通违章识别、安检系统、人脸识别、生物种群数量统计、工业质检、工地安全检测、病虫害虫识别、医疗诊断等。

图像分类在实际应用中也面临着很多挑战。

1）实际的数据类别不均衡，有的类别数据多，有的类别数据少，会导致结果泛化能力差。

2）实际的数据集小，会导致数据过拟合。

3）在实际应用中情况复杂，如光照、遮挡、模糊、角度变化、干扰等。

3. 图像分类过程

图像分类的基本过程是先建立图像内容的描述，然后利用机器学习方法学习图像的类别，最后利用学习得到的模型对未知图像进行分类。图像分类过程一般分为训练图像和测试图像两部分。训练图像：先对训练的图像进行数据预处理，再对图像进行特征提取与表示，最后设计分类器并进行学习，得到分类决策。测试图像：先对预测图像进行数据预处理，再对图像进行特征提取与表示，最后根据分类决策得到图像的目标类别。分类过程如图 6-20 所示。

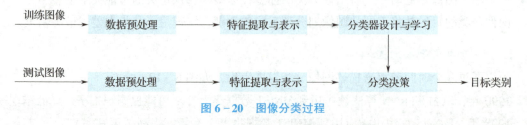

图 6-20　图像分类过程

一般来说，图像分类性能主要与图像特征提取和分类方法密切相关。

图像特征提取是图像分类的基础，提取的图像特征应能代表各种不同的图像属性。

二、图像分类主要算法

1. 传统的图像分类方法

通常完整的图像分类模型一般包括特征提取、特征编码、特征汇聚及图像分类几个阶段。

（1）特征提取

特征提取通常是从图像中按照固定步长和尺度去提取大量局部特征进行描述的过程。常用的局部特征包括尺度不变特征变换（Scale-invariant Feature Transform，SIFT）、方向梯度直方图（Histogram of Oriented Gradient，HOG）、局部二值模式（Local Binary Pattern，LBP）等，一般也采用多种特征描述，防止丢失过多有用信息。

（2）特征编码

底层特征中包含了大量冗余与噪声，为了提高特征表达的鲁棒性，需要使用一种特征变换算法对底层特征进行编码，称作特征编码。常用的特征编码方法包括向量量化编码、稀疏编码、局部线性约束编码、Fisher 向量编码等。

（3）特征汇聚

特征编码之后一般会经过空间特征约束，也称作特征汇聚。特征汇聚是指在一个空间范围内，对每一维特征取最大值或者平均值，可以获得一定特征不变形的特征表达。金字塔特征匹配是一种常用的特征汇聚方法，这种方法提出将图像均匀分块，在分块内做特征汇聚。

（4）图像分类

经过前面步骤之后，一张图像可以用一个固定维度的向量进行描述，接下来就是经过分类器对图像进行分类。通常使用的分类器包括 SVM（Support Vector Machine，支持向量机）、随机森林等。而使用核方法的 SVM 是最为广泛的分类器，在传统图像分类任务上的性能很好。

2. 基于深度学习的图像分类方法

基于深度学习的图像分类方法有很多。常用的标准网络模型包括 LeNet、AlexNet、VGG – Nets、ResNet 系列、Google Inception Net 系列、DenseNet 系列、NASNet、SENet 等。轻量化网络模型包括 MobileNet v1/v2、ShuffleNet v1/v2、SqueezeNet 等。目前，轻量化模型在具体项目中的应用比较广泛。轻量化模型的优点是参数模型小，方便部署，计算量小，速度快；缺点是轻量化模型在精度上没有 ResNet 系列、DenseNet 系列、SENet 的精度高。

（1）LeNet

LeNet 是卷积神经网络之父 YannLeCun 在 1998 年提出的一种经典的卷积神经网络结构，用于解决手写数字识别的视觉任务。自此，CNN 的最基本的架构就确定下来了，即卷积层、池化层、全连接层。现今各大深度学习框架中所使用的 LeNet 都是简化改进过的 LeNet-5，和原始的 LeNet 有些许不同，比如把激活函数改为了现在很常用的 ReLu。LeNet 模型如图 6 – 21 所示。

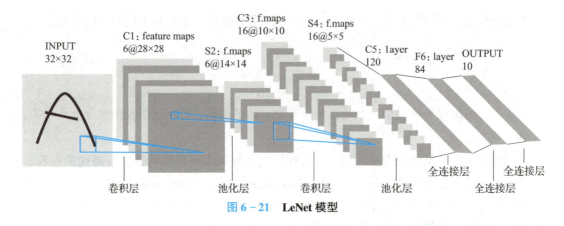

图 6-21　LeNet 模型

（2）AlexNet

AlexNet 在 2012 年 ImageNet 竞赛中以超过第二名 10.9 个百分点的绝对优势一举夺冠，从此深度学习和卷积神经网络声名鹊起并掀起了一波深度学习的热潮。

AlexNet 为 8 层深度网络，其中 5 层卷积层和 3 层全连接层，这里不计归一化层和池化层。AlexNet 模型如图 6-22 所示。

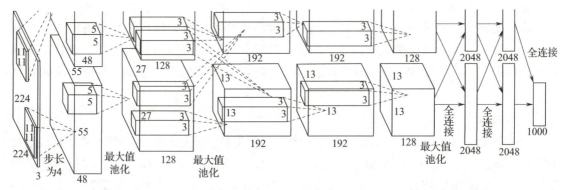

图 6-22　AlexNet 模型

AlexNet 针对的是 1000 类的分类问题，规定输入图片是 224×224 的三通道彩色图片，其特征如下。

1）共 8 层，前 5 层是卷积层，后 3 层是全连接层，最后一个全连接层是具有 1000 个输出的 Softmax。

2）分别在第一个卷积层和第二个卷积层增加了局部响应归一化（Local Response Normalization）层。

3）在每一个卷积层及全连接层后接着 ReLU 操作。

4）Dropout 操作是在最后两个全连接层。

（3）VGG-Nets

VGG-Nets 是由牛津大学 VGG（Visual Geometry Group）提出的，是 2014 年 ImageNet 竞赛定位任务的第一名和分类任务的第二名中的基础网络。VGG-Nets 可以看成是加深版本的 AlexNet，它们都是卷积层+全连接层。

VGG-Nets 探索了 CNN 的深度及其性能之间的关系，通过反复堆叠 3×3 的小型卷积核和 2×2 的最大池化层，VGG-Nets 成功地构筑了 16~19 层深的 CNN。

VGG-Nets 有 A～E 几种结构，从 A～E 网络逐步变深，但是参数量并没有增长很多。其中常用的是 VGG16（16 层）和 VGG19（19 层）。VGG-Nets 所有结构中所有卷积层的卷积核大小都为 3×3。VGG-Nets 模型如图 6–23 所示。

ConvNet 配置					
A	A-LRN	B	C	D	E
11层	11层	13层	16层	16层	19层
输入（224×224RGB图像）					
conv3-64	conv3-64 **LRN**	conv3-64 **conv3-64**	conv3-64 conv3-64	conv3-64 conv3-64	conv3-64 conv3-64
最大池化					
conv3-128	conv3-128	conv3-128 **conv3-128**	conv3-128 conv3-128	conv3-128 conv3-128	conv3-128 conv3-128
最大池化					
conv3-256 conv3-256	conv3-256 conv3-256	conv3-256 conv3-256	conv3-256 conv3-256 **conv1-256**	conv3-256 conv3-256 **conv3-256**	conv3-256 conv3-256 conv3-256 **conv3-256**
最大池化					
conv3-512 conv3-512	conv3-512 conv3-512	conv3-512 conv3-512	conv3-512 conv3-512 **conv1-512**	conv3-512 conv3-512 **conv3-512**	conv3-512 conv3-512 conv3-512 **conv3-512**
最大池化					
conv3-512 conv3-512	conv3-512 conv3-512	conv3-512 conv3-512	conv3-512 conv3-512 **conv1-512**	conv3-512 conv3-512 **conv3-512**	conv3-512 conv3-512 conv3-512 **conv3-512**
最大池化					
FC-4096					
FC-4096					
FC-1000					
softmax					

图 6–23 **VGG-Nets 模型**

VGG-Nets 拥有 5 段卷积，每一段卷积内有 2～3 个卷积层，同时每段尾部都会连接一个最大池化层来缩小图片尺寸，5 段卷积后有 3 个全连接层，然后通过 Softmax 来预测结果。

VGG-Nets 输入的是大小为 224×224 的 RGB 图像，通过预处理计算出三个通道的平均值，再在每个像素上减去平均值。经过一系列卷积层处理，图像的数据变小，在卷积层中一般使用 3×3 的卷积核。

卷积层之后是 3 个全连接层。前两个全连接层均有 4096 个通道，第三个全连接层有 1000 个通道，用来分类。所有网络的全连接层配置相同。

（4）ResNet 系列

ResNet（Residual Neural Network）由微软研究院的 Kaiming He 等人提出，通过残差网络可以把网络层加深，减轻训练深度网络的难度，深度能够达到 1000 多层，最终的网络分类效果也非常好。ResNet 模型如图 6–24 所示。

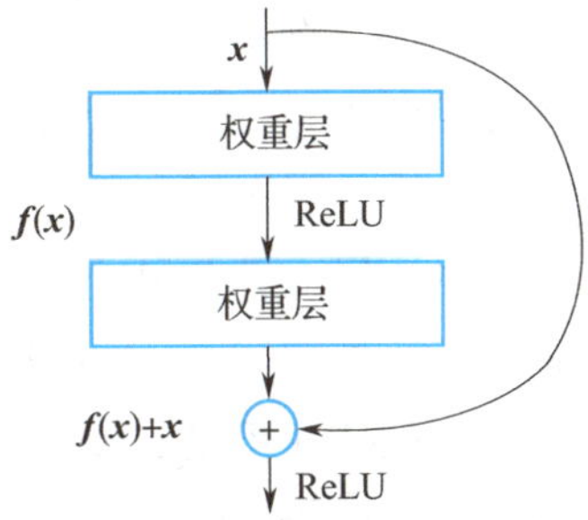

图 6–24 **ResNet 模型**

深度学习网络的深度对最后的分类和识别的效果有着很大的影响。一般来讲，网络设计得越深，效果越好。但有时候在网络很深的时候，网络的堆叠效果却越来越差，其原因之一是网络越深，梯度消失就越明显，网络的训练效果就会受到影响。但是浅层的网络无法明显提升网络的识别效果。所以，需要解决的问题是怎样在加深网络的情况下解决梯度消失的问题。

ResNet 可以解决加深网络的同时避免梯度爆炸（或消失）。一般网络拟合使用的是 $h(x)$，输入 x，通过 $h(x)$ 能够得到正确的解来预测分类。在 ResNet 中引入了残差函数 "$f(x)=h(x)-x$"（即目标值与输入的偏差），通过训练拟合 $f(x)$，进而由 "$f(x)+x$" 得到 $h(x)$。

(5) Google Inception Net 系列

Google Inception Net 是 2014 年由 Christian Szegedy 提出的一种全新的深度学习结构，与 AlexNet、VGG-Net 等结构类似，都是通过增大网络的深度（层数）来获得更好的训练效果。

GoogleNet 和 VGG-Net 是 2014 年 ImageNet 挑战赛的双雄，GoogleNet 获得了第一名、VGG-Net 获得了第二名，这两类模型的共同特点是层次更深。VGG-Net 继承了 LeNet 及 AlexNet 的一些框架结构；而 GoogleNet 则做了更加大胆的网络结构尝试，虽然深度只有 22 层，但大小却比 AlexNet 和 VGG-Net 小很多。GoogleNet 的参数为 500 万个，AlexNet 的参数个数是 GoogleNet 的 12 倍，VGG-Net 的参数又是 AlexNet 的 3 倍，而 GoogleNet 性能更加优越，因此在内存或计算资源有限的情况下，GoogleNet 是比较好的选择。GoogleNet 的核心结构为 Inception。

自 2012 年 AlexNet 取得突破以来直到 GoogleNet 出现，主要采用的方法是增大网络的深度，这样会带来两个缺点：计算量的增加和过拟合。

解决这两个问题的方法就是添加网络深度和宽度的同时减少参数。为了减少参数，全连接就需要变成稀疏连接。可是在实现上，全连接变成稀疏连接后实际计算量并不会有质的变化。Inception 就是为了解决这个问题而设计的。

2014 年 9 月提出了 Inception v1，打破了常规的卷积层串联的模式，将 1×1、3×3、5×5 的卷积层和 3×3 的池化层并联组合后组装在一起。

2015 年 2 月提出了 Inception v2，加入了 BN 层（BN 层本质上是一个归一化网络层），使每一层的输出都规范化服务 $N(0,1)$ 高斯分布。另外一方面，Inception v2 学习 VGG，用两个 3×3 的卷积核替代 5×5 的大卷积核，既降低了参数数量，又加速了计算。

2015 年 12 月提出了 Inception v3，一个最重要的改进是分解，将 7×7 分解成两个一维的卷积（1×7 和 7×1），3×3 也做了如此分解，这样既可以加速计算（多余的计算能力可以用来加深网络），又可以将 1 个卷积拆成 2 个卷积，使得网络深度进一步增加，增强了网络的非线性。

2016 年 2 月提出了 Inception v4，对 Inception 块的每个网格大小进行了统一，相比 Inception v3，Inception v4 结合了 ResNet，将错误率进一步减少到 3.08%。

GoogleNet 仍然试图扩大网络（多达 22 层），但也希望减少参数量和计算量。最初的 Inception 架构由 Google 发布，重点将 CNN 应用于大数据场景及移动端。GoogleNet 模型如图 6-25 所示。

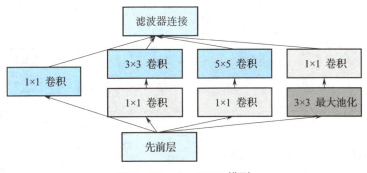

图 6-25 GoogleNet 模型

（6）DenseNet 系列

DenseNet 是一种具有密集连接的卷积神经网络。在该网络中，任何两层之间都有直接的连接，也就是说，网络每一层的输入都是前面所有层输出的并集，而该层所学习的特征图也会被直接传给其后面所有层作为输入。

DenseNet 通过密集连接缓解梯度消失问题，加强特征传播，鼓励特征复用，极大地减少了参数量。DenseNet 模型如图 6-26 所示。

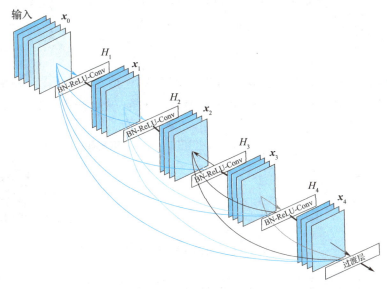

图 6-26 DenseNet 模型

（7）NASNet

在过去的几年里，虽然深度卷积神经网络在图像分类、语义分割等领域取得了巨大的成功，但是深度卷积神经网络的结构设计仍需要许多专业知识和大量时间。近年来，神经架构搜索网络（NASNet）逐渐成为研究的热点之一，其采用神经网络自动设计神经网络结构，目标是运用数据驱动和智能方法，而非直觉和实验来构建网络架构。

相关论文表明神经网络单元中复杂的卷积核组合单元可以显著提升效果。NASNet 框架将这种单元的构建过程定义为优化过程，然后通过叠加最佳单元来构建大型网络。NASNet 模型如图 6-27 所示。

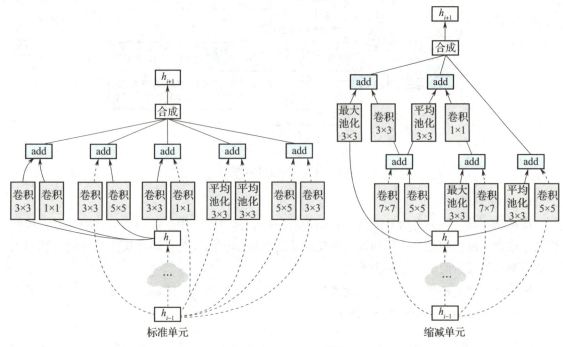

图 6-27 NASNet 模型

（8）SENet

SENet 是 ImageNet 2017（ImageNet 收官赛）的冠军模型，在 SENet 结构中，Squeeze 和 Excitation 是两个非常关键的操作，所以以此来命名。SENet 模型如图 6-28 所示。

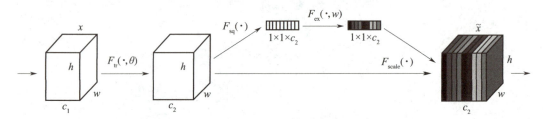

图 6-28 SENet 模型结构图

1）Squeeze 部分（压缩部分）。原始特征图像的维度为 $H \times W \times C$（其中，H 是高度；W 是宽度；C 是通道数）。Squeeze 部分把 $H \times W \times C$ 压缩为 $1 \times 1 \times C$，相当于把 $H \times W$ 压缩成一维了，实际中一般用全局平均池化来实现。$H \times W$ 压缩成一维后，相当于这一维参数获得了之前 $H \times W$ 全局的视野，感受区域更广。

2）Excitation 部分。经过 Squeeze 得到 $1 \times 1 \times C$ 的表示后，加入一个全连接层，对每个通道的重要性进行预测，得到不同通道的重要性大小后再作用（激励）到之前的特征图像的对应通道上，然后进行后续操作。

可以看出，SENet 和 ResNet 很相似，但比 ResNet 做得更多。SENet 在相邻的两层之间加入了处理，使得通道之间的信息交互成为可能，进一步提高了网络的准确率。

单元三　CNN 模型训练及测试

学习目标

知识目标：掌握 CNN 模型的定义；掌握 CNN 模型训练的方法；掌握 CNN 模型测试的方法。

能力目标：能够使用 CNN 编程实现分类预测整体流程；能够使用 CNN 灵活解决实际分类问题，提高工作效率。

素养目标：培养学生动手实践和主动探究的能力；培养学生的团队协作和人际交往能力。

一、数据集介绍

本任务以花朵分类作为例子，花朵分类数据中有 5 类花朵：雏菊（daisy）、蒲公英（dandelion）、玫瑰（rose）、向日葵（sunflower）、郁金香（tulip）。

首先准备数据集，可通过网址 http://download.tensorflow.org/example_images/flower_photos.tgz 下载数据集，图 6-29 给出了部分示例图像。下载后解压到当前项目 data 文件夹中。

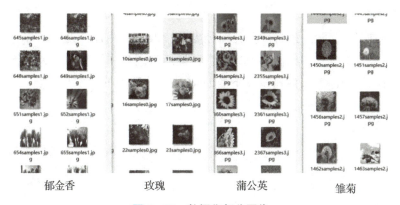

图 6-29　数据集部分图像

二、数据集准备

1. 导入库

在 Jupyter Notebook 中新建一个 Python 文件，在文件中首先导入所需要的库，代码如下。

```
import os                         #操作文件夹模块
import warnings                   #警告模块
warnings.filterwarnings("ignore", category = Warning)
import glob                       #查找目录和文件模块
import pickle                     #序列化对象
```

```python
import numpy as np                              #数组函数包
import tensorflow as tf                          #tens框架
from skimage import io,transform                 #图像处理模块
from tensorflow import keras                     #keras高阶API
from tensorflow.keras.models import Sequential   #序列模型
from tensorflow.keras.layers import Conv2D, Flatten, Dropout, MaxPool2D, Dense, Activation   #添加层
import matplotlib.pyplot as plt                  #图形化库
```

2. 设置参数

设置获取花朵数据的文件路径和训练完后模型所保存的文件路径，代码如下。

```python
#数据集地址
path ='data/flower_photos/'
#模型保存地址
model_path ='model.h5'
```

设置训练和测试时花朵输入的数据参数（长、宽、通道数（彩色图像通道数为3，黑白图像通道数为1））这里将所有的图像尺寸变为成120×120，图像通道数为3通道，代码如下。

```python
w = 120      #将图片的宽度设置成120
h = 120      #将图片的高度设置成120
c = 3        #将图片的通道数设置成3
```

3. 读取数据集

定义一个读取图片函数，通过数据集路径参数读取所有图片，设置图片分类标签，对图片进行裁剪，并将分类标签字典保存到文件中，最后将图片和标签转换为数组后返回，再调用函数并分别将图片和标签保存到data下的label中，代码如下。

```python
def read_imgs(path):
    #读取图片路径
    cate =[path + x for x in os.listdir(path) if os.path.isdir(path + x)]
    imgs =[]
    labels =[]
    flower_dict = {}
    for idx,folder in enumerate(cate):    #读取当前路径下文件夹、统计名称和对应索引
        flower_dict[idx] = folder.split('/')[-1]
        #批量抓取某种格式,或者以某个字符打头的文件名
        for im in glob.glob(folder +'/*.jpg'):
            img = io.imread(im)
            #裁剪图片,以float64 的格式存储,数值的取值范围是0~1
            img = transform.resize(img,(w,h))
            #添加图片以及标签
            imgs.append(img)
            labels.append(idx)
    with open('flower_dict.pkl','wb') as f:
        pickle.dump(flower_dict, f)
```

```
return np.asarray(imgs,np.float32),np.asarray(labels,np.int32)   #保存对象的指针
data,label = read_imgs(path)
data,label
```

运行以上代码，部分结果展示如图 6 - 30 所示。

```
(array([[[[0.5390031 , 0.5390031 , 0.5319293 ],
          [0.5680081 , 0.5680081 , 0.5672907 ],
          [0.5828886 , 0.5828886 , 0.5861197 ],
          ...,
          [0.6019306 , 0.6019306 , 0.5941293 ],
          [0.6030209 , 0.6030209 , 0.5963082 ],
          [0.60015625, 0.60015625, 0.5999739 ]],

         [[0.5337204 , 0.5332062 , 0.5251307 ],
          [0.5644432 , 0.563856  , 0.5604969 ],
          [0.5779079 , 0.57696456, 0.5779743 ],
          ...,
          [0.60496175, 0.60496175, 0.59716046],
          [0.59976965, 0.59976965, 0.59305686],
          [0.58963376, 0.58963376, 0.58945143]],

          ...,
          [0.21732958, 0.27538452, 0.08038545],
          [0.2100414 , 0.22977932, 0.02613198],
          [0.18554826, 0.24348955, 0.03849083]]]], dtype=float32),
 array([0, 0, 0, ..., 4, 4, 4]))
```

图 6 - 30　获取数据部分结果展示

4. 打乱数据集

为更好地进行数据集训练及数据划分，这里将图片和标签数据集随机打乱，代码如下。

```
num_example = data.shape[0] #获取数据集长度
#生成一个从 start(包含)到 stop(不包含)，以 step 为步长的序列。返回一个 list 对象
arr = np.arange(num_example)
np.random.shuffle(arr)
data = data[arr]
label = label[arr]
```

5. 划分数据集

打乱数据后，将所有数据分为训练集和验证集，其中训练集占 80%、验证集占 20%，代码如下。

```
ratio = 0.8
s = np.int(num_example * ratio)
x_train = data[:s]
y_train = label[:s]
x_val = data[s:]
y_val = label[s:]
num_classes = 5   #标签数目
```

三、CNN 模型的定义

根据上述数据集构建一个 CNN 模型，实现不同种类花的识别。CNN 模型构造过程中，首先是输入图像（图像大小及通道数），然后对输入的图像进行卷积操作得到第一个卷积层 C1

的特征图像，再对其进行池化操作（下采样）S1，然后进行第二次卷积操作得到卷积层 C2，并再对其进行下池化操作（采样）得到 S2，然后构造两个全连接层，最后输出图像的类别。CNN 模型的构造过程如图 6-31 所示。

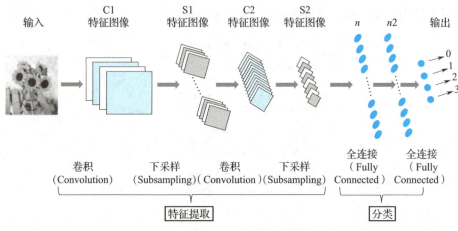

图 6-31　CNN 模型的构造过程

接下来，从三个方面说明构建 CNN 模型的流程。

首先是 CNN 模型定义，定义流程如图 6-32 所示。

图 6-32　CNN 模型定义流程

有了模型后，需要对 CNN 模型进行训练，训练流程如图 6-33 所示。

图 6-33　CNN 模型训练流程

最后是使用训练好的模型进行测试，CNN 模型测试流程如图 6-34 所示。

图 6-34　CNN 模型测试流程

下面来实现具体的模型定义。

1．添加卷积层1、池化层1

先创建模型对象，再为模型添加卷积层1、激活函数和池化层1，实现代码如下。

```
model = Sequential()   #序列化模型
#第一个卷积层
model.add(Conv2D(   #添加一个卷积层提取特征
        filters=32,   #卷积核数目为32
        kernel_size=(5,5),   #卷积核尺寸为5*5,实际上是5*5*3
```

```
    padding='same',    #边距处理方法为补零策略,这样卷积后不会改变输出的大小
input_shape=(w, h, c),    #输入形状:120*120*3,即高*宽*通道数
))
#第一个卷积层后输出形状为(None,120,120,32)。其中None为样本数量,后面参数对
#应的是高、宽、通道数
#第一个卷积层后继续添加激活函数relu,非线性变换。输出形状为(None,120,120,32)
model.add(Activation('relu'))
    #继续添加一个最大池化层,压缩特征图像,减少参数量,输出形状为(None,60,60,32)
model.add(MaxPool2D(
    #池化尺寸为2*2,也就是用2*2区域对图像进行划分,每一个2*2区域取一个最大值
    pool_size=(2,2),
    strides=(2,2),    #横向和纵向移动步长均为2
    padding='same',    #边距处理方法为图像像素周围补零策略
))
```

在上述代码中,Conv2D()函数创建卷积层1,在函数中通过filters参数设置卷积核的数目、通过kernel_size参数设置卷积核尺寸、通过padding参数设置边距处理方法、通过input_shape参数设置输入的形状;Activation()函数创建激活函数(卷积层对应激活函数为relu);MaxPool2D()函数创建池化层,使用pool_size参数设置池化尺寸、通过strides参数设置步长、通过padding参数设置边距处理方法。

2. 添加卷积层2、池化层2

继续为模型添加卷积层2、激活函数和池化层2,实现方法和上一步类似,但参数有所区别,实现代码如下。

```
#第二个卷积层
model.add(Conv2D(    #继续添加一个卷积层
    filters=64,    #卷积核数目为64
    kernel_size=(3,3),    #卷积核尺寸为3*3,实际上是3*3*32
    padding='same',    #边距处理方法为周围补零策略
))
#第二个卷积层后输出形状为(None,60,60,64)
model.add(Activation('relu'))    #添加一个激活函数层relu,非线性变换
model.add(MaxPool2D(    #添加一个最大池化层
    pool_size=(2,2),    #池化尺寸为2*2,也就是用2*2区域对图像进行划分,每一个
                       #2*2区域取一个最大值
    strides=(2,2),    #横向和纵向移动步长均为2
    padding='same',    #边距处理方法为图像像素周围补零策略
))
```

3. 添加全连接层

为模型添加扁平化层,转换为一维数据,再添加全连接层,全连接层可添加多个,每一个全连接层添加一个激活函数,最后一个全连接层神经元数目必须和图片需要分类的数目一致,实现代码如下。

```
#添加 Flatten 层降维,将高维度数据(None,30,30,64)转为低维数据(None,30*30*64)即
(None,57600)
model.add(Flatten())
model.add(Activation('relu'))    #添加 relu 激活函数层,非线性变换
#Fully connected Layer -1
#添加第一个全连接层,神经元数目为 512,经第一个全连接层后输出形状为(None,512)
model.add(Dense(512))
model.add(Activation('relu'))    #添加一个 relu 激活函数层,非线性变换
#Fully connected Layer -2
#添加第二个全连接层,神经元数目为 256,经第二个全连接层后输出形状为(None,256)
model.add(Dense(256))
model.add(Activation('relu'))    #添加一个 relu 激活函数层,非线性变换
#Fully connected Layer -3
model.add(Dense(num_classes))    #添加第三个全连接层,神经元数目为 num_classes,
#经第三个全连接层后输出形状为(None, num_classes) num_classes,为需要分类的数目
```

在上述代码中,Flatten()函数添加扁平化层对数据进行降维;Dense()函数创建全连接层,全连接对应激活函数为 relu。

4. Softmax 分类

在最后一个全连接层后添加激活函数 Softmax 将多分类的结果以概率的形式展现出来,实现代码如下。

```
model.add(Activation('softmax'))    #最后一个全连接层后添加一个 Softmax 激活函数,输
#出形状为(None, num_classes),作为最后整个神经网络的输出
```

四、编译模型

模型定义好后,对模型进行编译,为模型设置优化器、损失函数和评价指标,实现代码如下。

```
model.compile(optimizer = keras.optimizers.Adam(),    #优化器
              loss = "sparse_categorical_crossentropy",    #损失函数
              metrics = ['accuracy']    #评价指标
              )
```

在上述代码中,通过 optimizer 参数设置优化器为 Adam;通过 loss 参数设置损失函数为交叉熵损失函数 categorical_crossentropy;通过 metrics 参数设置评价指标为 accuracy。

五、CNN 模型训练

编译模型后,使用 fit 方法开始训练模型。向模型中填充训练数据和验证数据,并设置每次训练的样本数和训练的总次数,训练完成后保存训练好的模型,实现代码如下。

```
model.fit(x = x_train, y = y_train, batch_size = 128, epochs = 10, validation_data =
(x_val, y_val))    #模型训练
model.save(model_path)    #模型保存
```

在上述代码中,通过 x 和 y 参数设置训练数据;通过 validation_data 参数设置验证数据;通过 batch_size 参数设置每次训练的样本数;epochs 表示训练的次数。

运行代码,训练过程结果如图 6－35 所示(每次运行结果可能与截图的结果不一致)。

```
Epoch 1/10
23/23 [==============================] - 97s 4s/step - loss: 2.2469 - accuracy: 0.3202 - val_loss: 1.2795 - val_accuracy: 0.4605
Epoch 2/10
23/23 [==============================] - 34s 1s/step - loss: 1.1923 - accuracy: 0.5003 - val_loss: 1.1290 - val_accuracy: 0.5422
Epoch 3/10
23/23 [==============================] - 35s 2s/step - loss: 1.0213 - accuracy: 0.5998 - val_loss: 1.1002 - val_accuracy: 0.5817
Epoch 4/10
23/23 [==============================] - 34s 1s/step - loss: 0.8602 - accuracy: 0.6754 - val_loss: 1.0293 - val_accuracy: 0.6185
Epoch 5/10
23/23 [==============================] - 35s 2s/step - loss: 0.6708 - accuracy: 0.7578 - val_loss: 0.9882 - val_accuracy: 0.6376
Epoch 6/10
23/23 [==============================] - 33s 1s/step - loss: 0.4381 - accuracy: 0.8457 - val_loss: 1.1372 - val_accuracy: 0.6144
Epoch 7/10
23/23 [==============================] - 33s 1s/step - loss: 0.2750 - accuracy: 0.9084 - val_loss: 1.2701 - val_accuracy: 0.5967
Epoch 8/10
23/23 [==============================] - 33s 1s/step - loss: 0.1717 - accuracy: 0.9486 - val_loss: 1.4217 - val_accuracy: 0.6226
Epoch 9/10
23/23 [==============================] - 33s 1s/step - loss: 0.1042 - accuracy: 0.9704 - val_loss: 1.7160 - val_accuracy: 0.6117
Epoch 10/10
23/23 [==============================] - 33s 1s/step - loss: 0.0790 - accuracy: 0.9796 - val_loss: 1.7565 - val_accuracy: 0.6172
```

图 6－35　训练过程结果展示

六、CNN 模型测试

模型训练好后就可以根据训练好的模型对图像进行预测。

1. 获取测试图片

加载一张图像用于测试(可以是训练集的也可以是训练集之外的图像)。首先根据路径获取图像,再对图像进行处理(预测的图像尺寸和通道必须和训练图像一致),实现代码如下。

```python
path = "flower_photos/roses/394990940_7af082cf8d_n.jpg"
def read_one_image(path):
    img = io.imread(path)
    img = transform.resize(img,(w,h))
    return np.asarray(img)
img = read_one_image(path)    #获取一张图像
data = tf.convert_to_tensor(img.reshape(-1,w,h,c))
```

2. 导入标签字典

图像处理后,通过读取之前保存的类别标签字典文件(如果事先未保存,也可以手动定义),导入图片对应类别标签字典,实现代码如下。

```python
#导入类别标签字典
with open('flower_dict.pkl','rb') as f:
    flower_dict = pickle.load(f)
```

3. 导入模型

导入保存好的模型,实现代码如下。

```python
#导入模型
model_path = 'model.h5'    #模型保存地址
model = keras.models.load_model(model_path)
```

4. 预测图片

根据导入的模型对处理过的图像进行预测,并将预测的结果可视化显示出来,实现代码如下。

```
#预测图片分类结果
result = np.argmax(model.predict(data)) #获取最大概率的类别标签索引
result_category = flower_dict[result] #根据索引获取类别标签
#分类结果可视化展示
plt.figure()
plt.title(result_category)
plt.imshow(img)
plt.savefig('predict_img.png')
plt.show()
```

运行代码,加载显示图像并显示图像的类别,结果如图 6-36 所示。

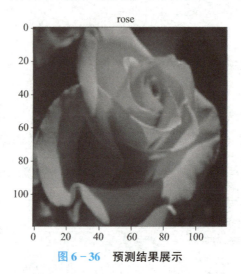

图 6-36 预测结果展示

实训六 基于 CNN 的图像分类

学习目标

知识目标:掌握图像分类中数据处理、模型构建、模型训练、模型评估和模型预测编程。

能力目标:能够应用 TensorFlow 实现 CIFAR-10 分类建模、训练及测试流程;能够基于 TensorFlow 使用 CNN 解决实际图像分类问题。

素养目标:培养学生发现问题、分析问题、解决问题的科学思维方式;培养学生的团队协作、主动承担的职业素养。

一、问题描述

CIFAR-10 图像分类模型建立与预测。

二、思路描述

使用 TensorFlow 对 CIFAR-10 数据集进行预处理,建立一个 CNN 分类模型,通过模型进行训练,对模型训练结果进行评估,并通过训练好的模型实现图片预测。

三、解决步骤

1. 数据集

本实训采用 CIFAR-10 数据集,从 Tensorflow 2.0 开始,Keras 自带 CIFAR-10 数据集。CIFAR-10 是 8000 万小图像数据集的标签子集,这些数据由亚历克斯·克里日夫斯基、维诺德·奈尔和杰弗里·辛顿收集。数据集包含 10 个类别的 RGB 彩色图像,每个类别有 60 000 幅 32×32 的图像,包含 50 000 张训练图像和 10 000 张测试图像。

数据集分为 5 个训练批次和 1 个测试批次,每个批次有 10 000 幅图像。测试批次包含从每个类别中随机选择的 1000 个图像。训练批次以随机的顺序包含剩余的图像,但是一些训练批次可能包含来自一个类别的图像多于另一个类别的图像。

CIFAR-10 数据集与 MNIST 数据集相比较,有以下优点。

1)CIFAR-10 是三通道 RGB 图像,MNIST 是灰度图像。

2)CIFAR-10 图像的尺寸是 32×32,MNIST 图像的尺寸是 28×28。

3)CIFAR-10 中图片特征不尽相同,噪声大,识别难度比 MNIST 高。

CIFAR-10 数据集包括 10 个标签:airplane、automobile、bird、cat、deer、dog、frog、horse、ship、truck。数据集如图 6-37 所示。

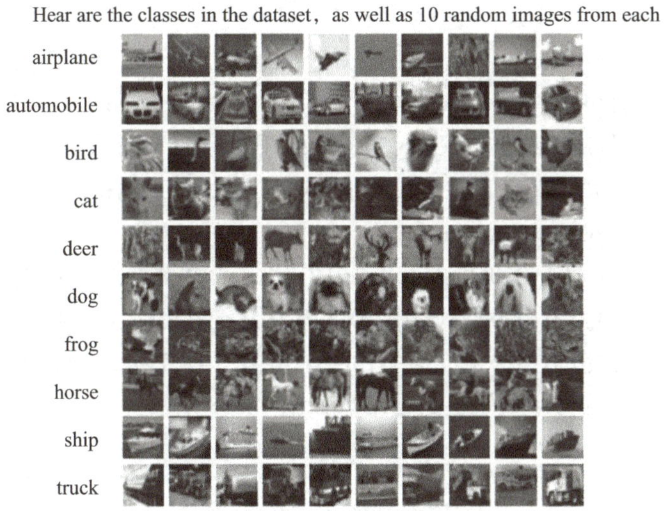

图 6-37 **CIFAR-10 数据集**

CIFAR-10 数据集准备包括导入库、导入数据、数据显示及归一化等步骤。

2. 导入库

首先需要导入所需要的库，代码如下。

```
import os
import numpy as np
import matplotlib.pyplot as plt
import tensorflow as tf
from tensorflow import keras
from tensorflow.keras import layers, optimizers, datasets, Sequential
from tensorflow.keras.layers import Conv2D,Activation,MaxPooling2D,Dropout,Flatten,Dense
from tensorflow.keras.callbacks import ModelCheckpoint
#全局取消证书验证
import ssl
ssl._create_default_https_context = ssl._create_unverified_context
```

3. 导入数据

通过 Keras 下的 datasets 导入 CIFAR-10 数据集，代码如下。

```
#导入数据集
(x_train,y_train),(x_test,y_test) = datasets.cifar10.load_data()
#打印数据集尺寸
print(x_train.shape, y_train.shape, x_test.shape, y_test.shape)
print(y_train[0])

#转换标签
num_classes = 10
y_train_onehot = keras.utils.to_categorical(y_train, num_classes)
y_test_onehot = keras.utils.to_categorical(y_test, num_classes)
print(y_train_onehot[0])
```

在上述代码中，先使用 datasets.cifar10.load_data( ) 方法获取数据集并将其划分为训练集（x_train,y_train）和测试集（x_test, y_test），再使用 keras.utils.to_categorical 方法将分类标签转换为 one-hot 编码（即独热编码，又称一位有效编码，其方法是使用 n 位状态寄存器来对 n 个状态进行编码，每个状态都有它独立的寄存器位，并且在任意时候，其中只有一位有效。例如，对 10 个标签['airplane ','automobile ','bird ','cat ','deer ','dog ','frog ','horse ','ship ','truck ']进行 one-hot 编码，结果为[[1,0,0,0,0,0,0,0,0,0],[0,1,0,0,0,0,0,0,0,0],[0,0,1,0,0,0,0,0,0,0],[0,0,0,1,0,0,0,0,0,0],[0,0,0,0,1,0,0,0,0,0],[0,0,0,0,0,1,0,0,0,0],[0,0,0,0,0,0,1,0,0,0],[0,0,0,0,0,0,0,1,0,0],[0,0,0,0,0,0,0,0,1,0],[0,0,0,0,0,0,0,0,0,1]])，最后将第一个数据打印显示，运行结果如图 6-38 所示。

```
(50000, 32, 32, 3) (50000, 1) (10000, 32, 32, 3) (10000, 1)
[6]
[0. 0. 0. 0. 0. 0. 1. 0. 0. 0.]
```

图 6-38　导入数据显示

4. 数据展示及归一化

展示 9 张样本图片,代码如下。

```
#生成图像标签列表
category_dict = {0:'airplane',1:'automobile',2:'bird',3:'cat',4:'deer',5:'dog',6:'frog',7:'horse',8:'ship',9:'truck'}
#展示前 9 张图片和标签
plt.figure()
for i in range(9):
    plt.subplot(3,3,i+1)
    plt.imshow(x_train[i])
    plt.title(category_dict[y_train[i][0]])
    plt.axis('off')
plt.show()
```

在上述代码中,先定义图片类别标签字典 category_dict,再可视化展示 9 张图片及类别。运行结果如图 6-39 所示。

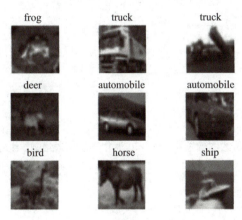

图 6-39 9 张图片可视化展示

对训练数据和测试数据进行归一化,代码如下。

```
#像素归一化
x_train = x_train.astype('float32')/255
x_test = x_test.astype('float32')/255
```

5. 构建分类模型

(1) CNN 分类模型结构

1) 输入层:32×32 图像,RGB 三通道;

2) 卷积层 1(第一次卷积):输入通道 3,输出通道 32,卷积后图像尺寸不变;

3) 池化层 1(第一次下采样):将 32×32 的图像缩小为 16×16;下采样(池化)不改变通道数量,因此依然是 32 个;

4) 卷积层 2(第二次卷积):输入通道 32,输出通道 64,卷积后图像尺寸不变,依然是 16×16;

5）池化层 2（第二次下采样）：将 16×16 的图像缩小为 8×8，下采样（池化）不改变通道数量（64）；

6）全连接层：将 64 个 8×8 的图像转换成长度是 4096（64×8×8）的一维向量，该层共计 128 个神经元；

7）输出层：输出层共 10 个神经元，对应 0~9 这 10 个类别。其中，通过卷积层 1、池化层 1、卷积层 2、池化层 2 的处理，提取图像特征；全连接层和输出层构成全连接神经网络。

（2）具体实现为

定义一个模型构建函数，函数中先定义模型对象，再为模型依次添加卷积层 1（含激活函数）、池化层 1、卷积层 2（含激活函数）、池化层 2、扁平化层、全连接层、Dropout 层和输出层，最后对模型进行编译，设置优化器、损失函数和评价指标。实现代码如下。

```
def CNN_classification_model(input_size = x_train.shape[1:]):
    model = Sequential()

    #卷积层1,输入为32×32,输入通道为3,padding='same'输出尺寸不变,使用
    #activation='relu'设置激活函数为ReLu,输出通道32
    model.add(Conv2D(32, (3, 3), padding='same', activation='relu', input_shape=input_size))
    #池化层1,将32×32的图像缩小为16×16,池化不改变通道数,因此依然是32个
    model.add(MaxPooling2D(pool_size=(2,2),strides=2))

    #卷积层2,输入通道32,输出通道64,padding='same'输出尺寸不变(16×16),使用
    #activation='relu'设置激活函数为ReLu
    model.add(Conv2D(64, (3, 3), padding='same', activation='relu'))
    #池化层2,将16×16的图像缩小为8×8,池化不改变通道数,因此依然是64个
    model.add(MaxPooling2D(pool_size=(2,2),strides=2))

    #接入全连接之前要进行flatten
    #将池化层2输出的64个8×8的图像转换成一维向量,长度是64×8×8=4096
    model.add(Flatten())
    model.add(Dense(128, activation='relu')) #共128个神经元
    #dropout层参数在0~1之间
    model.add(Dropout(0.25))#随机丢弃,防止过拟合
    #输出共10个神经元,对应0~9这10个数字
    model.add(Dense(num_classes, activation='softmax'))

    opt = keras.optimizers.Adam(lr=0.0001) #定义优化器,设置学习率为0.0001
    #编译模型
    model.compile(loss='categorical_crossentropy', optimizer=opt, metrics=['accuracy'])

    return model

model = CNN_classification_model()
model.summary()
```

在上述代码中，使用 Conv2D（）函数创建卷积层并通过参数设置卷积核数目、卷积核尺寸、边距处理方法、激活函数和输入形状；使用 MaxPooling2D（）函数创建池化层并通过参数

设置池化尺寸、步长和边距处理方法；使用 Flatten( ) 函数将数据降维为一维向量；使用第一个 Dense( ) 函数创建全连接层并设置 128 个神经元；使用 Dropout( ) 函数创建 Dropout 层进行随机丢弃，减少过拟合；使用第二个 Dense( ) 函数创建输出层并设置 10 个神经元对应 0~9 这 10 个类别；模型创建后，使用 compile( ) 函数进行模型编译并通过 optimizer 参数设置模型的优化器为 Adam（学习率为 0.0001），通过 loss 参数设置模型的损失函数为交叉熵损失函数 categorical_crossentropy，通过 metrics 参数设置模型的评价指标为 accuracy。

模型函数定义好后，调用函数创建模型，并显示模型结构，实现代码如下。

```
model = CNN_classification_model()
model.summary()
```

运行代码，结果如图 6-40 所示。

```
Model: "sequential"
_____
Layer (type)                 Output Shape              Param #
=================================================================
conv2d (Conv2D)              (None, 32, 32, 32)        896
max_pooling2d (MaxPooling2D) (None, 16, 16, 32)        0
conv2d_1 (Conv2D)            (None, 16, 16, 64)        18496
max_pooling2d_1 (MaxPooling2 (None, 8, 8, 64)          0
flatten (Flatten)            (None, 4096)              0
dense (Dense)                (None, 128)               524416
dropout (Dropout)            (None, 128)               0
dense_1 (Dense)              (None, 10)                1290
=================================================================
Total params: 545,098
Trainable params: 545,098
Non-trainable params: 0
```

图 6-40　分类模型结构

6. 模型训练

设置模型保存路径，向模型中填充训练数据和测试数据，设置每次训练的样本数和训练次数，进行训练，训练完成后保存训练最优的模型和最后的模型，实现代码如下。

```
model_name = "best_cifar10.h5"
model_checkpoint = ModelCheckpoint(model_name, monitor = 'loss', verbose = 1, save_best_only = True)

#训练
model.fit(x_train, y_train_onehot, batch_size = 32, epochs = 10, callbacks = [model_checkpoint], verbose = 1)
model.save('final_cifar10.h5')
```

在上述代码中，使用 ModelCheckpoint( ) 函数通过设置参数 save_best_only = True 保存训练过程中的最优模型；使用 fit( ) 函数训练数据，函数中 x_train 和 y_train_onehot 为训练数据，通过 batch_size 参数设置每次训练的样本数为 32，通过 epochs 参数设置训练的次数为 10，通过 callbacks 参数控制正在训练的模型来保存最优模型，通过 verbose 参数设置输出进度条记录日志。

运行代码，结果如图 6-41 所示（每次运行结果可能与截图的结果不一致）。

```
Epoch 1/10
1562/1563 [============================>.] - ETA: 0s - loss: 1.7693 - accuracy: 0.3634
Epoch 00001: loss improved from inf to 1.76934, saving model to best_cifar10.h5
1563/1563 [==============================] - 44s 28ms/step - loss: 1.7693 - accuracy: 0.3634
Epoch 2/10
1562/1563 [============================>.] - ETA: 0s - loss: 1.4572 - accuracy: 0.4768
Epoch 00002: loss improved from 1.76934 to 1.45720, saving model to best_cifar10.h5
1563/1563 [==============================] - 45s 29ms/step - loss: 1.4572 - accuracy: 0.4769
Epoch 3/10
1561/1563 [============================>.] - ETA: 0s - loss: 1.3386 - accuracy: 0.5228
Epoch 00003: loss improved from 1.45720 to 1.33847, saving model to best_cifar10.h5
1563/1563 [==============================] - 46s 29ms/step - loss: 1.3385 - accuracy: 0.5229
Epoch 4/10
1562/1563 [============================>.] - ETA: 0s - loss: 1.2580 - accuracy: 0.5543
Epoch 00004: loss improved from 1.33847 to 1.25796, saving model to best_cifar10.h5
1563/1563 [==============================] - 45s 29ms/step - loss: 1.2580 - accuracy: 0.5543
Epoch 5/10
1562/1563 [============================>.] - ETA: 0s - loss: 1.1973 - accuracy: 0.5771
Epoch 00005: loss improved from 1.25796 to 1.19723, saving model to best_cifar10.h5
1563/1563 [==============================] - 47s 30ms/step - loss: 1.1972 - accuracy: 0.5772
Epoch 6/10
1561/1563 [============================>.] - ETA: 0s - loss: 1.1477 - accuracy: 0.5945
Epoch 00006: loss improved from 1.19723 to 1.14780, saving model to best_cifar10.h5
1563/1563 [==============================] - 46s 29ms/step - loss: 1.1478 - accuracy: 0.5945
Epoch 7/10
1562/1563 [============================>.] - ETA: 0s - loss: 1.0992 - accuracy: 0.6135
Epoch 00007: loss improved from 1.14780 to 1.09913, saving model to best_cifar10.h5
1563/1563 [==============================] - 46s 29ms/step - loss: 1.0991 - accuracy: 0.6135
Epoch 8/10
1561/1563 [============================>.] - ETA: 0s - loss: 1.0610 - accuracy: 0.6279
Epoch 00008: loss improved from 1.09913 to 1.06106, saving model to best_cifar10.h5
1563/1563 [==============================] - 47s 30ms/step - loss: 1.0611 - accuracy: 0.6278
Epoch 9/10
1562/1563 [============================>.] - ETA: 0s - loss: 1.0252 - accuracy: 0.6415
Epoch 00009: loss improved from 1.06106 to 1.02526, saving model to best_cifar10.h5
1563/1563 [==============================] - 46s 30ms/step - loss: 1.0253 - accuracy: 0.6415
Epoch 10/10
1562/1563 [============================>.] - ETA: 0s - loss: 1.0018 - accuracy: 0.6487
Epoch 00010: loss improved from 1.02526 to 1.00189, saving model to best_cifar10.h5
1563/1563 [==============================] - 44s 28ms/step - loss: 1.0019 - accuracy: 0.6487
```

图 6-41　CIFAR-10 训练过程结果展示

将训练过程中的损失值进行图形化展示，实现代码如下。

```
#获取训练过程
his = train_history.history
#获取训练损失值
loss = his["loss"]

#可视化损失值
plt.figure()
plt.plot(range(10),loss,label = 'loss')
plt.ylabel('loss')
plt.xlabel('epoch')
plt.legend(['loss'], loc = 'upper right')
plt.show()
```

运行代码，结果如图 6-42 所示。

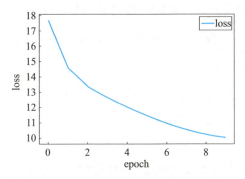

图 6-42 训练过程的损失值曲线

将训练过程中的准确率进行图形化展示,实现代码如下。

```
#获取训练准确率
accuracy = his["accuracy"]
#可视化准确率
plt.figure()
plt.plot(range(10),accuracy,label='accuracy')
plt.ylabel('accuracy')
plt.xlabel('epoch')
plt.legend(['accuracy'], loc='upper right')
plt.show()
```

运行代码,结果如图 6-43 所示。

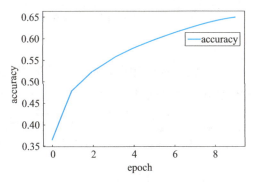

图 6-43 训练过程的准确率曲线

7. 模型评估

加载已经训练好的最优模型(也可以是最后的模型),实现代码如下。

```
model = keras.models.load_model('best_cifar10.h5')
```

根据加载的模型使用测试数据进行模型评估并输出评估结果,实现代码如下。

```
loss, accuracy = model.evaluate(x_test, y_test_onehot)
print(f'loss:{loss} \naccuracy:{accuracy}')
```

运行代码，评估得出损失值约为 0.98，准确率约为 0.66，结果如图 6-44 所示。

```
313/313 [==============================] - 2s 7ms/step - loss: 0.9837 - accuracy: 0.6583
loss: 0.9836687445640564
accuracy: 0.65829998254776
```

图 6-44 评估结果展示

8. 模型预测

（1）预测单张图片

首先获取图片预测属于每一类别的概率，再根据概率获取预测的类别标签索引，实现代码如下。

```
#输出每一类别的概率
rst = model.predict(x_test[0:1])
print(rst)

#输出预测的类别
rst = np.argmax(model.predict(x_test[0:1]))
print(rst)
```

运行代码，结果如图 6-45 所示。

```
[[9.61452723e-03 4.48668958e-04 6.48948103e-02 4.66952115e-01
  1.18256165e-02 4.07467604e-01 1.74092818e-02 6.91139884e-03
  1.39369881e-02 5.39178611e-04]]
3
```

图 6-45 预测单张图片的数据信息

（2）预测多张图片可视化展示

预测时传入 6 张图片，获取到它们的预测类别标签，再根据 category_dict 字典获取到预测的类别名称，并将预测的类别和实际类别可视化显示出来。实现代码如下。

```
category_dict = {0:'airplane',1:'automobile',2:'bird',3:'cat',4:'deer',5:'dog',
                 6:'frog',7:'horse',8:'ship',9:'truck'}
pred = np.argmax(model.predict(x_test[:6]), axis = 1)
plt.figure(figsize = (10,10))
for i in range(6):
    plt.subplot(2,3, i + 1)
    plt.imshow(x_test[i])
    plt.title("pred:" + category_dict[pred[i]] + "  actual:" + category_dict[y_test[i][0]])
plt.show()
plt.savefig('pred.png')
```

运行代码，加载显示图像并显示图片的预测类别和实际类别，结果如图 6-46 所示。

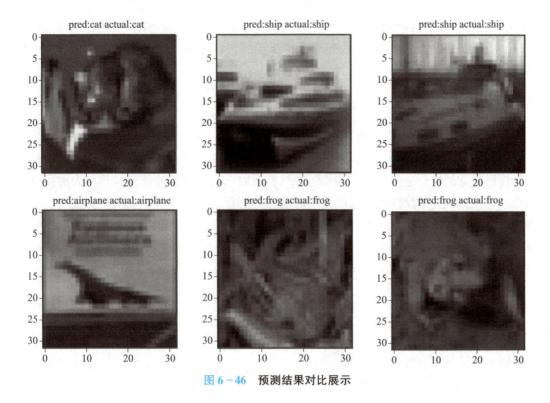

图 6-46　预测结果对比展示

四、实训总结

通过本实训的学习，我们进一步掌握了 CNN 卷积神经网络的原理，对 CNN 的应用有了更多的认识和理解，掌握了 CNN 在图像分类领域的实际应用。

知识技能拓展：计算机视觉及其应用

学习目标

知识目标： 了解计算机视觉；熟悉计算机视觉的研究任务；了解计算机视觉的应用场景。

能力目标： 能够区分计算机视觉的不同技术；能够在不同领域应用计算机视觉。

素养目标： 培养学生分析性思维，以及能够对事实和问题进行分解、运用理论和模型、明确因果关系并预测结果的思维；培养学生科技创新精神，激发学生艰苦奋斗、自主创新的学习热情。

一、计算机视觉概述

计算机视觉是目前深度学习领域最热门的研究方向之一，是人工智能的一个重要分支。在机器学习大热的背景之下，计算机视觉、自然语言处理（Natural Language Process，NLP）及语音识别（Speech Recognition）并列为机器学习的三大热点方向。它是许多学科的交叉融汇，如计算机科学（图形学/算法/理论/系统/建筑）、数学（信息检索/机器学习）、工程学

（机器人学/语音/NLP/图像处理）、物理学（光学）、生物学（神经科学）和心理学（认知科学）。由于计算机视觉代表了对视觉环境及其背景的相对理解，许多科学家认为，该领域为人工智能铺平了道路。

那么，什么是计算机视觉呢？一些专家给出了定义：

"从图像中构建明确、有意义的物理对象描述"（Ballard & Brown, 1982）；

"从一个或多个数字图像计算 3D 世界的属性"（Trucco & Verri, 1998）；

"根据感知的图像做出有关真实物体和场景的有用决策"（Sockman & Shapiro, 2001）。

计算机视觉的核心是使用"机器眼"来代替人眼，其任务是让计算机具有人类视觉的所有功能，让计算机从图像数据中提取有用的信息并解释，重构人眼、重构视觉皮层、重构大脑剩余部分。计算机视觉系统通过图像/视频采集装置，将采集到的图像或视频输入视觉算法中进行计算得到人类需要的信息。这里提到的视觉算法有很多种，例如传统的图像处理方法，以及当前流行的深度学习方法等。

二、计算机视觉的研究任务

从理论研究角度来看，计算机视觉包括五种主要的研究任务，即图像分类、物体检测、对象跟踪、图像语义分割和实例分割。

1. 图像分类

图像分类最流行的体系结构是本模块介绍的卷积神经网络（CNN）。前面已基于 TensorFlow 框架并采用 CNN 模型实现了图像分类任务，在此不再赘述。

2. 物体检测

物体检测也称目标检测，是计算机视觉中的经典问题之一，其任务是用框去标出图像中物体的位置，并给出物体的类别。在处理图像中的对象这一任务，通常会涉及为各个对象输出边界框和标签。这不同于分类/定位任务——对很多对象进行分类和定位。在物体检测中，只有两个对象分类类别，即对象边界框和非对象边界框。如图 6-47 所示，在汽车检测中，你必须使用边界框检测所给定图像中的所有汽车。

如果使用图像分类和定位图像这样的滑动窗口技术，需要将卷积神经网络应用于图像中的很多不同物体上。由于卷积神经网络会将图像中的每个物体识别为对象或背景，因此需要在大量的位置和规模上使用卷积神经网络，这样的计算量是巨大的。

为了应对这种情况，神经网络的研究人员提出使用区域（Region）来代替，在那里找到可能包含对象的相同纹理、颜色等（blobby）图像区域。这样，运行起来相对较快。第一个

图 6-47 汽车检测

著名的模型是 R-CNN（基于区域的卷积神经网络）。如图 6-48 所示，在 R-CNN 中，首先使用称为选择性搜索的算法扫描输入图像以寻找可能的对象，生成约 2000 个区域提议；然

后，在每个区域提案的基础上运行 CNN；最后，获取每个 CNN 的输出并将其输入 SVM 以对区域进行分类，并使用线性回归来收紧对象的边界框。

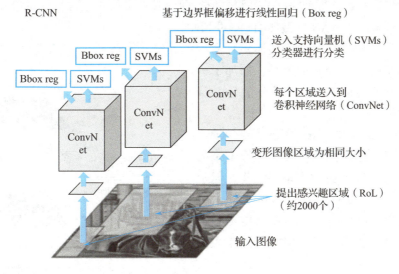

图 6-48　R-CNN

基本上，是将物体检测转变为图像分类问题。但是，存在一些问题，如训练缓慢、需要大量磁盘空间、推理也很慢等。

R-CNN 的升级版是 Fast R-CNN，如图 6-49 所示，它通过两次增强提高了检测速度：

1）在提出区域之前执行特征提取，因此仅在整个图像上运行一个 CNN。

2）用 Softmax 层替换 SVM，从而扩展神经网络的预测，而不是创建一个新的模型。

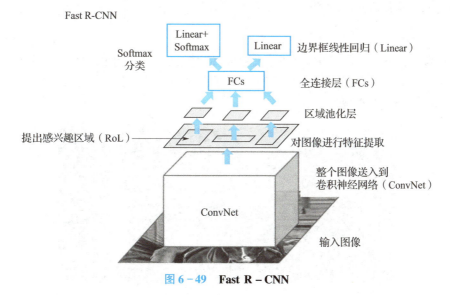

图 6-49　Fast R-CNN

Fast R-CNN 在速度方面表现得更好，因为它只为整个图像训练一个 CNN。但是，选择性搜索算法仍然需要花费大量时间来生成区域提议。

在 Fast R-CNN 的基础上，提出了 Faster R-CNN，它是用于基于深度学习的对象检测的规范模型。它通过插入区域提议网络（RPN）来预测来自特征的提议，从而用快速神经网络取代慢选择性搜索算法。RPN 用于决定"在哪里"以减少整个推理过程的计算要求。RPN 快速有效地扫描每个位置，以评估是否需要在给定区域中进行进一步处理。它通过输出 k 个边界框提议来做到这一点，每个提议具有两个值，即代表每个位置包含目标对象和不包含目标对象的概率。Faster R – CNN 模型如图 6 – 50 所示。

一旦获得了区域提案，就会直接将它们提供给基本上是 Fast R – CNN 的模型，添加了一个池化层、一些全连接层，最后是一个 Softmax 分类层和边界框回归器。

总而言之，Faster R – CNN 实现了更快的速度和更高的精度。值得注意的是，尽管未来的模型在提高检测速度方面做了很多工作，但很少有模型能够以更高的优势超越更快的 R – CNN。换句话说，更快的 R – CNN 可能不是最简单或最快的物体检测方法，但它仍然是表现最好的方法之一。

近年来，物体检测趋势已转向更快、更有效的检测系统，诸如 YouOnly Look Once（YOLO）、Single Shot MultiBox Detector（SSD）和基于区域的完全卷积网络（R – FCN）等。这

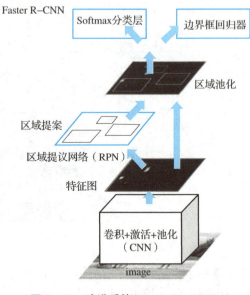

图 6 – 50　改进后的 Faster R – CNN

三种算法转向在整个图像上共享计算。因此，这三种算法和上述的三种 R – CNN 技术有所不同。这些趋势背后的主要原因是避免让单独的算法孤立地关注各自的子问题，因为这通常会增加训练时间并降低网络的准确性。

3．对象跟踪

对象跟踪是指在给定场景中跟踪特定感兴趣的对象或多个对象的过程，如图 6 – 51 所示。传统上，它在视频和现实世界的交互中具有应用，在对初始对象检测之后进行观察。现在，它对自动驾驶系统至关重要。

图 6 – 51　对象跟踪

对象跟踪方法可以根据观察模型分为两类：生成方法和判别方法。生成方法使用生成模型来描述表观特征并最小化重建误差以搜索对象，例如 PCA。判别方法可用于区分对象和背景，其性能更加稳健，逐渐成为跟踪的主要方法。判别方法也称为检测跟踪（Tracking – by –

Detection），深度学习属于这一类。为了通过检测实现跟踪，对所有帧的候选对象进行检测，并使用深度学习从候选者中识别所需对象。可以使用两种基本网络模型：堆叠式自动编码器（SAE）和卷积神经网络（CNN）。使用 SAE 跟踪任务的最典型深度网络是深度学习跟踪器（DeepLearningTracker），它提出了离线预训练和在线微调网络。其过程是：离线无监督预训练使用大规模自然图像数据集的堆叠去噪自动编码器以获得一般对象表示。通过在输入图像中添加噪声并重建原始图像，堆叠去噪自动编码器可以获得更强大的特征表达能力。

将预训练网络的编码部分与分类器组合以获得分类网络，然后使用从初始帧获得的正样本和负样本来微调网络，这可以区分当前对象和背景。DLT（Deep Learning Tracker）使用粒子滤波器作为运动模型来产生当前帧的候选补丁。分类网络输出这些补丁的概率分数，表示其分类的置信度，然后选择这些补丁中置信度最高的补丁作为对象。

在模型更新中，DLT 使用限制阈值的方式。由于 CNN 在图像分类和物体检测方面的优越性，它已成为计算机视觉和视觉跟踪的主流深度模型。一般而言，大规模 CNN 既可以作为分类器也可以作为跟踪器进行训练。两个代表性的基于 CNN 的跟踪算法是完全卷积网络跟踪器（FCNT）和多域 CNN（MDNet）。CNN 特征图可用于定位和跟踪。许多 CNN 特征图用于区分特定对象与其背景的任务是嘈杂的或不相关的。较高层捕获对象类别的语义概念，而较低层编码更多的是判别特征以捕获类内变异。

FCNT 设计了特征选择网络，以在 VGG 网络的 Conv4－3 和 Conv5－3 层上选择最相关的特征映射。为了避免在噪声上过度拟合，它还分别为两个层的选定特征图设计了额外的两个通道（称为 SNet 和 GNet）。在主干网络捕获对象的类别信息，而 SNet 将对象与具有类似外观的背景区分开。使用第一帧中的给定边界框初始化两个网络以获得对象的热图，并且对于新帧以最后一帧中的对象位置为中心的感兴趣区域（RoI）被裁剪和传播。最后，通过 SNet 和 GNet，分类器获得两个用于预测的热图，干扰探测器根据是否存在干扰物来决定将使用哪个热图来生成最终跟踪结果。FCNT 的管道如图 6－52 所示。

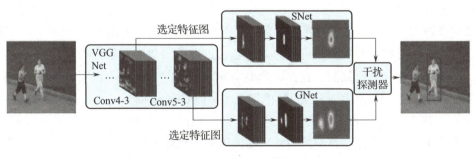

图 6－52　FCNT 的管道

与 FCNT 不同，MDNet 使用视频的所有序列来跟踪其中的移动。上述网络使用不相关的图像数据来减少跟踪数据的训练需求，这种想法与跟踪有一些偏差。视频中一个类的对象可以是另一个视频中的背景，因此 MDNet 提出了多域的概念，以独立区分每个域中的对象和背景。域表示包含相同类型对象的一组视频。如图 6－53 所示，MDNet 分为两部分：共享层和特定于域的层的 K 个分支。每个分支包含一个具有 Softmax 损失的二进制分类层，用于区分每个域中的对象和背景。共享层与所有域共享以确保一般表示。

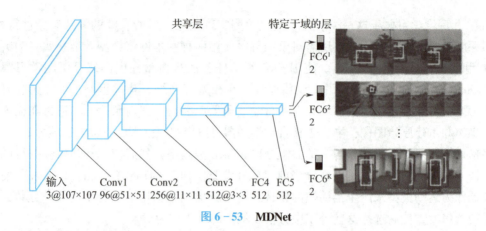

图 6-53 MDNet

近年来,深度学习研究人员尝试采用不同的方法来适应视觉跟踪任务的特点。探索的方向有很多,应用循环神经网络、深度信念网等其他网络模型,设计适应视频处理和端到端学习的网络结构,甚至将深度学习与传统的计算机视觉方法或自然语言处理与语音识别等其他领域的方法结合起来。

4. 图像语义分割

图像语义分割是计算机视觉领域的一个重要方向,是图像处理的核心环节。它将整个图像分成一个个像素组,然后对其进行标记和分类。特别地,语义分割试图在语义上理解图像中每个像素的角色。

传统图像分割是根据灰度、彩色、空间纹理等特征将图像划分成若干个互不相交的区域,这些特征在同一个区域内表现出一致性或者相似性,而在不同的区域间表现出明显区别。其方法主要分为基于阈值的分割方法、基于区域的分割方法、基于边缘的分割方法等。传统方法多数是通过提取图像的低级语义,如大小、纹理、颜色等。在复杂环境中,其应对能力与精准度远没有达到要求。

随着深度学习的发展,基于深度学习的语义分割方法取得了突出表现,CNN 在分割问题上取得了巨大成功。初始,一种较流行的方法是通过滑动窗口进行块分类,其中每个像素使用其周围的图像分别分类。然而,这在计算上是非常低效的,因为不重用重叠块之间的共享特征。基于此,2015 年提出了全卷积神经网络(FullyConvolutional Networks for Semantic Segmentation, FCN),至此图像语义分割进入了全卷积神经网络时期。全卷积神经网络在深度学习中表现出强大的潜能,逐渐成为解决图像语义分割问题的首选。

FCN 整体的网络结构分为两个部分:全卷积部分和反卷积部分。其中,全卷积部分借用了一些经典的 CNN 网络(如 AlexNet、VGG、GoogLeNet 等)结构,但把最后的全连接层换成卷积,用于提取特征,形成热点图;反卷积部分则是从小尺寸的热点图上采样得到原尺寸的语义分割图像。FCN 结构如图 6-54 所示。

FCN 将 CNN 对于图像的识别精度从图像级识别提升为 FCN 中像素级的识别。但是使用 FCN 的图像分割仍存在分割结果不够精准、输出图像模糊等问题。

FCN 为语义分割的未来发展指明了方向,研究者以 FCN 为基础提出了 U–Net、SegNet、DeepLab、Panoptic FPN 等图像分割网络结构模型。

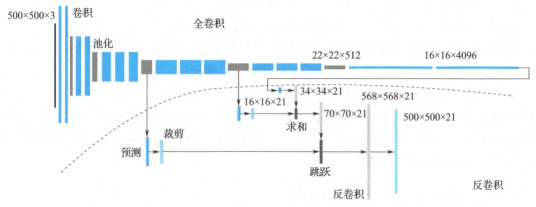

图 6-54 FCN 结构

5. 实例分割

实例分割是计算机视觉领域的一个经典任务，它将整个图像分成一个个像素组，然后对其进行标记和分类。分类任务就是识别单个对象的图像是什么，而分割需要确定对象的边界、差异和彼此之间的联系。所以，实例分割既具备语义分割的特点，对图像中的每一个像素进行分类，也具备目标检测的一部分特点，定位出图像中同一类的不同实例。因此，实例分割可看作是物体检测和语义分割的结合体，旨在检测图像中所有目标实例，并针对每个实例标记属于该类别的像素。

2017 年，Mask R-CNN 网络结构用于实例分割。该网络基于 Faster R-CNN 网络，在基础特征网络之后又加入了全连接的分割子网，由原来的两个任务（分类+回归）变为了三个任务（分类+回归+分割）。Mask R-CNN 是一个两阶段的框架：第一阶段扫描图像并生成提议（即有可能包含一个目标的区域）；第二阶段分类提议并生成边界框和掩码。Mask R-CNN 结构如图 6-55 所示。

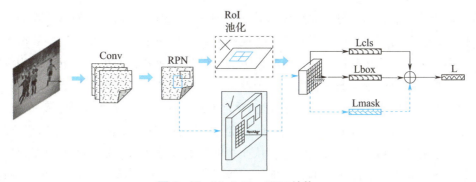

图 6-55 Mask R-CNN 结构

Mask R-CNN 总体流程如下。

1）输入图像。

2）将整张图片输入 CNN，进行特征提取。

3）用 FPN 生成提议（proposal），每张图片生成 N 个提议。

4）把提议映射到 CNN 的最后一层卷积的特征图像上。

5）通过 RoI Align 层使每个 RoI 生成固定尺寸的特征图像；

6）最后利用全连接分类，生成边框，采用 mask 进行回归。

Mask R-CNN 一度成为实例分割的标杆，对实例分割研究具有重要的启发意义，后续提出的 PANet、MS R-CNN、BMask R-CNN 都是基于它进行改进的。

综上所述，这五种主要的计算机视觉任务可以帮助计算机从单个或一系列图像中提取、分析和理解有用的信息。可以看出，大多数网络都是基于卷积神经网络的改进和应用，因此深入理解 CNN 很重要，一旦深入理解了 CNN，对上面的任务就能很快理解，而且很快可以实现，这就是理论基础的重要性。

三、计算机视觉的应用场景

由于深度学习技术的发展、计算能力的提升和视觉数据的增长，视觉智能计算技术在不少应用当中都取得了令人瞩目的成绩，无论是面部识别、影像监控，还是智能分类，计算机视觉领域的诸多应用都与我们当下和未来的生活息息相关。下面介绍当前一些典型的应用场景。

1. 面部识别

面部识别一般指的是人脸识别，是基于人的面部特征信息进行身份识别的一种生物识别技术。它通过采集含有人脸的图片或视频流，并在图片中自动检测和跟踪人脸，进而对检测到的人脸进行面部识别。它是机器视觉最成熟、最热门的应用领域。近几年，面部识别已经逐步超过指纹识别成为生物识别的主导技术，已被广泛应用于金融、司法、公安、军队、航天、电力、电子商务、医疗、教育等领域。例如，人脸支付、人脸考勤、安防监控、相册分类和人脸美颜等。

2. 视频监控分析

视频监控分析是利用计算机视觉技术对视频中的特定内容进行快速检索、查询、分析的技术。由于摄像头的广泛应用，由其产生的视频数据已是一个天文数字，这些数据蕴藏的价值巨大，靠人工根本无法统计，而计算机视觉技术的逐步成熟，使得视频分析成为可能。视频监控分析被广泛应用于交通、公安、电子商务、校园、楼宇、工地等场景。例如，在交通领域，视频监控分析常用于交通拥堵治理和异常处理。对于交通拥堵治理，对车辆、车型、车牌、非机动车、行人、红绿灯、车辆排队长度、车辆通行速度及拥堵程度进行识别与分析，可实现交通态势预测和红绿灯优化配置，从而缓解交通拥堵指数，加快车辆通行速度，提升城市运行效率；监控违法停车、拥堵、缓行、逆行、事故、路口行人大量聚集、快速路上的行人和非机动车等异常交通事件的发生，根据这些信息，一方面可以实时报警，由交警介入处理，另一方面，通过车辆轨迹跟踪保留证据，实现非现场执法，可以节省大量警力，并提升交通管理的效率。

3. 图片识别分析

图片识别（不包括面部识别）指的是静态图片识别，可应用于多种场景。目前应用比较多的是以图搜图、物体识别、车型识别、货架扫描识别、农作物病虫害识别等。

4．文字识别

计算机文字识别指的是利用扫描技术将票据、书籍、文稿及其他印刷品的文字转化为图像信息，再利用文字识别技术将图像信息转化为可以使用的文字信息。该技术常用于票据类识别、卡证类识别、出版类识别等场景。

5．自动驾驶

自动驾驶汽车又称无人驾驶汽车，是一种通过计算机实现无人驾驶的智能汽车。它依靠人工智能、机器视觉、雷达、监控装置和全球定位系统协同合作，让计算机可以在没有任何人类主动操作的情况下，自动、安全地操作机动车辆。自动驾驶技术包括环境感知、行为决策与控制执行三个主要模块。环境感知主要是为自动驾驶系统提供可靠的外部环境判断，判断自身所处位置和周边驾驶态势。自动驾驶环境感知主要包括障碍物检测、交通信号灯识别与车道线检测等，其基础技术主要是计算机视觉中的物体检测和语义分割等。计算机视觉的快速发展促进了自动驾驶技术的成熟。

模块七
循环神经网络及 TensorFlow 实战

神经网络的结构分为多种，除了在图像处理领域大放异彩的卷积神经网络（CNN）外，本项目将介绍另外一种常用的神经网络结构——循环神经网络（Recurrent Neural Network, RNN）。RNN 不仅存在着前馈连接，还存在着反馈结构。它是专门用于处理序列数据的神经网络，在自然语言处理领域独领风骚。

本项目首先介绍 RNN 结构及 RNN 扩展模型——长短时记忆网络（Long Short-Term Memory, LSTM），接着介绍文本分类模型的创建，再是介绍基于 TensorFlow 如何构建循环神经网络以及如何使用卷积神经网络解决实际的文本预测及文本分类问题，最后简要介绍自然语言处理。

单元一 RNN 概述

学习目标

知识目标：掌握 RNN 基本结构；掌握 LSTM 模型算法；熟悉 RNN 应用场景。

能力目标：能够使用 RNN 处理时序信息问题；能够总结 LSTM 模型结构；能够区分 RNN 在不同场景的应用。

素养目标：培养学生人工智能 RNN 领域的理论素养；树立学生历史、辩证、创新的科学思维；培养学生的文化自信。

一、RNN 基本结构

卷积神经网络相当于人类的视觉系统，但是它并没有携带记忆的能力，所以它只能处理一种特定的视觉任务，没有办法根据以前的记忆来处理新的任务。

与之前介绍的多层感知机和处理空间信息的卷积神经网络不同，循环神经网络（Recurrent Neural Network，RNN）是为了更好的处理时序信息而设计，它引入状态变量来存储过去的信息，并用其与当前的输入共同决定当前的输出。

循环神经网络常用于处理序列数据，如一段文字或声音、购物或观影的顺序，甚至是图像中的一行或一列像素。因此，循环神经网络有着极为广泛的实际应用，如语言模型、文本分类、机器翻译、语音识别、图像分析、手写识别和推荐系统。

在实际应用过程中，为什么要去考虑做 RNN 的设计呢？需求在哪里？比如说来看这样一个问题：如图 7-1 所示中的两句话，第一句话表达到达教室，输入"arrive classroom in the morning"序列，那么设计几个点，希望将"classroom"放为目的地 dest，将"morning"放入时间 time，将"arrive"、"in"、"the"放入其他 other，实现对输入序列的归类，以便后续提取相应的信息。那么用前馈神经网络来解决这个问题，在前馈神经网络中，各神经元从输入层开始，接收前一层信息一直往下一层输出直到输出层，网络无反馈。如果使用前馈神经网络，首先要对输入序列向量化，将每个单词用向量表示，可以使用前面学习的 one-hot 编码等方式输出预测类别的概率分布。如果是这样的话，那么就会出现一个问题，如果现在有另一个输入第二句话"leave classroom in the morning"表达的是离开教室，此时"classroom"表达的是出发地 departure，而不是目的地 dest，但是对于前馈神经来说，对于同样的输入，输出的概率分布应该也是一样的，不可能出现目的地和出发地的概率都高，也就是说，对于这样的任务，如果网络只输入"classroom"这个词而没有记忆特性，那么网络输出结果相同。如果记住前面的词，则会预测出不同的结果，因为想要的是不同的结果，因此希望神经网络拥有记忆的能力，能够根据之前的信息得到不同的输出。RNN 可以解决这个问题。

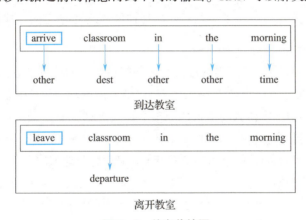

图 7-1 信息传输图

1. RNN 的基本结构

RNN 的基本结构比较简单，它将网络的输出保存在一个记忆单元中，这个记忆单元和下一次的输入一起进入神经网络中。其表达式为

$$h^{(t)} = f(h^{(t-1)}; \theta) \tag{7-1}$$

式中，$h^{(t)}$ 为当前的状态，h 在时刻 t 的定义需要参考时刻 $t-1$ 时的定义；θ 是输入的数据。

假设 $t=3$，对其展开可得到

$$\begin{aligned} h^{(3)} &= f(h^{(2)}; \theta) \\ &= f(f(h^{(1)}; \theta); \theta) \end{aligned} \tag{7-2}$$

式中，$t=3$ 时的状态 $h^{(3)}$ 需要由 $t=2$ 时的状态 $h^{(2)}$ 得到，而 $t=2$ 时的状态 $h^{(2)}$ 需要由 $t=1$ 时的状态 $h^{(1)}$ 得到，以此类推，t 展开就能得到公式计算如图 7-2 所示，图中使用的是传统的有向无环计算图（不涉及循环）。

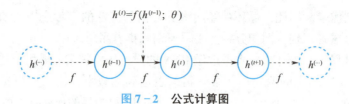

图 7-2 公式计算图

将公式用计算图展开,每个节点表示在某个时刻 t 的状态,并且函数 f 可以将 t 处的状态映射到 $t+1$ 处的状态。所有时间步都使用相同的参数实现参数共享。

基于前面提到的计算图展开和参数共享的思想,得出 RNN 结构如图 7-3 所示。

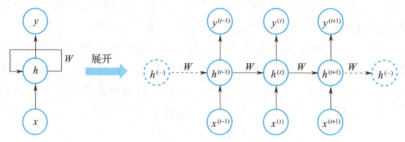

图 7-3 RNN 结构

这是 RNN 的基本结构,接下来学习双向循环神经网络和深度循环神经网络的结构。

2. 双向循环神经网络

前面讨论的循环神经网络只能将状态按照从前向后的方向传递,这意味着循环体在时刻 t 的状态只能从过去的输入序列 $x^{(t=0)},\cdots,x^{(t-1)}$,以及当前的输入 $x^{(t)}$ 中获取信息。

然而,在一些应用中,要得到的 y 可能对整个输入序列都有依赖。也就是说,时刻 t 的输出不仅取决于之前时刻的信息,有的时候还取决于未来的时刻。例如,在语音识别中,由于一些字词的发音相同但含义不同,所以对当前发音的正确解释可能取决于下一个(或多个)发音。又如,预测一句话中间丢失的一个单词,有时只看上文是不行的,需要查看上下文。

双向循环神经网络(双向 RNN)正是为了解决这类问题而提出的,它结合了在时间序列上一个从起点开始执行的 RNN 和另一个从终点回溯执行的 RNN,简单来说,就是两个互相叠加的 RNN。双向 RNN 结构如图 7-4 所示。

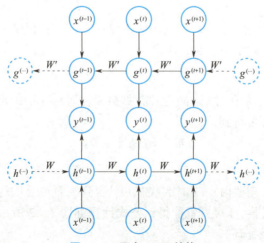

图 7-4 双向 RNN 结构

图 7-4 中，h 是时间上向前传播的信息（向右），g 是时间上向后传播的信息（向左）。例如，在某个时刻 t 时，$x^{(t)}$ 会同时提供给这两个方向相反的循环神经网络，而输出则是由这两个单向循环神经网络共同决定的。

3. 深度循环神经网络

大多数 RNN 的计算可分解成三个部分的参数及其相关的变换：从输入到隐藏状态；从前一隐藏状态到下一隐藏状态；从隐藏状态到输出。那么，RNN 可以看作是可深可浅的一个网络：一方面如果把 RNN 按照时间展开，长时间间隔的状态之间的路径很长，那么 RNN 可以看成是一个很深的网络；但是从另一方面来说，如果是同一时刻的网络输入到输出间的路径（x^t 到 y^t），那么这个网络又是非常浅的。但是可以增加 RNN 的深度，从而去增强循环神经网络的能力。增加 RNN 的深度主要是增加它同一时刻 x^t 到 y^t 的过程，即输入到输出间的路径，如增加隐藏状态。

深度循环神经网络可以有许多加深的方式，比如添加隐藏层之间的状态（见图 7-5）、添加输入到隐藏、隐藏到隐藏和隐藏到输出之间的状态、跳跃连接等方法。

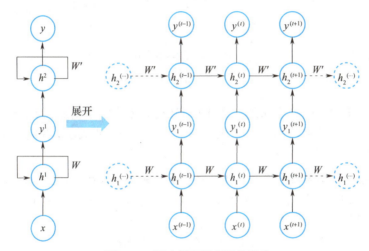

图 7-5　深度循环神经网络结构

二、LSTM 模型

RNN 存在长期依赖挑战。每当模型能够表示长期依赖时，长期相互作用的梯度值就会与输入数据呈现指数级波动，变得极小（与短期相互作用的梯度值相比）。但这并不意味着这是不可学习的，由于长期依赖关系的信号很容易被短期相关性产生的最小波动隐藏，因而学习长期依赖可能需要很长的时间。因此，提出了 LSTM 模型。

长短期记忆（Long Short-Term Memory，LSTM）是 RNN 的一种变体，比普通 RNN 高级。近年来，RNN 大多数实际应用是使用 LSTM。LSTM 是一种含有 LSTM 区块（Block）或其他的一种类神经网络。在一些文献或资料中，LSTM 区块可能被描述成智能网络单元，因为它可以记忆不定时间长度的数值。区块中有一个门（Gate），它能够决定输入是否重要到能被记住并被输出到下一个单元。

接下来解释一下门，它是一个使用 Sigmoid 激活函数对输入的信息进行控制的结构。之所以将该结构叫作门，是因为它可以对通过这个结构的当前输入信息量进行控制。可以想象到，使用了 Sigmoid 激活函数的全连接神经网络层会输出一个 0~1 之间的数值。在 LSTM 中也是类似的，Sigmoid 直接控制信息传递的比例，当门完全打开时（Sigmoid 神经网络层输出为 1 时），全部信息都可以通过；当门完全闭合时（Sigmoid 神经网络层输出为 0 时），任何信息都无法通过。

LSTM 包含三种门结构：Input Gate（输入门，也称更新门）、Forget Gate（遗忘门）和 Output Gate（输出门）。根据谷歌的测试表明，LSTM 中最重要的是遗忘门，其次是输入门，最后是输出门。

输入门决定当前时刻的输入有多少更新到记忆单元中，输出门决定当前的输出多大程度取决于当前的记忆单元。LSTM 结构如图 7-6 所示。

图 7-6　LSTM 结构

图中，x_t 是当前时刻的样本输入，经过 LSTM 得到输出结果 y_t。在 LSTM 中，c_{t-1} 是作为记忆单元输入，c_t 为当前更新的记忆单元，a_{t-1} 是上一时刻的 LSTM 的输出单元，a_t 是当前的 LSTM 输出单元。

可以看到，在 LSTM 单元的最上面部分有一条贯穿的箭头直线，这条直线由输入到输出，相较于 RNN，LSTM 提供了 c 作为记忆单元输入。记忆单元提供了记忆功能，在网络结构加深时仍能传递前后层的网络信息。

LSTM 块如图 7-7 所示。其中，x_t 为当前时刻的样本输入，c_{t-1} 作为记忆单元输入，a_{t-1} 是上一时刻的 LSTM 的输出单元，经过三个门的运算，更新记忆细胞 c_t、输出当前信息 a_t，以及此时的输出结果 y_t。

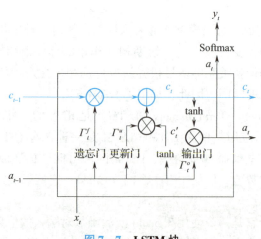

图 7-7　LSTM 块

遗忘门（函数表示为 Γ_t^f）的作用是决定从记忆单元 c 中是否丢弃某些信息，这个过程可以通过一个 Sigmoid 函数来进行处理。从遗忘门在整个结构中的位置可以看到，遗忘门接收来自输入和上一个块的值进行合并后加权计算处理。遗忘门的计算方法见式（7-3），如图 7-8 所示。其中，w_f 是权重；b_f 是偏置；$\sigma(\ )$ 为 Sigmoid 函数，可理解为常规的线性函数，与 $w \times X + b$ 类似，但是 X 包含 a 和 x 两个内容。

$$\Gamma_t^f = \sigma(w_f \cdot [a_{t-1}, x_t] + b_f) \tag{7-3}$$

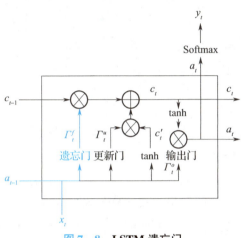

图 7-8　LSTM 遗忘门

输入门（也称更新门，函数表示为 Γ_t^u）决定需要将什么样的信息存入记忆单元中。除了计算更新门之外，还需要使用 Tanh 计算，然后才能成为记忆单元的候选值。

更新门的计算方法见式（7-4）和式（7-5），如图 7-9 所示。其中，w_u 和 w_C 是对应的更新门和新的记忆信息的权重；b_u 和 b_C 是对应的偏置。这里更新门所得到的结果与 Tanh 的结果综合成为记忆单元的候选值。

$$\Gamma_t^u = \sigma(w_u \cdot [a_{t-1}, x_t] + b_u) \tag{7-4}$$

$$C_t' = \mathrm{Tanh}(w_C \cdot [a_{t-1}, x_t] + b_C) \tag{7-5}$$

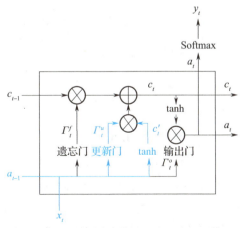

图 7-9　LSTM 更新门和记忆单元候选值

结合遗忘门 Γ_t^f、更新门 Γ_t^u、上一个记忆单元值 c_{t-1} 和记忆单元候选值 c_t' 来共同更新当前记忆单元 c_t 的状态，见式（7-6），如图 7-10 所示。

$$c_t = \Gamma_t^f c_{t-1} + \Gamma_t^u c_t' \qquad (7-6)$$

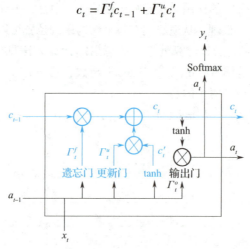

图 7 – 10　LSTM 记忆单元更新

LSTM 还提供了单独的输出门（函数表示为 Γ_t^o）。需要将输入经过一个称为输出门的 Sigmoid 层，然后将记忆单元经过 tanh 运算得到一个 –1 ~ 1 之间值的向量，将该向量与输出门得到的结果相乘就得到了最终的输出。其计算公式见式（7 – 6）和式（7 – 8），如图 7 – 11 所示。其中，w_O 是输出门的权重；b_O 是对应的偏置；$\sigma(\ )$ 为 Sigmoid 函数。

$$\Gamma_t^o = \sigma(w_O \cdot [a_{t-1}, x_t] + b_O) \qquad (7-7)$$

$$a_t = \Gamma_t^o \tanh(c_t) \qquad (7-8)$$

$$y_t = \mathrm{softmax}(a_t) \qquad (7-9)$$

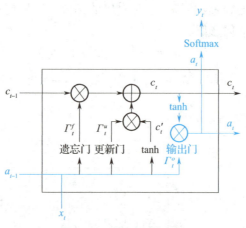

图 7 – 11　LSTM 输出门

LSTM 有很多个版本，其中一个重要的版本是门控循环单元（Gate Recurrent Unit，GRU）。GRU 是 LSTM 网络的一种效果很好的变体，它较 LSTM 网络的结构更加简单，而且效果也很好，因此也是当前非常流行的一种网络。GRU 既然是 LSTM 的变体，因此也可以解决 RNN 网络的长依赖问题。GRU 输入/输出的结构与普通的 RNN 相似，其内部思想与 LSTM 相似。与 LSTM 相比，GRU 内部少了一个"门控"单元，参数比 LSTM 少，但是却也能够达到与 LSTM 相当的功能。若要考虑硬件的计算能力和时间成本，GRU 是更好的选择。

GRU 对两个方面进行了改进：
1）序列中不同位置的单词对当前隐藏层的状态的影响不同，越前面的影响越小。
2）误差可能是由某一个或者几个单词引起的，更新权值时只针对相应的单词。

三、RNN 的应用

RNN 是目前深度学习中前景较好的工具之一，它已经在自然语言处理（NLP）中取得了巨大成功。RNN 的典型应用有以下一些。

1. 语言模型

将语料库通过 RNN 模型训练后，模型就学会了人说话的规律，可以在给定条件下给出下一个字是何字的概率，从而在多个场景有所应用。语言模型下的 RNN 如图 7 - 12 所示。

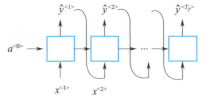

图 7 - 12　语言模型下的 RNN

2. 语音识别

RNN 处理的数据是"序列化"数据。训练的样本前后是有关联的，即一个序列的当前输出与前面的输出有关。比如语音识别，一段语音是有时间序列的，说的话前后是有关系的。当语音通过声学系统编码与解码处理后，最终要生成句子，由于发音的相似性，生成的句子不仅有一个，这些句子可以通过语言模型来评分，只留下概率最高的那个就是模型识别结果。

3. 文字/序列生成

经过语言模型训练后，可以从模型中取得话例。比如将 0 带入第一个输入，会得到第一个初始词，再将该词在第二个输入中作为输入值，以此类推，最终会生成一个句子，这个句子遵循人说话的规律。假如用泰戈尔的诗作为训练集，输出的就是泰戈尔风格的诗句。

同样的方式可以应用在音乐上，如果将音乐也当作一种序列去训练，最终也可以获得某种音乐风格的曲子，从而可以实现在文字和音乐上的另类创作。

4. 情感识别

在 RNN 输出结果的基础上加入 Sigmoid 或 Softmax 激活函数，就可以对句子进行分类，通常用来判断情感趋向。

除了可以通过分析句子得到情感判断外，分析词语也可以。目前，词的使用都是将符号向量（Word2Vec 算法）映射到语义空间上，所以词向量本身就具有语义含义，通过训练可以做情感分类。情感识别下的 RNN 如图 7 - 13 所示。

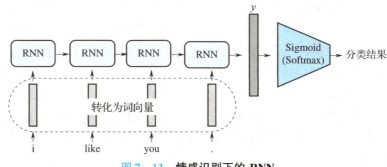

图 7 - 13　情感识别下的 RNN

5. 翻译

翻译目前用的是图 7-14 所示的结构，包含编码器与解码器。相当于将语句 A 通过 RNN 编码后输入另一个模型经解码后变为另一个语句 B，类似于卷积对图片的编码处理，序列模型在编码与解码的过程中也形成了一个表征语义的矩阵，该矩阵的语义表达与语言工具无关，作为两个语言之间的桥梁实现翻译功能。借鉴人类翻译过程中对前后文重点的读取，翻译模型会用到注意力机制以达到更好的模型效果。

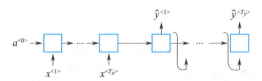

图 7-14　RNN 在翻译中的应用

6. 人机对话

在任务驱动型的人机对话中，首先就是获取人的意图。意图的识别属于自然语言理解，是一种分类任务。很多智能音箱平台会推出一些功能，这些功能实际上就对应意图识别。通过意图识别后将任务处理逻辑落在这些功能上，功能与功能之间其实已经没有关联。这种方式减轻了训练难度，使得机器人在特定任务上有更好的表现。人机对话中的 RNN 如图 7-15 所示。

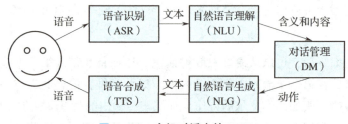

图 7-15　人机对话中的 RNN

在计算机处理人类请求后，不仅要判断用户的意图分类，还要对请求语进行序列标注（实体识别、实体关系抽取等），分析出该意图下哪些必要信息已经获得，哪些信息没有获得，这就是填槽的过程。

用户的请求往往是含糊不清的，多轮对话就是为了获取在该意图下所有的必要信息。整个过程需要对话管理（DM）的支持。对话管理实际是一个决策过程（策略树），系统在对话过程中不断根据当前状态决定下一步应该采取的最优动作（如提供结果、询问特定限制条件、澄清或确认需求等），从而有效地辅助用户完成信息或服务获取的任务。对话管理的构建更需要人工设计，但似乎通过强化学习也能得到最佳路径。

对话管理过程中可能需要和用户交互，就会用到自然语言生成，将系统语义转化为人类语言。这是个有限集，用模板是一种选择，也可以用语言模型、类似翻译的编码/解码模型。

RNN 虽然理论上可以很好地解决序列数据的训练，但是它也一样有梯度消失的问题，当序列很长的时候问题尤为严重。虽然采用选择合适的激活函数等方法能够在一定程度上减轻该问题，但人们往往更青睐于使用 RNN 的变种模型。因此，上述 RNN 模型一般都没有直接应用。在语音识别、对话系统以及机器翻译等自然语言处理领域，实际应用比较广泛的是基于 RNN 模型的变种模型。

单元二 文本分类

学习目标

知识目标：熟悉文本分类的概念及应用；掌握文本表示模型；掌握文本相似度度量方法。

能力目标：能够在不同场景下使用文本分类；能够归纳文本表示模型的结构；能够区分不同的文本相似性度量计算方法。

素养目标：培养学生严谨求实的科学态度；培养学生人本主义思维；增强学生的法律意识和安全意识。

一、文本分类概述

文本分类是指把文本按照一定的规则分门别类，这里的"规则"，可以由人来制定，也可以由算法从有标签数据中自动归纳。

在现实的生活和工作中，很多事情都离不开分类问题。比如，"今天早上要不要喝豆浆？""今天会不会下雨？"等这些二分类问题。类似的，文本分类在现实生活中也扮演着重要的角色，例如，弹幕自动屏蔽涉黄涉暴内容、评论涉黄涉暴的识别、文章文本匹配纠错、意图识别和命名实体识别等。

文本分类是自然语言处理的范畴，文本分类方法应用在以下典型场景。

1. 意图识别

商场里逐渐出现一些智能机器人，它们似乎可以听懂顾客的话。例如，当顾客对机器人说："厕所在哪里？"它是怎么知道顾客想上厕所的意图，并告诉顾客去厕所是怎么走的呢？

机器人会把顾客的常见意图整理处理，包括购买商品、去卫生间、结账等；然后构建一个分类器判断顾客说话的意图；判断意图之后，给出意图对应合适的服务。那么，当顾客说"厕所在哪里？"时，机器人会把商场地图调出来，展示离他最近的卫生间的路线（这里就用到了文本分类中的意图识别）。类似的还有，iPhone 的 Siri 服务、百度的小度、高德地图的语音寻路等智能对话系统。

2. 情感识别

计算机对从传感器采集来的信号进行分类和处理，从而得出人正处于的一种情感状态，这种行为就叫作情感识别。情感识别有两种方式：一种是检测生理信号，比如通过呼吸、心率、体温等去判断一个人的生理反应所体现出来的情绪；另一种是检测情感行为，比如说面部特征表情的识别、语音情感识别、语言文字识别等。

这里以语言文字识别为例。网络评论是当下很流行的一种社会现象，对一件热门事件会有许多舆论点评，那么如何根据网络评论知道网友对这个热门事件的看法好坏，以及它们所占比例呢？

构建一个文本分类模型，可以把文本分为"积极"和"消极"两类，然后用分类器来判断，就能计算出热门事件网络评论好坏所占的比例。这是情感识别的一个应用。

这里涉及细腻度情感分析，比如，小明说："你为什么偷我钱包？"这里可以将语音按照愤怒值高低分为5类，然后用分类器来判断。

也涉及文本相似度匹配，比如，"干啥咧"和"干什么"它们的意思相同吗？可以使用文本相似度量函数来计算。

还涉及指代消解，比如，"为什么张三犯错，让我李四来顶。"这句话中李四指的是谁？这里可以指示代词"我"与各个实体，即"张三"和"李四"的匹配度。

文本分类只是自然语言处理的一部分任务，只要一个任务的输出值是离散值，或者可以转换为离散值，都可以用分类的方法来完成。而在确定一个任务可以用分类来实现之后，就可以把问题转换为一个分类问题。

接下来就是确定研究对象的分类体系，即研究对象都需要分为哪些类别。那么，它们类别种类的范围是什么呢？这个问题一般是由提出需求任务的人员来回答。确定了分类体系后，最后确定前面的分类场景，以不同的分类方案来解决具体分类场景中的问题。

二、文本表示模型

对于文本分类问题，可以使用文本相似性度量模型来解决。设置一个阈值，将距离小于阈值的文本表示向量认为是同一类，将距离大于阈值的文本表示向量认为是不同类。

文本相似度度量模型由两部分组成：文本表示模型和相似度度量方法。

文本相似度度量模型中利用文本表示模型将文本表示成计算机能够处理的特征向量，然后再使用相似度度量方法计算相似度值，然后进行分类。具体方法见表7-1，这里可以组合出多种文本相似度度量方法，而这些方法组合在一起的特点是不一样的。

表7-1 文本相似度度量模型

文本表示模型		相似度度量方法
文本切分粒度	文本特征构建方法	
词句	句向量	欧氏距离
原始字符串	词向量	余弦距离
N-gram	TF-IDF	Jaccard 距离
句法分析结果	TF	最小编辑距离
主题模型	Simhash	

文本表示模型中涉及文本切分粒度和文本特征构建方法。

首先，在文本切分粒度里，可以是词句、原始字符串、N-gram、句法分析结果或主题模型。其中，句法分析结果的基本任务是确定句子中的语法结构和句子中词汇之间的依存关系，是自然语言中的一个重要的任务，往往是一个比较关键的环节。再是主题模型，顾名思义，它是对文字中隐含的主题的一种建模方法。例如，从西游记和孙悟空这两个词来看，能很容易发现对应的文本有很大的主题相关度，但是如果通过词特征来聚类的话，是很难找出的，因为聚类方法是无法考虑到隐含的主题的，因此出现了主题模型。主题模型是如何找到隐含的主题的呢？常用的是基于统计学的生成方法。假设以一定的概率选择了一个主题，然后以一定的概率选择当前主题的词，那么最后这些词组成当前文本。所有这些词的概率分布可以从语料库中获得。

文本特征构建方法包括句向量、词向量、TF-IDF、TF、Simhash 等方法。句向量是将不定长的句子以定长的向量表示。句向量可以为自然语言处理的一些任务提供服务，比如语义搜索，通过句向量的相似性去检索语料库中与问题最匹配的文本。词向量有时也可以叫作 word embedding，是 word 嵌入式的自然语言处理中的一组语言建模和特征学习技术的统称。其中来自词汇表的单词或是短语被映射到实数向量，从概念上讲，它涉及从每个单词的一维空间到具有更低维度的连续向量空间的数学嵌入。生成这种映射的方法包括神经网络、单词的共生矩阵的降维、概率模型等。TF-IDF（Term Frequency-Inverse Document Frequency，词频–逆向文件频率）是文本表示应用中常用的方法，是一种统计方法，是评估一个字词对于一个文件集或一个语料库中的其中一份文件的重要程度。字词的重要性与它在文件中出现的次数成正比，但同时与它在语料库中出现的频率成反比。TF-IDF 的主要思想是：如果某个单词在一篇文章中出现的频率高，并且在其他文章中很少出现，则认为此词或者短语具有很好的类别区分能力，适合用来分类。Simhash 是一种局部性敏感哈希算法，是将高维的特征向量映射为低维的特征向量，通过两个向量的汉明距离来确定两篇文章是否重复或高度相似。

相似度度量方法包括欧氏距离、余弦距离、Jaccard 距离、最小编辑距离等。

1. 相似度度量的第一步——文本切分粒度

文本切分粒度是将需要处理的文本利用文本切分粒度方法，切分成指定大小，这样便于分析与处理。

（1）N-gram 模型

N-gram 模型是自然语言处理中的一个模型，表示文字和语言中的 N 个连续单词组成序列。在进行自然语言分析时，使用 N-gram 或寻找常用词组可以很容易地把一句话分解成若干个文字片段。简单来说，就是找到核心的主题词。那么，什么算是核心的主题词呢？一般而言，重复率也就是提及次数最多的最需要表达的就是核心词。N-gram 是将连续的 N 个词组作为向量空间中的一个维度，这个向量空间也被称为词袋。对于一个文本，忽略它的词序、语法和句法，将其仅仅看作是词的集合，文本中每个词的出现是独立的，不依赖于其他词是否出现，可以将不同维度看作是袋子里的很多词。

N-gram 切分见表 7-2。例如，切分"我来自中国"。当 $N=1$ 时，按一个字进行切分，切分结果为"我/来/自/中/国"；当 $N=2$ 时，按两个字进行切分，切分结果为"我来/来自/自中/中国"；当 $N=3$ 时，按三个字进行切分，切分结果为"我来自/来自中/自中国"。

表 7-2 N-gram 切分示例

N	切分案例
1	我/来/自/中/国
2	我来/来自/自中/中国
3	我来自/来自中/自中国

对 N-gram 来说，词表越大，占用的内存越大，特征比较稀疏，一般来说 N 取 2 时效果比较好。

（2）分词

分词是将文本切分为有句法意义的小单元，例如，将"我来自中国"切分为"我/来自/

中国"。可以看出这三个字符串内部之间的相关性,明显高于它们同其他字符的相关性。

相比于 N-gram 的指定范围的文本切分方法来说,分词的优势是,在字符相关性较小的位置进行切分、造成的信息损失比较小。但是 N-gram 也有它的优势,就是其极高的计算速度。

2. 相似度度量第二步——文本特征构建

文本特征构建是用数值向量表示文本的内容。一般是用一个数值向量描述文本在语义空间中的位置。文本具有一定的层次结构,文本表示可以分为字、词、句子、篇章等不同粒度的表示。

(1) 词向量与句向量

词向量和句向量的离散表示用到前面提到过的 one-hot 编码。one-hot 编码将单词看作一个原子符号,向量中只有一个维度是 1 其余维度为 0,1 的维度代表了当前的词。例如有一个词典库 ["大家","吃","面包","今天","昨天","食物"],对于"大家"这个单词,可以用这么一个向量表示:向量的维度是词典库的长度,这个向量的元素是 0 和 1,由于"大家"在词典中是第一个位置,所以对应的向量第一个元素是 1,其他位置元素是 0,即"大家"的向量表示为 [1,0,0,0,0,0]。对于"吃"这个单词,它在词典库中是第二个位置,所以对应的向量的第二个元素是 1,其他元素是 0,即 [0,1,0,0,0,0]。同理,对于"面包"这个单词,对应的 one-hot 向量为 [0,0,1,0,0,0];对于"今天"这个单词,对应的 one-hot 向量为 [0,0,0,1,0,0];对于"昨天"这个单词,对应的 one-hot 向量为 [0,0,0,0,1,0];对于"食物"这个单词,对应的 one-hot 向量为 [0,0,0,0,0,1]。

one-hot 编码让特征在高维空间线性可分,但它也有缺陷:一个缺陷是不能展示词与词之间的关系;另一个缺陷是每个词的特征空间都非常大。

另外,词向量和句向量可以用分布式表示(又称为 word embedding),它有以下两个优点:

1)保留词之间存在的相似关系。词与词之间存在"距离"概念,这对很多自然语言处理的任务非常有帮助。

2)包含更多信息。能够包含更多信息,并且每一维都有特定的含义。

(2) Simhash

Simhash 采用敏感哈希算法实现文本特征提取任务。它将一篇文章映射为一个长度为 64、元素值为 1 或 0 的一维向量。然后使用某种距离计算方法,计算两篇文本的距离和相似度。

Simhash 适用于对文本进行相似度比较,即判断两篇文章内容是否相同。其次,Simhash 在计算上也具有一定优势。

三、相似度度量方法

前面已经提到过相似度度量方法,包括欧氏距离、余弦距离、最小编辑距离、Jaccard 距离等,下面来介绍它们的具体计算方式。

1. 基于欧氏距离的文本相似度计算

基于欧氏距离的文本相似度计算公式为

$$\text{distance} = \sqrt{(X-Y) \cdot (X-Y)^{\text{T}}} = \sqrt{\sum_{i=1}^{N}(x_i - y_i)^2} \quad (7-10)$$

欧氏距离是多维空间中两个向量之间的绝对距离。式(7-10)中,X,Y 代表文本的特征向量；N 代表向量的维度。

2. 基于余弦距离的文本相似度计算

基于余弦距离的文本相似度计算公式为

$$\text{distance} = \cos(\theta) = \frac{\sum_{i=1}^{N} XY}{\sqrt{\sum_{i=1}^{N}(x_i)^2} \times \sqrt{\sum_{i=1}^{N}(y_i)^2}} \quad (7-11)$$

余弦相似度用向量空间中两个向量的夹角的余弦值来衡量两个文本间的相似度。相比距离度量，余弦相似度更加注重两个向量在方向上的差异。一般情况下，得到两个文本的向量表示之后，可以使用余弦相似度计算两个文本之间的相似度。

3. 基于 Jaccard 距离的文本相似度计算

Jaccard 距离用于计算符号度量或者布尔值度量的两个个体之间的相似度。由于个体的特征属性是用符号或是用布尔值度量的，因此只能统计包含的共同特征个数。Jaccard 距离的计算公式为

$$\text{Jaccard}(X, Y) = \frac{X \cap Y}{X \cup Y} \quad (7-12)$$

4. 基于最小编辑距离的文本相似度计算

最小编辑距离主要用于来计算两个字符串的相似度，其定义如下。

假设有字符串 A 与 B，B 为模式串。有以下三种操作：从字符串中删除一个字符；向字符串中插入一个字符；在字符串中替换一个字符。采用以上三种操作，得到 A 转换为 B 的最小操作数，即 A 与 B 的最小编辑距离，记作 $ED(A,B)$。

例如，word1 = "horse"，word2 = "ros"，它的最小编辑距离是 3，即

1）horse→rorse（将 h 替换为 r）。

2）rorse→rose（删除 r）。

3）rose→ros（删除 e）。

单元三　RNN 模型训练及测试

学习目标

知识目标：了解 RNN 在股票预测方面的应用；掌握 RNN 预测中的数据处理、模型定义、模型训练和模型测试。

能力目标：能够使用 Tensorflow 编程实现 RNN 股票预测建模、训练、测试等流程；能够使用 RNN 灵活解决实际预测问题，提高工作效率。

素养目标：培养学生动手实践和主动探究的能力；培养学生的团队协作和人际交往能力；培养学生的风险防范能力。

一、RNN 股票预测

1. 问题描述

股票是一种可以用数字表现波动的交易形式。

量化交易要做的就是通过数学模型发现股票的变化趋势。

对于股票的预测，不是说知道这个股票昨天指数是多少，然后预测今天它的指数能涨到多少，而是通过过去一段时间股票的跌或者涨，总结出当出现某种波动的时候股票会有什么相应的涨或者跌的趋势。

RNN 能够处理与时间相关的信息，于是选择使用 RNN 进行训练。

2. 解决思路

RNN 是一种深度学习的网络结构，RNN 的优势是它在训练的过程中会考虑数据的上下文联系，适用于股票场景，因为某一时刻的波动往往跟之前的趋势存在某种联系。

RNN 是由一个个神经元组成的，传统的 RNN 当网络过于复杂的时候，下一个节点对于前一个节点的感知力会下降。

LSTM 是 RNN 的一种变形，LSTM 可以增加记忆单元，解决上面提到的问题。这里可以通过 LSTM 来预测股票的趋势。

在股票场景下，通过 LSTM 模型对股票序列进行预测，首先要构建股票序列化数据，然后训练 LSTM 模型，最终通过这个模型对股票进行预测。

二、RNN 模型实战

1. 准备数据

数据使用的是一只叫 SP500 的股票，股票数据集存放在课程电子资源 data/chapter07/SP500.csv，文件中的数据是这只股票截至 2020 年 10 月 20 日每天的走势，这里只需要关心每次的开盘价格（Open）和收盘价格（Close）两个字段即可。

可以先将数据下载至当前项目的 data 文件夹中，文件路径为 data/SP500.csv。

2. 环境准备

安装相关的依赖库，具体版本包括：

```
python = =3.8.0
numpy = =1.19.2
pandas = =1.1.3
scikit-learn = =0.24.2
scipy = =1.6.2
tensorflow = =2.3.0
```

3. 导入依赖库

首先需要导入所需要的库，代码如下。

```
import numpy as np                    #处理数组
import pandas as pd                   #数据分析模块
import matplotlib.pyplot as plt       #画图模块
```

```
import tensorflow as tf
from sklearn.preprocessing import MinMaxScaler      #数据预处理模块
from tensorflow.keras.models import *                #深度学习模块
from tensorflow.keras.layers import *
import os
```

4. 获取数据

使用 Pandas 工具通过数据集路径读取 .csv 文件数据，并显示某一列前五行的数据，代码如下。

```
df = pd.read_csv('data/SP500.csv')
#预览某一列的值，并将其打印出来
df = df['Open'].values
df = df.reshape(-1,1)
print(df.shape)
print(df[:5])
```

运行以上代码，结果如图 7-16 所示。

```
(5234, 1)
[[1469.25    ]
 [1455.219971]
 [1399.420044]
 [1402.109985]
 [1403.449951]]
```

图 7-16　获取数据前五行

5. 数据预处理与特征提取

将数据转换为 Numpy 数组后划分为训练数据和测试数据，并对数据进行归一化处理，代码如下。

```
dateset_train = np.array(df[:int(df.shape[0]*0.8)])
dateset_test = np.array(df[int(df.shape[0]*0.8)-50:])
#进行归一化处理
scaler = MinMaxScaler(feature_range=(0,1))
dateset_train = scaler.fit_transform(dateset_train)
print(dateset_train[:5])
dateset_test = scaler.fit_transform(dateset_test)
print(dateset_test[:5])
```

执行代码，运行结果如图 7-17 所示。

```
[[0.52366871]
 [0.51436824]
 [0.47737864]
 [0.47916179]
 [0.48005005]]
[[0.04491445]
 [0.04552431]
 [0.03831026]
 [0.0459093 ]
 [0.04422782]]
```

图 7-17　数据归一化处理

6. 创建数据集

定义创建数据集函数，调用函数获取训练数据集和测试数据集的 x、y 数据，并显示训练数据和测试数据的第一个 x 数据，代码如下。

```
def create_dataset(df):
    x = []
    y = []
    for i in range(50,df.shape[0]):
        x.append(df[i-50:i,0])
        y.append(df[i,0])
    x = np.array(x)
    y = np.array(y)
    return x,y

x_train,y_train = create_dataset(dateset_train)
print(x_train[:1])
x_test,y_test = create_dataset(dateset_test)
print(x_test[:1])
```

执行代码，运行结果如图 7-18 所示。

```
[[0.52366871 0.51436824 0.47737864 0.47916179 0.48005005 0.50525341
  0.51594594 0.50332444 0.49914152 0.51069585 0.52095085 0.51431524
  0.51481905 0.50797127 0.5051805  0.47877734 0.48441197 0.48047432
  0.47680856 0.4513533  0.47409062 0.48391479 0.48380871 0.49431561
  0.49391789 0.49383171 0.50541913 0.48551895 0.48891962 0.46922498
  0.47109431 0.47912206 0.4695896  0.46998069 0.44202629 0.44605676
  0.45170457 0.44689202 0.43358763 0.44332563 0.45550304 0.46396817
  0.46567186 0.48384189 0.47198265 0.44834372 0.45568859 0.47888335
  0.47449497 0.46690484]]
[[0.04491445 0.04552431 0.03831026 0.0459093  0.04422782 0.05039562
  0.05332235 0.05527993 0.06234638 0.01590423 0.         0.02311828
  0.04268093 0.05947746 0.05672403 0.04990783 0.06017052 0.06437447
  0.08025951 0.08525288 0.09443736 0.09704945 0.10170265 0.09971953
  0.10084271 0.10232535 0.10669602 0.10256274 0.10720951 0.10416729
  0.10470648 0.10229323 0.10407751 0.10685005 0.10478984 0.09636282
  0.10066298 0.10405181 0.11365983 0.11268425 0.11305013 0.10994367
  0.11364698 0.1151489  0.11525153 0.10986031 0.11246598 0.11396789
  0.11226071 0.11625923]]
```

图 7-18 训练和测试数据集显示

再对训练数据集和测试数据集进行维度变换，代码如下。

```
x_train = np.reshape(x_train,(x_train.shape[0],x_train.shape[1],1))
x_test = np.reshape(x_test,(x_test.shape[0],x_test.shape[1],1))
```

7. 建立 RNN 模型

定义模型对象。模型为 LSTM 模型，模型结构中多次使用 Dropout 方法（Dropout 方法不仅可以用在 CNN 中，在 RNN 中使用 Dropout 方法也可以获得良好的效果）。为模型依次添加 LSTM 层 1、Dropout 层 1、LSTM 层 2、Dropout 层 2、LSTM 层 3、Dropout 层 3、LSTM 层 4、Dropout 层 4 和输出层，再对模型进行编译，设置损失函数和优化器。实现代码如下。

```
#创建一个序列模型
model = Sequential()
#多层 LSTM 中,最后一个 LSTM 层 return_sequences 通常为 False,非最后一层为 True
#return_sequences 默认为 False。当为 False 时,返回最后一层最后一个步长的隐藏状
#态;当为 True 时,返回最后一层的所有隐藏状态
```

```
model.add(LSTM(units=96,return_sequences=True,input_shape=(x_train.shape[1],1)))
#Dropout 正则化,防止过拟合
model.add(Dropout(0.2))
model.add(LSTM(units=96,return_sequences=True))
model.add(Dropout(0.2))
model.add(LSTM(units=96,return_sequences=True))
model.add(Dropout(0.2))
model.add(LSTM(units=96))
model.add(Dropout(0.2))
model.add(Dense(units=1))
model.compile(loss='mean_squared_error',optimizer='adam')
```

在上述代码中,前面每一层 LSTM 采用 96 个记忆体,每个时间步均有输出(return_sequences=True),仅最后一层 LSTM 只有一个时间步有输出;每层采用 0.2 的 Dropout;损失函数采用均方误差 mean_squared_error。

8. 模型训练

向模型中输入训练数据,设置每次训练的样本数和训练次数,进行训练,训练完成后保存模型。实现代码如下。

```
model.fit(x_train,y_train,epochs=50,batch_size=32)
model.save('stock_prediction.h5')
```

在上述代码中,通过 batch_size 参数设置每次训练的样本数为 32,通过 epochs 参数设置训练的次数为 50。

运行代码,部分结果如图 7-19 所示(每次运行结果可能与截图的结果不一致)。

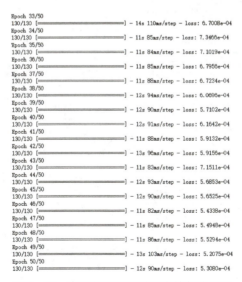

图 7-19　股票数据训练过程中的部分结果

9. 模型预测

1) 导入模型。导入保存好的模型,实现代码如下。

```
#导入模型
new_model = tf.keras.models.load_model('stock_prediction.h5')
```

2）预测数据。使用测试数据进行预测，实现代码如下。

```
#开始进行预测
predictions = new_model.predict(x_test)
predictions = scaler.inverse_transform(predictions)
```

3）预测结果可视化。将预测结果可视化，实现代码如下。

```
#画图
fig,ax = plt.subplots(figsize=(8,4))
plt.plot(df,color='red',label="True Price")
ax.plot(range(len(y_train)+50,len(y_train)+50+len(predictions)),predictions,color='blue',label='Predicted Testing Price')
#标注曲线信息
plt.legend(loc='upper left')
plt.show()
#将标准化后的数据转换为原始数据
y_test_scaler = scaler.inverse_transform(y_test.reshape(-1,1))
#画出图形
fig,ax = plt.subplots(figsize=(8,4))
ax.plot(y_test_scaler,color='red',label='True Testing Price')
plt.plot(predictions,color='blue',label='Predicted Testing Price')
#标注曲线信息
plt.legend(loc='upper left')
plt.show()
```

运行代码，结果如图 7-20 所示。

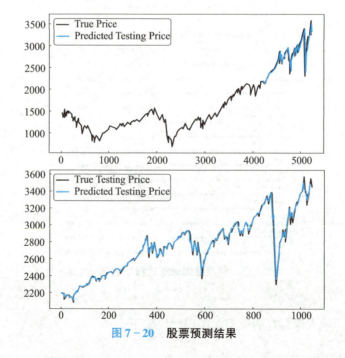

图 7-20　股票预测结果

实训七 电影评论分类实战

学习目标

知识目标：了解 RNN 在影评分类中的应用；掌握 RNN 数据处理、模型定义、模型训练和模型测试。

能力目标：能够应用 TensorFlow 实现影评文本分类建模、训练及评估等流程；能够基于 TensorFlow 使用 RNN 解决实际文本分类问题。

素养目标：培养学生的专业自豪感，提升学习热情；培养学生严谨细致、精益求精的新时代工匠精神。

一、问题描述

电影评论 IMDB 文本分类模型的建立与评估。

二、思路描述

使用 TensorFlow 加载电影评论 IMDB 数据集，进行数据集划分，完成数据集预处理。再构建一个文本分类模型，并为模型设置损失函数与优化器，对模型进行训练，并对模型训练结果进行评估。

三、解决步骤

1. IMDB 影评文本数据集介绍

电影评论数据集，包含了电影数据库（IMDB）50000 条二分类的评论。其中，将 IMDB 评级 <5 的情绪得分标签置为 0，而评级 ≥7 的情绪得分标签置为 1。

IMDB 影评数据集包含训练数据集与测试数据集，训练数据集与测试数据集之间没有交集。其中，训练数据集有 25000 条，测试数据集有 25000 条。

IMDB 影评数据集的部分内容如图 7-21 所示。

电影评论	情感标签
I loved this movie since I was 7 and I saw it on the opening day. It was so touching and beautiful…	1
It was so terrible. It wasn't fun to watch at all…	0
This movie is by far the worst movie ever made…	0
I love this movie. I mean the story may not be the best, but the dancing most certainly makes up for it…	1
What an utter disappointment! ……	0

图 7-21 IMDB 影评数据集的部分内容

2. 导入依赖库

首先需要导入所需要的库，代码如下。

```
import warnings
warnings.filterwarnings("ignore",category=Warning)
import os
#os.environ['TF_CPP_MIN_LOG_LEVEL'] = '3'
import tensorflow as tf
from tensorflow import keras
from tensorflow.keras import models,layers,preprocessing,optimizers,losses,metrics
from tensorflow.keras.layers.experimental.preprocessing import TextVectorization
import re,string
from IPython import embed
import numpy as np
import matplotlib.pyplot as plt
```

自 Tensorflow2.0 开始，Keras 自带 IMDB 数据集，含有 25000 条训练样本和 25000 条测试样本。所有评论都经过预处理，评论（单词序列）已经被转换为整数序列，其中每个整数表示字典中的特定单词。

3. 导入 IMDB 数据集

在 Tensorflow 中导入 IMDB 数据集，实现代码如下。

```
imdb=keras.datasets.imdb
(x_train,y_train),(x_test,y_test)=imdb.load_data(num_words=None,maxlen=None,seed=113,start_char=1,oov_char=2,index_from=3)
```

在上述代码中，各参数的描述如下。

Num_words：整型或 None，保留的最大频率词语。任何低于该值的词语会被替换为参数 Oov_char 的值。

Maxlen：整型，序列最大长度。任何长度大于该值的序列都被截断。

Seed：整型，打散数据集初始化顺序。

Start_char：整型，序列开始的标记。通常设置为 1，因为 0 用来作为填充序列的值。

Oov_char：整型，用于 Num_words 限制需要被替换词语的替换值。

Index_from：整型，实际使用的词语的索引起始值。

返回值的描述如下。

x_train，x_test：序列列表，每个序列又是整数索引列表。如果指定了 Num_words 参数，那么最大索引值为 Num_words-1。如果指定了 Maxlen 参数，那么最长序列的长度为 Maxlen。

y_train，y_test：整数 label（1 或 0）的列表。

运行代码，结果如图 7-22 所示。

```
Downloading data from https://storage.googleapis.com/tensorflow/tf-keras-datasets/imdb.npz
17465344/17464789 [==============================] - 2s 0us/step
```

图 7-22 导入数据集的运行结果

4. IMDB 数据集可视化

使导入的 IMDB 数据集可视化,实现代码如下。

```
print(len(x_train[0]))
print(x_train[:10])
```

运行代码,部分结果如图 7-23 所示。

```
218
[list([1, 14, 22, 16, 43, 530, 973, 1622, 1385, 65, 458, 4468, 66, 3941, 4, 173, 36, 256, 5, 25, 100, 43, 838, 112, 50, 670, 22665, 9, 35, 4, 80, 284, 5, 150, 4, 172, 112, 167, 21631, 336, 385, 39, 4, 172, 4536, 1111, 17, 546, 38, 13, 447, 4, 192, 50, 16, 6, 147, 2025, 19, 14, 22, 4, 1920, 4613, 469, 4, 22, 71, 87, 12, 16, 43, 530, 38, 76, 15, 13, 1247, 4, 22, 17, 515, 17, 12, 16, 626, 18, 19193, 5, 62, 386, 12, 8, 31, 6, 8, 106, 5, 4, 2223, 5244, 16, 480, 66, 3785, 33, 4, 130, 12, 16, 38, 619, 5, 25, 124, 51, 36, 135, 48, 25, 1415, 33, 6, 22, 12, 215, 28, 77, 52, 5, 14, 407, 16, 82, 10311, 8, 4, 107, 117, 5952, 15, 256, 4, 31050, 7, 3766, 5, 723, 36, 71, 43, 530, 476, 26, 400, 317, 46, 7, 4, 1, 2118, 1029, 13, 104, 88, 4, 381, 15, 297, 98, 32, 2071, 56, 26, 141, 6, 194, 7486, 18, 4, 226, 22, 21, 134, 476, 26, 480, 5, 144, 30, 5535, 18, 51, 36, 28, 224, 92, 25, 104, 4, 226, 65, 16, 38, 1334, 88, 12, 16, 283, 5, 16, 4472, 113, 103, 32, 15, 16, 5345, 19, 178, 32]),
list([1, 194, 1153, 194, 8255, 78, 228, 5, 6, 1463, 4369, 5012, 134, 26, 4, 715, 8, 118, 1634, 14, 394, 20, 13, 119, 954, 189, 102, 5, 207, 110, 3103, 21, 14, 69, 188, 8, 30, 23, 7, 4, 249, 126, 93, 4, 114, 9, 2300, 1523, 5, 647, 4, 116, 9, 35, 8163, 4, 229, 9, 340, 1322, 4, 118, 9, 4, 130, 4901, 19, 4, 1002, 5, 89, 29, 952, 46, 37, 4, 455, 9, 45, 43, 38, 1543, 1905, 398, 4, 1649, 26, 6853, 5, 163, 11, 3215, 10156, 4, 1153, 9, 194, 775, 7, 8255, 11596, 349, 2637, 148, 605, 15358, 8003, 15, 123, 125, 68, 23141, 6853, 15, 349, 165, 4362, 98, 5, 4, 228, 9, 4, 3, 36893, 1157, 15, 299, 120, 5, 120, 174, 11, 220, 175, 136, 50, 9, 4373, 228, 8255, 5, 25249, 656, 245, 2350, 5, 4, 9837, 131, 152, 491, 18, 46151, 32, 7464, 1212, 14, 9, 6, 371, 78, 22, 625, 64, 1382, 9, 8, 168, 145, 23, 4, 1690, 15, 16, 4, 1355, 5, 28, 6, 52, 154, 462, 33, 8, 9, 78, 285, 16, 145, 95]),
list([1, 14, 47, 8, 30, 31, 7, 4, 249, 108, 7, 4, 5974, 54, 61, 369, 13, 71, 149, 14, 22, 112, 4, 2401, 311, 12, 16, 3711, 33, 75, 43, 182, 9, 296, 4, 86, 320, 35, 534, 19, 263, 4821, 1301, 4, 1873, 33, 89, 78, 12, 66, 16, 4, 360, 7, 4, 58, 316, 334, 11, 4, 1716, 43, 645, 662, 8, 257, 85, 1200, 42, 1228, 2578, 83, 68, 3912, 15, 36, 165, 1539, 278, 36, 69, 44076, 780, 8, 106, 14, 6905, 1338, 18, 6, 22, 12, 215, 28, 61, 0, 40, 6, 87, 326, 23, 2300, 21, 23, 22, 12, 272, 40, 57, 31, 11, 4, 22, 47, 6, 2307, 51, 9, 170, 23, 595, 116, 595, 1352, 13, 191, 79, 638, 89, 51428, 14, 9, 8, 106, 607, 624, 35, 534, 6, 227, 7, 129, 113]),
```

图 7-23 使导入的数据集可视化

这里打印出 x_train 前 10 条电影评论,可以看到,每个词都由一个数表示,并且每条电影评论由一个 list 表示,长度根据评论的长度确定,第一条评论的长度为 218。

5. 将 IMDB 数据集转化为原电影评论

将导入的 IMDB 数据集转化为原电影评论,实现代码如下。

```
(train_data,train_labels),(test_data,test_labels) = imdb.load_data(num_words =10000)
print("Training entries:{},labels:{}".format(len(train_data),len(train_labels)))#word_index 是字典,键是单词,值是整数
word_index = imdb.get_word_index()
word_index = {k:(v+3)for k,v in word_index.items()}#句子里面有"<PAD>"补全字符,<START>开始字符,<UNK>低频词 word_index["<PAD>"] = 0
word_index["<PAD>"] = 0
word_index["<START>"] = 1
word_index["<UNK>"] = 2 #unknown
#reverse_word_index 是字典,键是整数,值是单词
reverse_word_index = dict([(value,key)for (key,value) in word_index.items()])
def decode_review(text):
    return ''.join([reverse_word_index.get(i,'?') for i in text])
print(decode_review(train_data[0]))#读取电影评论
```

在上述代码中,word_index = imdb.get_word_index()实现返回一个字典,形如{单词 A:整数 A,单词 B:整数 B…}。现在要反转这个字典的键值对,得到{整数 A:单词 A,整数 B:单词 B, …}。由于 word_index 是从索引 0 值开始得到单词,但是句子中索引 0 值是

<"PAD">补全字符，1值是<"START">开始字符，2值是<"UNK">低频字符，所以需要将 word_index 的整数值向后平移3个，空出0值、1值和2值，以定义句子中这些特殊字符。

运行代码，部分结果如图7-24所示。

```
Training entries:25000, labels:25000
<START> this film was just brilliant casting location scenery story direction everyone's really suited the part they played and you could ju
st imagine being there robert <UNK> is an amazing actor and now the same being director <UNK> father came from the same scottish island as m
yself so i loved the fact there was a real connection with this film the witty remarks throughout the film were great it was just brilliant
so much that i bought the film as soon as it was released for <UNK> and would recommend it to everyone to watch and the fly fishing was amaz
ing really cried at the end it was so sad and you know what they say if you cry at a film it must have been good and this definitely was als
o <UNK> to the two little boy's that played the <UNK> of norman and paul they were just brilliant children are often left out of the <UNK> l
ist i think because the stars that play them all grown up are such a big profile for the whole film but these children are amazing and shoul
d be praised for what they have done don't you think the whole story was so lovely because it was true and was someone's life after all that
was shared with us all
```

图7-24 将数据集转化为原电影评论

6. IMDB 数据集文本长度分布

对 IMDB 数据集文本长度分布进行作图，x 轴表示文本长度，y 轴表示文本数量。可以发现，对 IMDB 训练集而言，200~300 文本长度的数据占绝大多数。实现代码如下。

```
text_len_li = list(map(len,x_train))
print("最短文本长度 = ",min(text_len_li))
print("最长文本长度 = ", max(text_len_li))
print("平均文本长度 = ",np.mean(text_len_li))
plt.hist(text_len_li,bins = range(min(text_len_li),max(text_len_li) +50,50))
plt.rcParams['font.sans-serif'] = ['simHei']#防止中文乱码
plt.rcParams['axes.unicode_minus'] = False#防止中文乱码
plt.title("IMDb 数据集文本长度分布")
plt.show()
```

运行代码，结果如图7-25所示。

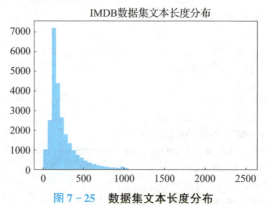

图7-25 数据集文本长度分布

7. IMDB 数据预处理

数据预处理的目的是将每一个影评填充成相同大小的 256 维度向量，并且 Tensor 化，填充数组，使它们都具有相同的长度，并创建一个形状相同的整数张量。这样就可以使用一个能处理这种形状的嵌入层作为网络中的第一层。实现代码如下。

```
#准备数据
train_data = keras.preprocessing.sequence.pad_sequences(train_data,
                                                        value=word_index["<PAD>"],
                                                        padding='post',
                                                        maxlen=256)
test_data = keras.preprocessing.sequence.pad_sequences(test_data,
                                                       value=word_index["<PAD>"],
                                                       padding='post',
                                                       maxlen=256)
print(len(train_data[0]),len(train_data[1]))
print(train_data[0])
```

运行代码,结果如图 7-26 所示。

```
256 256
[   1   14   22   16   43  530  973 1622 1385   65  458 4468   66 3941
    4  173   36  256    5   25  100   43  838  112   50  670    2    9
   35  480  284    5  150    4  172  112  167    2  336  385   39    4
  172 4536 1111   17  546   38   13  447    4  192   50   16    6  147
 2025   19   14   22    4 1920 4613  469    4   22   71   87   12   16
   43  530   38   76   15   13 1247    4   22   17  515   17   12   16
  626   18    2    5   62  386   12    8  316    8  106    5    4 2223
 5244   16  480   66 3785   33    4  130   12   16   38  619    5   25
  124   51   36  135   48   25 1415   33    6   22   12  215   28   77
   52    5   14  407   16   82    2    8    4  107  117 5952   15  256
    4    2    7 3766    5  723   36   71   43  530  476   26  400  317
   46    7    4    2 1029   13  104   88    4  381   15  297   98   32
 2071   56   26  141    6  194 7486   18    4  226   22   21  134  476
   26  480    5  144   30 5535   18   51   36   28  224   92   25  104
    4  226   65   16   38 1334   88   12   16  283    5   16 4472  113
  103   32   15   16 5345   19  178   32    0    0    0    0    0    0
    0    0    0    0    0    0    0    0    0    0    0    0    0    0
    0    0    0    0    0    0    0    0    0    0    0    0    0    0
    0    0    0    0]
```

图 7-26　数据预处理结果

打印第一条电影评论,可以看到,结尾部分全部填充为 0 了,并且所有评论的长度为 256。最后,送入网络模型的输入层维度为 (n,256),n 为批样本数量。

8. 构建文本分类模型

在构建模型时,需要考虑两个方面的因素:一个是模型中需要有多少层隐藏层;另一个是对每一层使用多少个隐藏神经单元。输入是由评论中单词对应的索引数组组成;输出是标签 0 或 1,分别表示为差评或好评。实现代码如下。

```
#构建模型
#输入形状是用于电影评论的词汇量(10,000 words)
vocab_size = 10000
model = keras.Sequential()
model.add(keras.layers.Embedding(vocab_size,16))
model.add(keras.layers.GlobalAveragePooling1D())
model.add(keras.layers.Dense(16,activation=tf.nn.relu))
model.add(keras.layers.Dense(1,activation=tf.nn.sigmoid))
model.summary()
```

在上述代码中，将第一层构建为输入嵌入层，该层会在整数编码的词汇表中查找每个单词–索引的嵌入向量。当模型进行训练时，这些向量会向输出数组添加一个维度，生成的维度为（batch，sequence，embedding）。接下来是一个 Global Average Pooling 1D 层，对序列维度求平均值，针对每个样本返回一个长度固定的输出向量，这样，模型便能够以尽可能简单的方法处理各个长度的输入。最后组合一个长度固定的全连接（Dense）层，含有 16 个隐藏神经单元。然后将全连接层与输出层（一个神经元）密集连接起来。应用 Sigmoid 激活函数后，最后预测值以介于 0 ~ 1 之间的浮点值表示。

之前模型的输入层与输出层之间有两个隐藏层，如果模型有更多隐藏单元（更高的维度表示空间）或更多层，说明模型具有学习更加复杂的表示空间的能力，但是模型越复杂，往往会造成在训练数据上表现出色，而在测试数据集上状态比较差的情况。因此，需要找到更合适的模型，而不是更复杂的模型。

9. 损失函数的选择

模型在训练时还需要有损失函数。IMDB 电影评论分类是一个二分类问题，且模型会输出一个概率（应用 Sigmoid 激活函数激活输出层的单个神经元），所以这里使用的损失函数是 binary_crossentropy 损失函数。该函数并不是唯一的损失函数，还有上节提到的相似度度量的各种损失函数（如欧氏距离损失，余弦函数，最小编辑距离等损失），另外还有均方差损失函数。考虑到模型是一个简单的二分类问题，因此使用 binary_crossentropy 损失函数最合适。

10. 优化器选择

除了损失函数外，模型还需要一个调整收敛速度的优化器。优化器有许多类型，如 RMSprop、Adadelta、Adagrad 和 Adam 等。RMSprop、Adadelta 和 Adam 在很多情况下的效果是相似的。Adam 在 RMSprop 的基础上加了 bias-correction 和 momentum，因此会比 RMSprop 效果更好。

编译模型，为模型设置优化器、损失函数和评价指标，实现代码如下。

```
#配置模型以使用优化器和损失函数
model.compile(optimizer = tf.optimizers.Adam(),
              loss = 'binary_crossentropy',
              metrics = ['accuracy'])
```

11. 创建验证集

一般在文本分类中，除了训练集和测试集外，还要再添加一个验证集。验证集与训练集和测试集没有交集，它是在训练时调整和评估模型使用的。如果说训练集是上课学习的知识，测试集就是真正期末考试，而验证集相当于课后的练习题。这里从原始训练集中分离出 10000 个样本，创建一个验证集，用于模型的调整和评估。

```
#创建验证集
x_val = train_data[ :10000]
partial_x_train = train_data[ 10000: ]
y_val = train_labels[ :10000]
partial_y_train = train_labels[10000: ]
```

在上述代码中，x_val = train_data[:10000] 是指将训练集的前 10000 个电影评论作为验证集，再将训练集第 10000 个电影评论以后的数据作为训练集。同理，对应 y_val 取前 10000 个作为验证集标签，再取第 10000 个以后的数据作为训练集标签。实现代码如下。

12. 训练模型

使用 256 个样本小批次训练模型 60 个周期。因此，会对 partial_x_train 和 partial_y_train 张量中的所有样本进行 60 次迭代，并且在训练期间，测试模型在验证集的 10000 个样本上的损失值和准确率的结果。实现代码如下。

```
#训练模型
history = model.fit(partial_x_train,
partial_y_train,epochs = 60,
batch_size = 256,
validation_data = (x_val,y_val),verbose = 1)
```

运行代码，部分结果如图 7-27 所示（每次运行结果可能与截图的结果不一致）。

```
Epoch 52/60
59/59 [==============================] - 1s 12ms/step - loss: 0.0181 - accuracy: 0.9985 - val_loss: 0.5239 - val_accuracy: 0.8678
Epoch 53/60
59/59 [==============================] - 1s 12ms/step - loss: 0.0169 - accuracy: 0.9985 - val_loss: 0.5329 - val_accuracy: 0.8664
Epoch 54/60
59/59 [==============================] - 1s 11ms/step - loss: 0.0158 - accuracy: 0.9986 - val_loss: 0.5436 - val_accuracy: 0.8660
Epoch 55/60
59/59 [==============================] - 1s 11ms/step - loss: 0.0149 - accuracy: 0.9988 - val_loss: 0.5545 - val_accuracy: 0.8649
Epoch 56/60
59/59 [==============================] - 1s 11ms/step - loss: 0.0140 - accuracy: 0.9989 - val_loss: 0.5612 - val_accuracy: 0.8653
Epoch 57/60
59/59 [==============================] - 1s 11ms/step - loss: 0.0131 - accuracy: 0.9989 - val_loss: 0.5707 - val_accuracy: 0.8653
Epoch 58/60
59/59 [==============================] - 1s 11ms/step - loss: 0.0121 - accuracy: 0.9991 - val_loss: 0.5807 - val_accuracy: 0.8647
Epoch 59/60
59/59 [==============================] - 1s 10ms/step - loss: 0.0118 - accuracy: 0.9993 - val_loss: 0.5872 - val_accuracy: 0.8654
Epoch 60/60
59/59 [==============================] - 1s 10ms/step - loss: 0.0107 - accuracy: 0.9993 - val_loss: 0.5961 - val_accuracy: 0.8651
```

图 7-27　影评数据训练过程中的部分结果

运行结果中，对第 60 次 Epoch 训练回合进行分析，当训练集结束后，训练集 loss 值约为 0.0107，精确度约为 0.9993。而验证集 loss 约为 0.5961，精确度约为 0.8651。

13. 评估模型

评估模型会将训练后的权重保留，用于测试数据集的测试。最后模型会返回两个值：损失值和准确率。通过之前定义的模型，最后结果测试集的 loss 值约为 0.64，精确度约为 0.85。实现代码如下。

```
#评估模型
results = model.evaluate(test_data,test_labels)
print(results)
```

运行代码，结果如图 7-28 所示。

```
782/782 [==============================] - 1s 943us/step - loss: 0.6357 - accuracy: 0.85120s - loss: 0.6298 - accuracy:
[0.6356732249259949, 0.8512399792671204]
```

图 7-28　影评评估结果

四、实训总结

通过本实训，我们进一步理解了文本分类的原理，对基于 TensorFlow 实现文本分类建模、训练及评估等流程有了更深刻的认识，掌握了基于 TensorFlow 解决实际文本分类问题的方法。

知识技能拓展：自然语言处理及其应用

学习目标

知识目标：熟悉自然语言处理的基本内容；熟悉自然语言处理的应用领域。

能力目标：能够分析自然语言处理的基本流程；能够在不同领域应用自然语言处理。

素养目标：培养学生自主学习、终身学习的能力；培养学生良好的职业道德素养；增强学生科技强国、技术报国的使命感。

一、自然语言处理概述

自然语言处理（Natural LanguageProcessing，NLP）是人工智能领域的一个重要研究方向，是语言学、计算机科学、数学、统计学的综合应用，是研究人与计算机交互的语言问题的一门学科。

自然语言是指汉语、英语、法语等人们日常使用的语言。自然语言处理是对人类语言进行自动的计算处理，即对语言进行分析、处理和加工，也就是指识别、输入、分析、理解、生成、输出语言所使用的字、词、句、篇，简单来说，是指通过一些操作让人可以使用自然语言来与计算机进行有效交流的一种技术。自然语言处理主要分两个流程：自然语言理解（Natural Language Understanding，NLU）和自然语言生成（Natural Language Generation，NLG）。自然语言理解主要是理解文本的含义，具体到每个单词和结构都需要被理解；自然语言生成与自然语言理解相反，分三个阶段，即确定目标、通过评估情况和可用的交际资源来计划如何实现目标，以及将计划形成文本。

中文自然语言的处理流程大致分为以下六个步骤。

1. 语料获取

在处理之前需要得到文本语料。文本语料的获取一般有以下几种方法。

1）使用开放性语料数据集。例如，中科院自动化所的中英文新闻语料库、搜狗的中文新闻语料库、人工生成的机器阅读理解数据集（微软）等，采用该获取方法可以省去很多处理成本。

2）网络爬虫。很多时候所要解决的是某种特定领域的应用，仅靠开放语料库经常无法满足需求，这就需要用爬虫技术获取需要的信息。

3）通过第三方合作获取数据。例如，通过购买的方式获取满足部分需求的文本数据。

2. 语料预处理

获取语料后还需要对语料进行预处理，包括语料清洗、中文分词、词性标注和去停用词等。

3. 文本向量化

语料经过预处理后基本去噪，但是无法直接把文本用于任务计算，需要通过某些处理手段，将文本转化为特征向量，也就是向量化。该步主要把分词后的字和词表示成计算机可计算的类型（向量），这样有助于较好地表达不同词之间的相似关系。

4. 模型构建

文本向量化后，根据文本分析的需求进行模型构建。自然语言处理中使用的模型包括机器学习和深度学习两种。常用的机器学习模型有 KNN、SVM、Naive Bayes、决策树、k-means 等，深度学习模型有 RNN、CNN、LSTM、Seq2Seq、FastText、TextCNN 等。

5. 模型训练

构建模型完成后，则要进行模型训练。在训练模型时可能会出现过拟合和欠拟合的状况。所谓过拟合就是学习到了噪声的数据特征，而欠拟合是不能较好地拟合数据。解决过拟合的方法主要有增加正则化项从而增大数据的训练量；解决欠拟合则要减少正则化项，增加其他特征项处理数据。

6. 模型评估

模型训练完成后，还需要对模型的效果进行评价，常用的评测指标有准确率、召回率、F1 值等。准确率是衡量检索系统的查准率；召回率是衡量检索系统的查全率；而 F1 值是综合准确率和召回率用于反映整体的指标，当 F 值较高时则说明试验方法有效。

二、自然语言处理的应用领域

自然语言处理技术的应用有很多分支领域，如文本分类、信息抽取、机器翻译、语音识别、自动文摘等。

1. 文本分类

文本分类在自然语言处理的很多任务中都是作为一项基本的任务，也是一项非常重要的任务，比如文本检索、情感分析、对话系统中的意图分析、文章归类等。随着深度学习的发展，神经网络在自然语言处理文本分类中的模型越来越多，也取得了不错的效果，但是，很多深度学习方法不管在训练还是预测时，速度都非常慢。为了克服该缺点，Facebook 在 2016 年提出了一个轻量级的模型——FastText，该方法在标准的多核 CPU 上训练 10 亿级的词汇只需要 10 分钟，并且准确率可以与很多深度学习方法相媲美。

FastText 的网络结构如图 7-29 所示。模型主要包含一个隐藏层和一个输出层。FastText 的输入是一个文本特征，可以是 N-gram 语言模型的特征；输出的目标词汇是文本的类别。

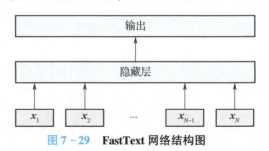

图 7-29　FastText 网络结构图

假设对于 N 个文本或文档，记 x_N 为单个文本或文档的特征，A 为隐藏层（投影层）的权重矩阵，B 为输出层的权重矩阵，则对于文本或文档的特征向量，每个特征会首先映射到 A 中对应的向量，然后，对这 N 个特征向量计算叠加平均作为整个文本或文档的向量表示，最后，将该文本或文档向量经过输出层，采用 Softmax 函数计算得到该文本或文档在每个类别对应的概率表示。可以发现，FastText 在输出层中并没有采用非线性函数，因此，在训练和预测时速度非常快。

（1）损失函数

在损失函数的选择方面，FastText 选取的是负对数损失函数，其计算公式为

$$-\frac{1}{N}\sum_{n=1}^{N} y_n \log(f(\boldsymbol{BA}x_n)) \qquad (7-13)$$

式中，y_n 表示文本的真实标签，其他符号的含义在上文都已经介绍，这里不再赘述。

模型的优化函数则采用随机梯度下降法（SGD）。

（2）层次 Softmax

当文本的类别特别多时，此时，模型的计算会耗费大量的时间和资源，其计算的时间复杂度为 $O(kh)$，其中，k 为文本的总类别数，h 为文本的向量维度。为了提高速度，将输出层的 Softmax 改为基于霍夫曼树的层次 Softmax，此时，模型的计算时间复杂度可以缩减为 $O(h\log_2(k))$。层次 Softmax 会根据各个类别出现的频率进行排序，每个叶子结点表示一个类别，当叶子结点的深度越深时，则其概率将越低。假设一个叶子结点的深度为 $L+1$，其父结点列表为 $n_1,\cdots,n_L$，则该叶子结点的概率计算公式为

$$P(n_{i+1}) = \sum_{i=1}^{L} P(n_i) \qquad (7-14)$$

采用这种层次结构后，在计算文本的最大类别概率时，就可以直接抛弃那些概率小的分支，从而提高模型的训练和预测速度。

（3）结果

在参数设置方面，隐藏层的维度是 200，词汇数量是 100000，句子长度是 166。最终，在经过 31000 次参数更新后，模型基本达到稳定，模型的效果如图 7-30 所示。

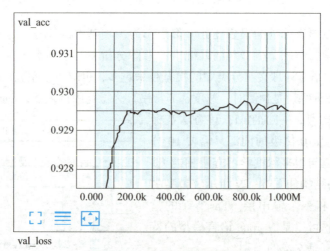

图 7-30　FastText 实验结果

2. 信息抽取

文本信息抽取是将嵌入在文本中的非结构化信息提取并转换为结构化数据的过程。从自然语言构成的语料中提取出命名实体之间的关系，是一种基于命名实体识别更深层次的研究。信息抽取的主要过程有三步：首先对非结构化的数据进行自动化处理，其次是有针对性地抽取文本信息，最后对抽取的信息进行结构化表示。信息抽取最基本的工作是命名实体识别，而核心在于对实体关系的抽取。例如，金融机构向客户发送的短信是文本形式的，需要从这些文本短信中分析出逾期时间、逾期金额、借款机构等。文本信息抽取常用的模型有隐马尔可夫模型、最大熵马可科夫模型、条件随机场、表决感知机模型等。

3. 机器翻译

机器翻译又称自动翻译，是利用计算机设备及语言处理系统，将自然语言进行不同语种之间的转换。在人工智能技术的支撑下，语言处理也呈现出自动化与智能化。机器翻译涉猎的学科具有综合性、复杂性特点，有效将核心学科与边缘学科进行关联，深化信息工程及计算机科学的技术本质，真正达到翻译理论与翻译实践的整合，是自然语言处理的目标，是人们日常工作与生活中的一种常用技术。

国内外有很多比较成熟的机器翻译应用，如百度翻译、有道翻译、谷歌翻译等，还有支持拍照、语音输入等多种语言互译的产品，如科大讯飞的翻译器。

4. 语音识别

随着人工智能技术的快速发展，语音交互已经成为一种十分重要的人机交互手段。语音识别技术就是让机器通过识别和理解把语音信号转变为相应的文本或命令的技术。语音识别过程主要包括三个步骤：首先对输入的语音信号进行预处理，将信号切割成一个一个的片段，每一个片段称为一帧，并且切除首尾端的静音段，以免对后续操作造成不好的影响；接着对这些切割好的语音信号进行信号分析，并进行特征抽取，提取特征参数，使这些参数形成一组特征向量；再将这些提取出来的特征参数与已经训练好的人类声学模型和语言模型进行比较，根据特定的规则，计算出相应概率，选择与提取特征参数尽可能符合的结果，得到语音识别的文本。语音识别的关键是对特征的提取，以及语言模型和声学模型的训练程度。

语音识别技术现今已被广泛应用到很多行业之中。例如会议记录听写，在进行会议时，可以实时进行语音识别，将识别文本保留下来作为会议记录；再如，也有很多的输入法支持用户进行语音输入，并将其识别为文本发送出去；在医学行业的语音病历上也有语音识别技术的体现。

5. 自动文摘

自动文摘是利用计算机按照某一规则自动地对文本信息进行提取并集合成简短摘要的一种信息压缩技术，旨在实现两个目标：首先使语言简短，其次保留重要信息。自动文摘的过程主要有三步：首先对语料进行预处理，识别冗余信息；其次对文本内容进行选取和泛化；最后对文摘进行转换和生成，就是对文本内部进行重组生成摘要，生成的摘要具有压缩性、内容完整性和可读性的特点。自动文摘的主要方法包括：基于规则的方法、基于图模型的方法、基于理解的方法和基于结构的方法等。

目前，自动文摘主要应用于 Web 搜索引擎、问答系统的知识融合和舆情监督系统的热点与专题追踪等典型场景。

参考文献

[1] chchlh. 机器学习实战之k–近邻算法(5):完整版约会网站数据分类[EB/OL]. (2014–11–29)[2023–01–09]. https://blog.csdn.net/chchlh/article/details/41599571.

[2] 一叶浮萍归大海.《机器学习实战》斧头书:第二章KNN算法(1)海伦的约会[EB/OL]. (2020–06–12)[2023–01–09]. https://blog.csdn.net/qq_39555841/article/details/106717567.

[3] 程显毅,任越美,孙丽丽. 人工智能技术及应用[M]. 北京:机械工业出版社,2020.

[4] 刘鹏,孙元强. 人工智能应用技术基础[M]. 西安:西安电子科技大学出版社,2020.

[5] 张广渊,周风余. 人工智能概论[M]. 北京:中国水利水电出版社,2019.

[6] 韩洋祺,郑亚清,陈亚娟. 人工智能基础[M]. 长沙:湖南大学出版社,2021.

[7] bonelee. 迁移学习[EB/OL]. (2018–04–23)[2023–01–09]. https://www.cnblogs.com/bonelee/p/8919715.html.

[8] SENSORO升哲. 盘点:机器学习的十大应用案例[EB/OL]. (2020–06–13)[2023–01–09]. https://baijiahao.baidu.com/s?id=1669284601907010273&wfr=spider&for=pc.

[9] weiwarm. 人工智能产业链史上最全分析[EB/OL]. (2021–05–29)[2023–01–09]. https://www.360doc.com/content/21/0529/08/39716884_979494297.shtml.

[10] MirrorN. MNIST手写数字识别(一)[EB/OL]. (2018–11–07)[2023–01–09]. https://blog.csdn.net/sinat_34328764/article/details/83832487.

[11] 何富贵. Python深度学习逻辑、算法与编程实战[M]. 北京:机械工业出版社,2021.

[12] 邱锡鹏. 神经网络与深度学习[M]. 北京:机械工业出版社,2021.

[13] 斋藤康毅. 深度学习入门:基于Python的理论与实现[M]. 陆宇杰,译. 北京:人民邮电出版社,2018.

[14] SIMONYAN K, ZISSERMAN A. Very deep convolutional networks for large-scale image recognition[EB/OL]. [2023–01–09]. http://arxiv.org/abs/1409.1556.

[15] zsffuture. 深度学习:CNN的变体在图像分类、图像检测、目标跟踪、语义分割和实例分割的简介 附论文链接[EB/OL]. (2018–12–07)[2023–01–09]. https://blog.csdn.net/weixin_42398658/article/details/84846935.

[16] 苏丽,孙雨鑫,苑守正. 基于深度学习的实例分割研究综述[J]. 智能系统学报,2022,17(1):16–31.

[17] 姜世浩,齐苏敏,王来花,等. 基于Mask R–CNN和多特征融合的实例分割[J]. 计算机技术与发展,2020,30(9):65–70.

[18] 段续庭,周宇康,田大新,等. 深度学习在自动驾驶领域应用综述[J]. 无人系统技术,2021,4(6):1–27.

[19] 魏鹏飞. RNN基本应用.[EB/OL]. (2019–08–19)[2023–01–09]. https://www.jianshu.com/p/cfa9f4c81523.

[20] 赵京胜,宋梦雪,高祥. 自然语言处理发展及应用综述[J]. 信息技术与信息化,2019(7):142–145.